To Tom
for everything.

THE MAKING OF FEUDAL AGRICULTURES?

THE TRANSFORMATION OF THE ROMAN WORLD

A SCIENTIFIC PROGRAMME OF THE EUROPEAN SCIENCE FOUNDATION

VOLUME 14

THE MAKING OF FEUDAL AGRICULTURES?

THE MAKING OF FEUDAL AGRICULTURES?

EDITED BY

MIQUEL BARCELÓ

AND

FRANÇOIS SIGAUT

BRILL
LEIDEN · BOSTON
2004

This book is printed on acid-free paper.

Library of Congress Cataloging-in-Publication Data

The making of feudal agricultures? / edited by Miquel Barceló and François Sigaut.
p. cm. — (The transformation of the Roman world, ISSN 1386-4165 ; v. 14)
Includes bibliographical references and index.
ISBN 90-04-11722-9 (alk. paper)
1. Agriculture—Europe, Western—History. 2. Agricultural innovations—Europe, Western—History. 3. Middle Ages—History. I. Barceló, Miquel. II. Sigaut, François. III. Series.

S452.M34 2003
630'.94—dc22

2003055920

ISSN 1386–4165
ISBN 90 04 11722 9

PRINTED IN THE NETHERLANDS

CONTENTS

FOREWORD

Miquel Barceló

The initial purpose of this volume was to examine the technological factors which contributed to the making of post-Roman agricultures. The original scope soon appeared to be too broadly cast and, on closer inspection, the variables enunciated in the standard literature proved resistent to any classificatory scheme that promised explanatory value. The evidence at hand only seldom permits a satisfactory conclusion regarding the decisive contribution of any one of them in the making of recognizably distinct new agricultures. Tool improvement, selective changes in cereal crops, water-mills diffusion, new ways of animal breeding, or variation of field shapes are, for example, easily placed on the record, but the meaning of any of them in relation to the rest becomes blurred. Indeed, the more precise and tightly chronological the historical context in which we expect sets of related factors to have come together, the harder it is to establish the correlation. The habitual listing of technological factors contributing to discernible "growth" by the late tenth and early eleventh centuries is clearly unsufficient to prove anything of the kind. How in any case such "growth" could have been attained is seldom satisfactorily discussed. Nor can it be clearly stated whether, beyond the stock list of technological factors, the notion of "growth" alludes to something real, that is, new agricultural systems linked perhaps to feudalization.

A notorious problem is the absence of any formal questioning of the relevance of the notion of "growth" to working peasantries as they emerge in written evidence or in the archaeological record of early feudal times. For example, I am not aware of any debate among medievalists similar to the one about "the ancient economy" (Finley 1973; Scheidel & von Reden eds. 2002). Curiously enough the question of technological change is almost entirely dismissed by "primitivists" and "modernists," at the same as it has been crucial for scholars seeking an explanation for the transformations of the Roman world, as if the real break with antiquity was a process of technological diffusion that, once begun, became irreversible and inevitably "modern." It seems clear to me that the fact that we all know how things ended—in the great capitalist transformation—weighs heavily on considerably different approaches all which require further investigation.

I think much of the work presented here could be of relevance to the debate on "the ancient economy" in the widest possible sense. How might "modernists" react, for example, to F. Sigaut's argument that the Mediterranean cereal system was in place at the beginning of the Christian era? Or what would medievalists think of the melancholy conclusion reached by A. Durand and P. Leveau about the conceptual void hidden behind the "primitive notion" of the transition to feudalism, so long a prestigious way of framing problems? And what can be done about the lack of convincing evidence for explaining or even recognizing change in cereal selection and cultivation or animal breeding (G. Comet, P. Reigniez, G. Raepsaet)? My own research on water-mills shows, I believe, how tortuous a path has been followed in trying to establish different technological identities which confusingly end up with a "rational" choice for the supposedly more efficient machine, the vertical-wheeled mill over the horizontal-wheeled. Now it happens that behind that choice the "seigneurie", feudalism by another name, should be recognized. There it is, an example of how technological progress, a great leap forward, that was promoted by a harsh ruling class, whose military approach to shaping society and, indeed, the ultimate rationality of the its technological decisions no medievalist would deny. And yet that received view of the European water-mill's history presents an impossible scenario.

This volume certainly gives no answers to the broad question of whether there was in the transformation of the Roman World a patterned diffusion of an identifable technological package or whether the link among technological factors was locally stimulated and only diffused randomly. The two scenarios are not mutually exclusive, but call for different approaches. If you are, for instance, a neoclassical economic historian you will have to put up with the perplexing need to accept a technological innovation, in the high Middle Ages, such as the water-mill, within an institutional setting—feudalism, I suppose—which did not encourage research and innovation. To explain that you will always have the good old market (North & Thomas 1973: 44). And that turns out to be the same ongoing, unending "ancient economy" (Finley 1973) seen through the dim light of the "New Economic History", two classic statements both curiously published in the same year.

References

Finley, M. (1973): *The Ancient Economy*. London.
North, D.C.; Thomas, R.P. (1973): *The Rise of the Western World. A New Economic History*. Cambridge University Press.
Scheidel, W.; Reden, S. (Eds.) (2002): *The Ancient Economy*. Edinburgh University Press.

L'EVOLUTION DES TECHNIQUES

François Sigaut

L'histoire des techniques agricoles est largement subordonnée à leur géographie. Elle est d'abord subordonnée à la répartition des climats et des sols, dont on peut admettre qu'elle est à peu près immuable à l'échelle du temps humain; c'est ainsi, par exemple, que la géographie de l'olivier n'a changé que de façon marginale de l'époque romaine à nos jours. Mais il y a des faits de circulation ou de diffusion qui sont beaucoup plus complexes. La culture de la vigne, autre exemple, a connu des avancées et des reculs sans commune mesure avec celle de l'olivier, et ce serait encore plus vrai de céréales comme le seigle, l'avoine, les millets, etc. S'agissant de l'outillage, deux innovations s'avèrent absolument fondamentales, la domestication de l'énergie animale (l'attelage) et la métallurgie du fer. Or leurs destins ont été complètement différents. La métallurgie du fer, apparue en Méditerranée orientale vers 1200–1000 AC, s'est diffusée très rapidement à presque toute l'Eurasie, et on peut admettre que vers 500 AC, toutes les agricultures de l'Europe et de la Méditerranée disposent d'un minimum d'outils en fer. Il en est allé tout autrement pour la domestication de l'énergie animale. Véhicule et araire attelés sont attestés en Mésopotamie entre 3500 et 3000 AC, et en Europe centrale quelques siècles plus tard, disons vers 2500 AC. Mais leur histoire détaillée fait apparaître des arrêts et des reculs surprenants. Au début du XIXe siècle, le véhicule est absent d'un vaste ensemble de régions s'étendant de l'Iran au Maghreb, et malgré des recherches approfondies, on n'a pas d'explication vraiment satisfaisante à cette surprenante absence. La France elle-même offre un autre exemple, presque aussi étonnant. Jusqu'en plein XIXe siècle, les vignes sont labourées à bras, à la houe—ce qui explique d'ailleurs l'exceptionnelle diversité de forme de cet outil à travers le pays. Il faut attendre la crise du phylloxéra et le renouvellement des plantations qui en est la suite, pour que des instruments attelés, araires, charrues, bineuses, etc., entrent dans les vignes[1].

---

[1] Sur la question des véhicules, voir R.W. Bulliet, *The Camel and the wheel*, Cambridge

Il y a donc des histoires différentes suivant les régions. Mais cela dit, quelles régions distinguer? S'il suffisait de tenir compte du climat, la solution serait simple. L'exemple de la Méditerranée est presque trop facile à cet égard. Dans les régions où domine un climat méditerranéen, en effet, les techniques de l'agriculture et de l'élevage donnent l'impression de n'avoir presque pas changé entre l'époque romaine et le début du XXe siècle. Sans doute, cette impression estelle superficielle. Mais elle s'exprime abondamment dans les écrits des voyageurs et des agronomes du XIXe siècle, la plupart imbus de culture classique. Chez eux, l'évocation de l'araire de Virgile ou d'Hésiode à propos des instruments qu'ils ont sous les yeux, est un véritable lieu commun. Que faut-il penser de cette impression d'immobilité? Deux objections se présentent immédiatement contre une thèse aussi simpliste. La première, c'est que sur une aussi longue période que celle qui va de l'Antiquité à nos jours, l'absence d'innovations importantes est absolument invraisemblable. La seconde, c'est que l'immobilité apparente des pays méditerranéens n'est rien de plus qu'un effet de contraste. Effet qui ne se manifeste qu'à partir du XVIIIe siècle, parce que c'est à ce moment-là que les Européens du Nord prennent conscience des transformations dans lesquelles leur propre agriculture est engagée. La prétendue immobilité méditerranéenne ne remonterait donc pas à l'Antiquité, mais seulement au XVIIe ou au XVIIIe siècle. Ce qui complique le problème, c'est qu'on n'y distingue pas les changements proprement techniques (innovations d'outillage et de procédés) des changements d'une autre nature. Or ces changements non techniques ont été nombreux et importants, dans les pays méditerranéens comme ailleurs. Qu'il s'agisse de plantes cultivées nouvelles—le riz, le sorgho, pour ne parler que des céréales—, d'aménagements fonciers—irrigation, construction de terrasses—, ou de spécialisations commerciales—dans la production d'huile, de vins, de laines, de coton, de soie, de soude, etc.—, l'histoire des pays méditerranéens n'est ni moins diverse ni moins riche que celle des autres régions.

Si on s'en tient strictement aux techniques, cependant, l'impression d'immobilité revient avec une certaine insistance. L'exemple le plus démonstratif est celui des céréales. Le cycle cultural classique

(Mass.), Harvard Univ. Press, 1975, et plus récemment P. Mohebbi, *Techniques et ressources en Iran du 7e au 19e siècle*, Téhéran, IFRI, 1996. Sur le phylloxéra et le renouvellement de l'outillage viticole, voir C. Royer, "Du bigot à la charrue . . .", dans *Les hommes et leurs sols*, n° spécial du *JATBA* (*Journ. d'Agric. Trad. et de Bota. Appl.*), 1977, XXIV, 2–3: 185–192.

comprend une série d'au moins trois labours de préparation du champ— désignés par l'appellation collective de *jachère* ou *guéret* (grec νειός, latin *novalis* ou *vervactum*). On sème à la volée en automne, avant le dernier labour (fr. *couvrir*, lat. *lirare*) qui recouvre les semences. Dans les mois qui suivent et en fonction des besoins, on pratique un à trois sarclages (arrachage des mauvaises herbes) et le cas échéant un écimage destiné à prévenir une montée prématurée des tiges. Quand le grain est mûr, on moissonne à la faucille, les tiges coupées sont liées en gerbes et celles-ci transportées sur l'aire à battre, en plein air. Le battage, ou plus exactement le *dépiquage*, se fait ordinairement par foulage, avec des animaux qu'on fait passer et repasser sur l'aire jonchée d'épis. Il existe deux versions de ce procédé: le foulage simple, dans lequel les animaux travaillent seulement par le choc ou la friction de leurs sabots; et le dépiquage à l'aide d'instruments attelés dont les plus courants sont un traîneau armé de silex tranchants (lat. *tribulum*, esp. *trillo*) ou monté sur des disques de fer également tranchants (lat. *plaustellum*). Dès le dépiquage terminé, les grains sont vannés et criblés, puis portés à l'endroit où ils seront conservés (grenier, silo). Tout doit être fini avant que reprennent les travaux de l'automne, semailles et couvrailles. Ce système technique—on peut l'appeler ainsi—s'est maintenu sans grands changements dans tous les pays méditerranéens jusqu'au XIXe siècle, parfois même jusqu'au milieu du XXe[2]. La question est: depuis quand son existence est-elle attestée? Essayons d'y répondre point par point.

La "jachère de trois labours" est mentionnée dans l'*Iliade*, où il s'agit déjà d'une formule stéréotypée. L'araire étant, lui, beaucoup plus ancien, la seule question qui reste posée de notre point de vue est celle de savoir depuis quand il est muni d'un soc de fer, car c'est à partir de là qu'on peut lui attribuer un fonctionnement analogue à celui des araires traditionnels contemporains. Ce n'est pas ici le lieu de compiler toutes les données dont nous disposons sur les plus anciens socs de fer de la Méditerranée et de l'Europe. Disons seulement qu'à l'époque qui nous sert de point de départ, les deux ou

[2] Sur les labours et les semis, cf. F. Sigaut, "Les conditions d'apparition de la charrue", dans *JATBA*, 1972, XIX, 10–11: 442–478, et "Quelques notions de base en matière de travail du sol dans les anciennes agricultures européennes", *JATBA*, 1977, XXIV, 2–3: 139–169. Sur les techniques de battage, cf. G.-H. Luquet et P. Rivet, "Sur le tribulum" dans *Mélanges offerts à M. Nicolas Iorga par ses amis de France*, Paris, Librairie universitaire J. Gamber, 1933, pp. 613–638, et Ch. Parain, "Les anciens procédés de battage et de dépiquage en France", dans *Outils, ethnies et développement historique*, Paris, Editions sociales, 1979, pp. 17–28 et 473–477.

trois siècles qui encadrent le début de notre ère, les socs de fer sont tout à fait usuels.

La question du semis à la volée est plus difficile à résoudre. Une erreur commune est d'y voir une pratique simple, donc primitive. Or rien n'est plus contraire à la réalité. Le semis à la volée (le "geste auguste du semeur") demande une grande maîtrise et une grande habileté qui ne peuvent être acquises que par un apprentissage sérieux. Le problème est qu'en dehors de quelques cas particuliers, celui de l'iconographie égyptienne par exemple, le semis à la volée ne laisse guère d'indices dans les textes ni dans les documents archéologiques. Son existence au début de notre ère ne fait guère de doute, mais cela ne signifie pas qu'il était également présent et important partout. Dans la France du XIXe siècle, il y avait tout un ensemble de régions, dans l'Ouest et le Centre notamment, où les céréales n'étaient pas semées à la volée, et où souvent cette tâche revenait à des femmes et non à des hommes. La description de ces pratiques n'a pas sa place ici, et de toutes façons, les régions concernées sont extérieures au théâtre méditerranéen[3]. Mais leur exemple doit nous servir d'avertissement. Le semis à la volée n'est pas quelque chose qui va de soi, il faut avoir des preuves pour affirmer son existence en tel lieu à telle date. Tout porte à croire qu'il était déjà associé à la pratique de la "jachère à trois labours" de l'*Iliade*. Mais en l'absence de preuves formelles, cette affirmation ne doit être reçue que sous bénéfice d'inventaire.

La moisson à la faucille pose un problème du même genre. On peut appeler "faucille" n'importe quel outil tranchant dont la lame est plus ou moins courbe—c'est d'ailleurs à peu près le sens de *falx* en latin, de ʽάρπη ou de δρέπανον en grec—mais alors, l'outil est si mal défini qu'il n'y a plus rien de précis à en dire. La véritable faucille à moissonner est un outil spécialisé, dont l'utilisation implique une série de gestes bien définis. La lame est longue d'au moins une

[3] Le semis à la volée est présenté dans de nombreux ouvrages du XIXe siècle, comme G. Heuzé, *La pratique de l'agriculture*, Paris, Librairie agricole de la Maison rustique, 1889, 4e partie, ou Moslan, *Les semailles à la main*, Paris, Le Bailly, s.d. La pratique du semis "en petits jets" par des femmes en connexion avec celle des labours dits "en sillon" est beaucoup plus rarement décrite. Voir par exemple O. Leclerc-Thoüin, *L'agriculture de l'Ouest de la France*, Paris, Vve Bouchard-Huzard, 1843, p. 267, et F. Sigaut, "Possibilités et limites de la recherche, de l'interprétation et de la représentation des instruments agricoles dans les musées d'agriculture", *Acta Museorum Agriculturae*, 1978, XIII, 1–2: 60–85.

quarantaine de centimètres et atteint souvent le double, et son utilisation comporte trois temps bien distincts. (1) A l'aide de la lame, on rassemble les tiges à couper; (2) on saisit ces tiges de la main gauche; et (3) on les coupe, par un mouvement de la lame assez semblable à celui du premier temps, mais plus vif. La moisson à la faucille produit des poignées de tiges, poignées qui seront ensuite rassemblées en javelles, puis liées en gerbes. Les tiges coupées doivent être assez longues pour pouvoir être liées en gerbes, ce qui implique qu'elles soient coupées à une hauteur située entre le ras du sol et une soixantaine de centimètres. Cette hauteur de coupe varie selon les époques et selon les régions, ainsi surtout que le détail des manipulations par lesquelles les poignées sont rassemblées et liées. Mais le schéma de base est constant. Et c'est ce schéma qui identifie la "moisson à la faucille" comme une technique précise, qui est celle dont nous cherchons à connaître la chronologie[4]. Ici encore, la prudence s'impose. Toute analogie avec les "faucilles" préhistoriques de silex et de bronze doit être écartée: quelles qu'aient été les fonctions de ces outils (qui restent largement conjecturales), ils diffèrent trop de nos faucilles à moissonner pour qu'on puisse les en rapprocher utilement. Pour dater celles-ci, nous avons toujours les mêmes ressources, l'archéologie et les textes. Mais malgré leur abondance, les données archéologiques restent difficiles à interpréter, et pour l'instant c'est sur les textes, en particulier sur l'histoire des mots, que nous pouvons nous appuyer.

Comme nous venons de le voir, le latin classique n'a pas de mot spécial pour la faucille à moissonner. Il n'a qu'un mot beaucoup plus général, *falx*, ce qui oblige les auteurs à user d'une multitude de qualificatifs lorsqu'ils veulent préciser de quoi ils parlent. C'est ainsi qu'on trouve dans la littérature *falx arboraria, falx fenaria, falx lumaria, mesoria, putatoria, ruscaria, silvatica, sirpicula, stramentaria, vinitoria* . . . C'est seulement en latin tardif que le vocabulaire se spécialise. Apparaissent alors des mots comme *falcicula* (qui donnera le fr. *faucille*) ou *sicula* (qui donnera l'all. *Sichel*, l'angl. *sickle*, le néerl. *sikkle*). Dans d'autres régions de l'espace romain, c'est le mot *falx* lui-même qui se spécialise dans le sens de "faucille", sens que ses descendants

[4] Voir F. Sigaut, "Identification des techniques de récolte des graines alimentaires", *JATBA*, 1978, XXV, 3: 145–161, et "Les techniques de récolte des grains . . .", dans M.-C. Cauvin (s.l.d.), *Rites et rythmes agraires*, Lyon et Paris, De Boccard, 1991, pp. 31–43.

ont conservé en espagnol (*hoz*) et dans plusieurs dialectes de France (gasc. *haus*) et d'Italie (*falce*)[5]. On peut certes admettre que les mots ne se fixent qu'avec un certain retard par rapport aux réalités qu'ils désignent, retard qui peut être prolongé par l'attachement des écrivains à un état classique, c'est-à-dire en partie dépassé, de leur langue. Il reste que la spécialisation des mots qui désignent la faucille à moissonner dans les parlers latins semble s'être produite au cours des premiers siècles de l'ère chrétienne. Ce qui implique, pour la fixation et la généralisation des techniques correspondantes, une époque guère plus ancienne.

Le dernier élément de notre système céréalier méditerranéen est le dépiquage. Les origines de cette technique sont assez obscures. Il semble qu'il faille les situer dans la Mésopotamie sumérienne, comme celles de l'araire lui-même mais nous n'avons pas à nous en occuper ici, car elles se situent largement en amont de l'époque qui nous intéresse. Ce qui est acquis, c'est que le *plaustellum* comme le *tribulum* sont présents au Proche-Orient dès avant le début de notre ère. Quelle est la chronologie de leur diffusion en Méditerranée occidentale? En l'absence, semble-t-il, de recherches spécifiques sur cette question, c'est la cartographie des faits modernes qui nous permet de risquer une hypothèse. Au début du XXe siècle, le *tribulum* est attesté de la Grèce au Caucase, le *plaustellum* de l'Iran à l'Egypte, avec une zone mixte dans les Pays du Levant (Syrie, Liban, Palestine) où les deux appareils sont présents. En Méditerranée occidentale, le tableau est assez différent. Les deux appareils sont présents ensemble dans une partie de la Tunisie et une grande partie de l'Espagne. Partout ailleurs, c'est-à-dire dans presque tout le Maghreb, dans toute l'Italie et dans la partie méditerranéenne de la France, le dépiquage se pratique, soit par foulage direct, soit à l'aide d'appareils divers (pierre plate, rouleau, etc.) qui représentent, sinon autant d'inventions, du moins autant d'adaptations indépendantes. On peut imaginer plusieurs explications à cette géographie assez étrange. Celle qui vient immédiatement à l'esprit est l'hypothèse d'une transmission d'Orient

---

[5] L'ouvrage fondamental est F. Hobi, *Die Benennungen von Sichel und Sense in den Mundarten der Romanischen Schweiz*, Heidelberg, Carl Winter, 1926. Très nombreuses données dans: K. Jaberg & J. Jud, *Sprach- und Sachsatlas Italiens und der Südschweiz*, vol. VII (Ackerbau), 1937, Zofingen, Rieger & Co.; P. Scheuermeier, *Bauernwerk in Italien, der italianischen und rätoromanischen Schweiz* . . ., 2 vol., 1943 et 1956; les *Atlas linguistiques et ethnographiques de la France par régions*, Paris, CNRS (nombreux vols., depuis 1947).

en Occident par l'intermédiaire des Carthaginois. Ce qui situerait la diffusion du dépiquage en Méditerranée occidentale avant la fin des guerres puniques (146 AC).

Ce que nous avons appelé le système céréalier méditerranéen est donc en place au début de notre ère, aux IIe–IVe siècles au plus tard. La plupart des éléments qui le composent sont plus anciens, beaucoup plus pour certains. Mais la question des origines est en dehors de notre sujet. Pour ce qui nous occupe ici, il suffit de constater que le système est en place au début de notre ère, et qu'il va ensuite se maintenir sans changements essentiels jusqu'à notre époque. Cette permanence technique ne se limite pas à la céréaliculture, d'ailleurs. La culture des légumineuses (fèves, lentilles, pois, pois chiches . . .), celle de la vigne, de l'olivier, de certains arbres fruitiers, etc., donneraient probablement lieu à des constatations analogues. Ce n'est pas, encore une fois, qu'il n'y ait pas de changements du tout. Dans le transport du vin, par exemple, les anciens récipients de céramique et de cuir (amphores, outres) sont remplacés par des tonneaux en bois dans les régions centrales de l'Empire romain à partir des premiers siècles de notre ère, et ce n'est pas une mince innovation[6]. Mais dans le même domaine, il faut attendre le XVIe ou le XVIIe siècle pour trouver une autre innovation d'importance comparable, celle de la bouteille de verre et du bouchon de liège, qui vont permettre la valorisation des vins vieux. Pour en revenir à la culture proprement dite, nul doute qu'il y ait une évolution des procédés de plantation et de reproduction des variétés de vigne et d'arbres fruitiers. La greffe, par exemple, est un sujet sur lequel les agronomes romains sont assez prolixes. Le problème est qu'entre leur époque et la nôtre, la documentation ne permet guère de suivre le fil des événements.

C'est peut-être dans le domaine du machinisme que l'impression de stabilité est la plus forte. C'est qu'ici, la Méditerranée occidentale a été le théâtre d'une véritable révolution à l'époque antique. Au VIe siècle AC, aucune machine n'existe, sauf si on étend la notion de "machine" à des appareils comme le véhicule, l'araire, le *tribulum*, le *plaustellum*, etc. Au Ier siècle PC, il existe: (1) des moulins rotatifs à bras, à manège et à eau (ceux-ci à roue verticale); (2) plusieurs types

[6] Sur les origines du tonneau, voir les articles de G. Baratta, A. Desbat et A. Tchernia dans D. Garcia et D. Meeks (s.l.d.), *Techniques et économie antiques et médiévales*, Paris, Ed. Errance, 1997, pp. 109–129.

de broyeurs à olives (*trapetum*), à bras et à manège; (3) plusieurs types de pressoirs, à levier et à vis, pour l'huile ou le vin; (4) des roues à godets (*norias*), des chaînes à godets (*saqiyas*), la vis d'Archimède et la pompe aspirante et foulante, c'est-à-dire presque tous les dispositifs de base pour monter l'eau. On a longtemps minimisé ces innovations, à la fois par manque de données et pour des raisons idéologiques—étant esclavagistes, les sociétés antiques étaient censées ne pas porter intérêt à l'innovation technique, et surtout au machinisme. Les progrès de nos connaissances ont rendu cette position intenable. Dans le Midi de la France, par exemple, les sites de moulins d'époque gallo-romaine se sont multipliés, à mesure que les archéologues apprenaient à mieux les identifier. Il ne reste plus rien de la théorie de Marc Bloch, selon laquelle le moulin à eau, bien que d'invention romaine, ne se serait généralisé qu'au Moyen Age, après un temps mort de huit à dix siècles[7].

On comprend dès lors pourquoi les pays méditerranéens ont pu donner une impression d'immobilité du point de vue de l'histoire des techniques. Il vaudrait mieux parler d'un épisode de stabilité sur la longue durée, consécutif à un développement particulièrement précoce et ayant abouti à une adaptation probablement optimale aux conditions naturelles.

Dans le reste de l'Europe, les choses sont moins simples, à la fois parce qu'il n'y a pas la même unité du point de vue physique (c'est-à-dire climatique) et parce que la situation initiale, au début de notre ère, est beaucoup moins bien connue. Quelles que soient ses difficultés d'interprétation, en effet, la littérature gréco-latine classique, d'Homère à Palladius et de Caton à Pline ou à Isidore de Séville, est une source incomparable d'informations. Nous n'avons rien de semblable pour l'Europe non méditerranéenne aux mêmes époques. Les littératures celtiques et germaniques ont un grand intérêt, mais elles sont plus tardives et ne concernent que la marge septentrionale de l'Europe (l'Irlande, le Pays de Galles, la Scandinavie). Pour le continent européen proprement dit, un tableau même sommaire des techniques de production des céréales, tel qu'on l'a esquissé pour les régions méditerranéennes, est tout à fait hors de notre portée. Les

[7] Sur les moulins dans l'Antiquité, voir en dernier lieu les articles de N. Alonso, D. Meeks, M. Brunet, H. Amouric, C. Domergue *et al.*, P. Benoit *et al.*, J.-P. Brun et G. Comet, dans *Techniques et économie antiques et médiévales* (op. cit. note 6), pp. 15–81.

seules données disponibles sont celles de l'archéologie, et bien que les progrès dans cette discipline soient spectaculaires, de nombreux détails restent dans l'obscurité. On peut assez facilement identifier les espèces cultivées et adventices, ce qui permet des inférences intéressantes. Mais cela ne permet pas encore de savoir à coup sûr en quelle saison on faisait les semailles—automne ou printemps—et encore moins comment on semait les grains—en poquets, en lignes ou à la volée. Les vestiges d'outils, rares, fragmentaires, et au surplus relativement peu étudiés, ne nous disent pour l'instant pas grand-chose. Labourait-on à l'araire en Gaule à l'époque de César, par exemple? C'est une question qu'on ne se pose jamais, tant la négative semble invraisemblable. Et pourtant . . . Le fait est qu'en dehors des gravures rupestres du Mont Bégo (à 35 km au nord de Menton, c'est-à-dire dans une position vraiment trop excentrée pour pouvoir être considérée comme représentative), il n'existe aucun indice de présence de l'araire en Gaule avant l'occupation romaine. L'absence de preuves n'est certes pas une preuve d'absence, et il est sans doute vraisemblable que les habitants de la Gaule ont connu l'araire avant la conquête. Mais cette vraisemblance ne doit pas être prise pour un fait constaté. Et si cet exemple prouve quelque chose, c'est l'immensité de nos ignorances. Nous savons, au témoignage de César, que la Gaule était riche en blés. Mais comment ces blés étaient cultivés, semés, récoltés, etc., nous n'avons pas la moindre idée.

La faucille, cet outil si banal en apparence, pose aussi de difficiles problèmes. Dans le système céréalier méditerranéen, dont nous avons donné les grandes lignes, la faucille est un outil masculin, c'est-à-dire manié par des hommes; les femmes participent peu à la moisson, et seulement dans des tâches considérées comme auxiliaires. Dans l'Europe non méditerranéenne au contraire, la faucille est aux mains des femmes: première différence, qui n'est pas mineure. Mais cela dit, *quid* de la chronologie? Depuis quand exactement la faucille à moissonner existe-t-elle dans l'Europe non méditerranéenne? Théoriquement, les données ne devraient pas manquer. Un outil d'usage aussi général que la faucille devrait laisser des vestiges relativement nombreux dans les sites archéologiques de toutes les époques. On devrait donc pouvoir reconstituer des séries continues montrant l'évolution morphologique de l'outil, de ses formes primitives aux formes actuelles. Nous en sommes loin. Le passage du bronze au fer apparaît, en l'occurrence, particulièrement problématique. Dans d'autres domaines, la transition peut être suivie. Les premières épées de fer, par exemple, ressemblent d'assez près aux dernières épées de bronze pour qu'on puisse affirmer qu'il s'agit bien du même type d'arme, transposé d'un métal à l'autre. Il ne semble pas qu'une transition du même genre ait pu être observée à propos des faucilles. Peut-être est-ce, encore une fois, parce qu'on ne s'est pas posé la question. Mais peut-être est-ce aussi parce qu'il n'y a pas eu réellement continuité. On ne voit guère dans la littérature archéologique, en effet, de faucilles de fer présentant des ressemblances assez nettes avec les "faucilles" de bronze pour avoir été remarquées. Il semble même que dans certaines régions, le hiatus morphologique se double d'un hiatus chronologique, plusieurs siècles séparant les dernières "faucilles" de bronze des premières faucilles de fer. Si cela pouvait être confirmé, ce serait une preuve que les deux outils n'appartiennent pas à la même lignée.

Nous ne savons donc rien de la façon dont les céréales étaient moissonnées dans l'Europe non méditerranéenne au premier siècle avant notre ère. Nous n'avons pas la preuve qu'elles étaient moissonnées à la faucille, et nous avons même quelques indices en sens contraire. On a vu qu'en allemand, en anglais et en néerlandais, les mots pour "faucille" (*Sichel, sickle, sikkel*) dérivaient du latin *sicula.* C'est aussi du latin (*stipula*) que viennent les mots *Stoppel, stubble* et *stoppel,* qui désignent l'éteule ou le chaume (lat. *calamus*), c'est-à-dire la partie des tiges qui reste en terre après la moisson. Or il semble que la notion de "chaume" soit associée à l'usage de la faucille, qui primitivement (et jusqu'au XIXe siècle dans certaines régions) laissait des chaumes hauts de 40 à 60 cm, qu'on récoltait à part une fois terminée la moisson proprement dite. Quoi qu'il en soit, l'entrée de ces mots latins dans le vocabulaire des langues germaniques de l'Ouest suggère que la moisson à la faucille ait pu être une innovation pour les locuteurs de ces langues à l'époque romaine.

Un autre argument dans ce sens peut être tiré de l'épisode du *vallus,* cette "moissonneuse gallo-romaine" qui a fasciné tant de chercheurs depuis la découverte de Buzenol (Belgique) en 1958. Ce n'est pas ici le lieu de résumer, même brièvement, l'abondante littérature qui a été produite sur cet instrument[8]. Disons seulement que le *vallus*

---

[8] Sur le *vallus,* cf. F. Sigaut, "Les spécificités de l'épeautre et l'évolution des techniques", dans J.-P. Devrœy et J.-J. van Mol, *L'épeautre* (Triticum spelta), *Histoire et ethnologie,* Treignes, Editions DIRE, 1989, pp. 29–49, et en dernier lieu G. Raepsaet et F. Lambeau, *La moissonneuse gallo-romaine,* Bruxelles et Rochefort, ULB, 2000.

était une sorte de grand peigne en bois, monté sur l'avant d'un petit char poussé par un animal, âne ou bœuf. Les tiges étaient prises entre les dents du peigne, qui en détachaient les épis. Or il existe un outil manuel qui travaille de façon analogue. Il s'agit de deux baguettes appelées *mesorias* en Asturies (Espagne), région où on s'en est servi jusqu'à nos jours pour récolter une variété de blé à rachis fragile appelé *escanda* (épeautre). Le mode opératoire est le suivant. On pince quelques tiges entre les deux baguettes, tenues à peu près horizontalement; on les tire ensuite vers les haut, de façon à ce que les épis portés par les tiges ainsi pincées restent coincés entre les baguettes; on les prend alors d'une main pour les jeter dans un panier qu'on traîne derrière soi. Ce rapprochement suffit-il pour affirmer que le *vallus* n'est pas autre chose qu'une série de *mesorias* montées sur l'avant d'un véhicule? Sans doute pas, mais il reste au moins deux certitudes. La première, c'est qu'il y a des analogies de fonctionnement entre *vallus* et *mesorias*, alors qu'on n'en voit aucune entre *vallus* et faucille. La seconde, c'est que si le *vallus* représente un progrès évident sur les *mesorias* en termes de rapidité du travail, rien ne prouve qu'il en soit de même par rapport à la faucille. Autrement dit, l'invention du *vallus* apparaît possible et profitable dans une région où on récoltait les grains avec des *mesorias* (ou d'autres outils analogues), elle n'apparaît ni possible ni profitable dans les régions où on moissonnait déjà à la faucille. Ce qui conduit aux deux hypothèses suivantes:

(1) on ne moissonnait pas à la faucille dans la région de la Gaule, entre Reims et Coblence, où le *vallus* est apparu, au Ier siècle de notre ère;

(2) c'est la concurrence de la faucille qui aura fait disparaître le *vallus* de cette région trois ou quatre siècles plus tard.

Ajoutons que cette disparition est elle-même un fait exceptionnel. Toutes les autres machines du monde antique, broyeurs à olives, pressoirs, moulins, norias et autres appareils hydrauliques, etc., se sont maintenues jusqu'à l'époque contemporaine, avec sans doute des transformations plus ou moins importantes mais sans discontinuités notables. Le *vallus* est la seule machine de l'Antiquité qui ait disparu sans postérité. La meilleure façon d'expliquer cette disparition est d'admettre qu'il a été simplement supplanté par la faucille, laquelle ne se serait donc généralisée que bien plus tard qu'on avait l'habitude de le penser.

L'exemple de la moisson a en somme l'intérêt de réunir la plupart des difficultés auxquelles se heurte l'historien des techniques dans un domaine comme celui de l'agriculture. Par suite d'un préjugé explicable, mais fâcheux, on associe mécaniquement l'opération à un des outils qui peuvent servir à l'exécuter, la faucille; outil considéré comme banal et anhistorique, si bien que ni sa présence ni son absence ne retiennent l'attention. Dès lors, il n'est pas étonnant que les données manquent pour répondre aux questions les plus simples. Dans les pays méditerranéens, on a quelques bonnes raisons de supposer que la moisson à la faucille, à peu près telle que nous la connaissons aujourd'hui dans ces mêmes pays, était pratiquée au début de notre ère. Dans les pays non méditerranéens, les données sont tout juste suffisantes pour nous montrer que cette généralisation est impossible; elles ne le sont pas pour nous suggérer des hypothèses de rechange.

En revanche, et comme l'exemple du *vallus* le montre aussi, les données disponibles permettent de repérer plusieurs domaines dans lesquelles les pays non méditerranéens manifestent un dynamisme original. Un de ces domaines est le travail du bois, avec la tonnellerie, dont il a été déjà question, ou le charronnage. On sait que véhicules et attelages font l'objet d'innovations importantes dans certaines régions de la Gaule romaine. Nous nous bornerons dans ce qui suit à présenter brièvement quelques-unes de ces innovations caractéristiques de l'Europe non méditerranéenne en matière de culture des céréales (labours, semailles, battage) et de production des fourrages (récolte du foin).

De toutes ces innovations, c'est assurément la charrue qui a fait couler le plus d'encre. Rappelons que la charrue se distingue de l'araire par sa dissymétrie morphologique, adaptation à la dissymétrie du travail effectué: la charrue renverse la terre d'un seul côté (ordinairement à droite) alors que l'araire la rejette de part et d'autre, du moins lorsqu'on ne l'incline pas. La pièce caractéristique de cette adaptation est le versoir, unique et donc disposé d'un seul côté (ce qui n'exclut pas les versoirs réversibles, permettant de labourer alternativement à droite ou à gauche). Mais il en est deux autres, presque aussi caractéristiques, qui sont le coutre et l'avant-train (à roues). Le coutre est particulièrement utile dans les sols tenaces et gazonnés, donc fibreux, qui ne se laissent pas facilement fractionner en mottes. L'avant-train sert au réglage en largeur et en profondeur, où il permet d'atteindre une grande précision. Toutes les charrues n'ont pas d'avant-train, car on peut le remplacer par d'autres dispositifs ayant la même fonction (régulateurs); mais c'est une évolution récente qui ne nous concerne pas ici. Ce qu'il faut retenir, c'est que la différence entre charrue et araire n'est pas seulement affaire de symétrie dans la structure de l'instrument. Il y a aussi la nécessité d'un réglage plus précis, qui conduit à ajouter un avant-train dont la fabrication est assez difficile, à cause des roues. Il y a le coutre, qui demande davantage de métal, et un métal dont le tranchant résiste à l'usure, etc. Au total, la charrue tend à être un instrument beaucoup plus complexe que l'araire. A quelles nécessités correspondent toutes ces innovations?

Certainement pas à une tendance générale (c'est-à-dire indéfinie) au progrès. L'araire, redisons-le, apparaît à l'époque de Sumer, plus de 3000 ans avant le début de notre ère: si une telle tendance eût existé, on ne comprendrait pas qu'il ait fallu attendre l'époque romaine tardive pour qu'elle se concrétise. Le fait est que dans les conditions pédo-climatiques qui sont celles de la plupart des pays méditerranéens, la charrue ne représente pas vraiment un progrès par rapport à l'araire. Aujourd'hui même, ce sont plutôt les instruments dits de pseudo-labour (cultivateurs à dents flexibles, appareils à disques, etc.) qui ont remplacé l'araire, et qui travaillent en gros de la même façon, en fragmentant, en ameublissant la couche arable. La charrue proprement dite n'a pas d'intérêt particulier dans ce cas. Tout indique au contraire qu'elle est spécifiquement adaptée aux sols *gazonnés*, c'est-à-dire rendus résistants par le feutrage des racines de l'herbe qui les recouvre. Dans les sols fortement gazonnés, le travail de l'araire est pénible et incomplet: pénible à cause de la résistance des racines qui empêchent le fractionnement en mottes, et incomplet parce que les gazons, irrégulièrement arrachés et non retournés, risquent de reprendre racine à la première pluie. Avec une charrue, le travail est tout différent. Le soc et le coutre découpent une tranche de terre selon des dimensions bien déterminées, que le versoir retourne suivant un angle suffisant pour que les racines soient en l'air. Il est vrai qu'à profondeur égale, ce travail exigerait une puissance de traction plus élevée que celui de l'araire. C'est précisément pour cette raison qu'on cherche à limiter la profondeur du labour à ce qui est considéré comme strictement nécessaire. Cette profondeur, qui correspond souvent à l'épaisseur de la couche gazonnée, est généralement assez faible, de l'ordre d'une dizaine de centimètres et souvent moins. Contrairement là encore à une idée reçue, la charrue n'est pas donc par nature un instrument puissant destiné aux labours profonds, par contraste avec l'araire qui ne ferait que gratter superficiellement le sol. En fait, on ne trouve nulle part en Europe de labours profonds (c'est-à-dire de plus de 15 à 20 cm) exécutés à la charrue avant la seconde moitié du XIXe siècle, et lorsque la nécessité se faisait sentir de dépasser cette profondeur, il fallait avoir recours à la pioche ou à la bêche. Or c'est le maintien de l'instrument à une profondeur faible mais régulière qui exige un réglage efficace, tel que peut l'assurer un avant-train stable. Le versoir, le coutre et l'avant-train ne sont donc pas de simples perfectionnements, améliorant un instrument dont les fonctions resteraient inchangées. Le versoir, le coutre et l'avant-train définissent une fonctionnalité nouvelle. La charrue n'est pas un araire perfectionné (il y en a), c'est un instrument différent, conçu pour exécuter un travail différent.

Or il se trouve qu'un passage célèbre de *l'Histoire naturelle* de Pline (XVIII, (18) XLVIII) mentionne les trois éléments caractéristiques de la charrue: le coutre, le soc et, sinon le versoir, du moins un soc en forme de pelle assez large pour retourner les gazons (*Cuspis effigiem palae habet . . . Latitudo vomeris caespites versat*). Ce passage a fait l'objet de nombreux commentaires, qu'il n'est pas question de reprendre ici[9]. Le plus souvent, on a voulu voir dans le *plaumoratum* de Pline une sorte d'intermédiaire entre l'araire et la charrue. Cette interprétation laisse de côté deux points essentiels. Le premier, c'est que Pline ne pouvait pas avoir à l'esprit nos catégories actuelles d'araire et de charrue; son but était seulement d'exposer qu'il y a "plusieurs genres de socs" (*vomerum plura genera*), ce dont personne ne semble s'être avisé avant lui. A supposer donc que le *plaumoratum* ait bien été ce que nous appellerions aujourd'hui une charrue, Pline ne pouvait pas le décrire comme tel, puisqu'il n'avait pas notre notion de la distinction entre charrue et araire. Rien d'étonnant que son texte ne permette pas de répondre à une question que les savants n'ont su poser qu'au milieu du XXe siècle.

En revanche, et c'est notre deuxième point, Pline donne des précisions dont on n'a pas tiré tout le parti possible. Dans *Latitudo vomeris caespites versat*, par exemple, l'emploi de *caespes* ("gazon") à la place de *gleba* ("motte") n'est pas indifférent, surtout si on le rapproche de

---

[9] L'ouvrage classique est A.-G. Haudricourt et M. Jean-Brunhes Delamare, *L'homme et la charrue*, Paris, Gallimard, 1955 (chap. VII).

la remarque immédiatement précédente selon laquelle cette même sorte de soc coupe aussi les racines par ses bords tranchants, *acie laterum radices herbarum secans*. Le mode d'action ainsi décrit est très différent de celui de l'araire traditionnel de la Méditerranée. Dans les sols non ou peu gazonnés, il s'agit de soulever des mottes (*glebas*) qui seront elles-mêmes amenuisées par les façons ultérieures. Ici, il s'agit de découper des gazons (*caespites*), ce qui implique un coutre et un soc tranchants. Tout cela est parfaitement cohérent.

Ce n'est pas tout. Après ce labour par lequel les gazons sont retournés, "on jette aussitôt la semence et on passe par dessus des claies dentées" (*semen protinus iniciunt cratesque dentatas supertrahunt*). L'originalité de cette pratique n'a pas été aperçue parce qu'elle était devenue courante dans une grande partie de l'Europe au XIXe siècle, ce qui empêchait de la voir comme l'innovation qu'elle était pourtant. Car dans les agricultures méditerranéennes, on a eu l'occasion de le voir, les graines des céréales étaient normalement enterrées à l'araire, non à la herse. L'usage de la herse pour enterrer les semences est en tous cas inconnu des auteurs latins, à l'exception de Pline. De plus, le mot *irpex*, que nous traduisons par "herse", désignait autre chose que ce que nous entendons par là aujourd'hui. Il s'agissait plutôt d'une sorte de grand râteau attelé destiné à rassembler les mauvaises herbes ou à niveler le sol (Varron, Festus). Les claies (*crates*) pour briser les mottes dont parlent Columelle et Virgile devaient ressembler davantage à nos herses, mais sans dents. Pline est le seul à parler de "claies dentées", dont certaines, même, étaient munies de dents en fer. Les plus rudimentaires devaient ressembler aux herses de bois ligaturées qui étaient encore en usage dans l'est de l'Europe au début du XXe siècle. Des râteaux attelés aux claies dentées, l'innovation serait bien insignifiante si elle se réduisait à un simple changement de forme. Ce qui lui donne son importance, c'est la nouvelle fonction qui lui correspond. Les nouvelles herses servent à enfouir les semis qui ont été faits sur un nouveau type de labour, lui-même exécuté à l'aide d'un instrument nouveau qui, avec son soc large et tranchant, son coutre et son avant-train, est déjà probablement une charrue. Herse et charrue font partie du même ensemble d'innovations par lequel les agricultures de l'Europe non méditerranéenne vont désormais se distinguer de plus en plus des agricultures méditerranéennes.

Il ne faut pas oublier, cependant, que tout cela repose sur un témoignage unique, celui de Pline l'Ancien. Son authenticité n'a jamais été vraiment mise en doute. Mais il est fâcheux qu'on ne puisse pas le corroborer par d'autres—à la seule réserve de Servius, commentateur de Virgile à la fin du IVe siècle, qui nous apprend que l'avant-train à roues était alors courant dans la Plaine du Pô. C'est de l'archéologie qu'il faut attendre la confirmation des propos de Pline. Malheureusement, les trouvailles significatives sont rares, dispersées et trop souvent négligées. Tout ce qu'on peut en dire est que, si l'archéologie ne confirme pas encore pleinement le témoignage de Pline, elle tend à s'en rapprocher. Les synthèses disponibles établissent la présence du complexe charrue-herse dès l'époque romaine (IIIe–IVe siècles) dans des régions pourtant assez éloignées puisqu'il s'agit de l'Angleterre et de la Hongrie actuelles[10]. En l'état, il est donc préférable d'accepter le témoignage de Pline plutôt que de le refuser.

Un outil dont l'importance ne le cède pas à celle de la charrue, c'est la faux—la faux à foin faut-il préciser, car l'usage de la faux pour récolter les grains n'est pas attesté avant le Moyen Age. La faux, donc, c'est l'outil caractéristique d'une nouvelle économie animale, basée sur l'accumulation de réserves de fourrage pour l'hiver, et qu'accompagnent tout un cortège de conséquences, tant sur les paysages (prés de fauche, par opposition aux simples pâturages) que sur l'habitat (étables, fenils). Certes, l'absence de faux ne signifie pas absolument l'absence de foin. On peut naturellement récolter l'herbe à la faucille, c'est même une pratique tout à fait courante hors d'Europe (en Inde, par exemple) et en Europe même, lorsqu'il ne s'agissait que de quantités minimes ("l'herbe aux lapins"). Mais les rendements ne sont pas du même ordre. Un faucheur de force médiocre va au moins quatre ou cinq fois plus vite que quelqu'un qui ne se sert que d'une faucille. Dès lors, il est facile de comprendre que là où la faux n'est pas en usage, le foin ne peut être qu'une ressource d'appoint parmi d'autres.

Quelles sont ces autres ressources? Deux exemples sont particulièrement importants comme points de comparaison: ce que j'appellerai le pâturage intégral, toute l'année, et l'emploi des feuilles d'arbres

[10] I. Balassa, "The appearance of the onesided plough in the Carpathian Basin", *Acta Ethnografica Academiae Scientarum Hungariae*, 1971, 20, 3–4: 411–437; S.E. Rees, *Agricultural Implements in Prehistoric and Roman Britain*, Oxford, B.A.R., 1979. Tout récemment, la thèse inédite de A. Marbach, *Recherches sur les instruments aratoires et le travail du sol en Gaule Belgique* (Université de Metz, mars 2001) confirme la présence de charrues réversibles (tourne-oreille) dans la Gaule du nord-est à la même époque.

(le *brout* et le *feuillard*, suivant qu'on considère les feuilles elles-mêmes, ou les rameaux feuillus).

Le pâturage est évidemment quelque chose d'universel—sauf dans les élevages intensifs actuels. Ce qui n'est pas universel, c'est le pâturage intégral, c'est-à-dire qui constitue l'unique ressource alimentaire des animaux tout au long de l'année. En général, le pâturage intégral implique que les troupeaux et leurs gardiens se déplacent en fonction des saisons. Lorsque le groupe humain tout entier, avec femmes et enfants, armes et bagages, se déplace avec ses animaux, on parle de nomadisme. Il n'est pas sûr que le véritable nomadisme ait existé en Europe, du moins aux époques historiques. Ce qui a été fréquent, en revanche, c'est un nomadisme partiel, limité aux troupeaux et à leurs gardiens, dont la forme la plus connue est la transhumance méditerranéenne.

Les variantes de ce nomadisme partiel sont nombreuses, et il ne peut pas être question de les décrire en détail ici. L'essentiel pour nous est d'observer que le milieu méditerranéen n'en a pas l'exclusivité. On trouve des traces d'un nomadisme partiel ailleurs en Europe, notamment dans les régions à hivers doux comme les Iles britanniques. Le cas de l'Irlande médiévale est particulièrement bien documenté[11]. Avant la conquête normande, le bétail était au pâturage toute l'année. L'hiver, il restait dans les champs dépouillés de leurs récoltes, à l'entour des habitations. Au printemps, on l'envoyait dans les collines, sous la garde de quelques jeunes gens. L'inconvénient de ce système était de ne laisser nulle ressource lorsque la neige couvrait le sol pour plus de quelques jours. Cela n'arrivait qu'exceptionnellement, à vrai dire, pas plus de deux ou trois fois par siècle peut-être. Mais lorsque cela arrivait, c'était une catastrophe, puisqu'une grande partie du bétail était condamnée à mourir de faim. Rien d'étonnant, alors, que les anciennes chroniques aient parfois conservé le témoignage de telles calamités. C'est seulement après la conquête normande (1169) que la faux et le foin furent introduits en Irlande, mettant fin à l'antique système de pâturage intégral. Dans le sud des Balkans, de l'Italie et de l'Espagne, où la neige est presque inconnue en plaine, c'est jusqu'en plein XIXe siècle parfois qu'on a continué à ignorer la faux et le foin. On voit qu'il ne s'agit nullement d'un retard dans une évolution qui aurait été nécessaire. Ces régions sont

---

[11] F. Kelly, *Early Irish Farming*, Dublin, Dublin Institute for Advanced Studies, 1998; cf. pp. 20–24 et 46–47.

simplement restées attachées au système le mieux adapté à leurs conditions climatiques, le pâturage intégral.

L'autre alternative au foin est la récolte du feuillard. C'est une ressource dont l'importance a été longtemps méconnue. Jusqu'au début du XXe siècle pourtant, on récoltait et même on stockait les feuilles d'arbres en grande quantité dans de nombreuses régions allant de la Scandinavie (Finlande, Suède) aux Balkans (Bulgarie, Grèce du Nord) et à l'Espagne (les *dehesas* d'Estremadure)[12]. En France, des pratiques semblables avaient une importance non négligeable dans, peut-être, un tiers du pays, notamment dans les régions bocagères. La récolte du feuillard a disparu parce qu'elle n'était pas mécanisable: l'irruption des machines de récolte (faucheuses, andaineuses, râteaux-faneurs, etc.) a donné aux herbages et au foin un avantage économique décisif. Mais elle a également disparu de nos mémoires, et cela sans doute pour d'autres raisons, qui tiennent à la représentation que nous nous faisons aujourd'hui de la forêt. Pendant longtemps, les forêts n'ont été rien d'autre que des espaces extérieurs aux terroirs habités et cultivés. On y faisait paître les animaux et on y récoltait toutes sortes de choses, parmi lesquelles le bois n'était ni la seule, ni même parfois la plus importante. C'est à partir du XVIIe ou du XVIIIe siècle que la production du bois, et notamment du bois d'œuvre, a commencé à l'emporter sur les autres. Les forêts ont été de plus en plus strictement réservées et aménagées en vue de la production exclusive de bois, en commençant par les pays dotés d'une forte administration centrale, comme l'Autriche ou la France. Cette image de la forêt-à-bois a fini par s'imposer. Les dictionnaires actuels n'en connaissent plus d'autres, sauf éventuellement s'ils ont une rubrique étymologique. Pour tout le monde aujourd'hui, historiens et écologistes compris, une forêt est "une étendue plantée d'arbres", voire "l'ensemble des arbres" occupant ladite étendue, et cela hors de toute considération historique. Tout ce qui est en contradiction avec cette image, comme le pâturage ou la récolte du feuillard, tend inévitablement à disparaître.

Un dernier facteur qui tend à rendre peu visible la récolte du feuillard, c'est l'absence d'outillage spécifique. Quelquefois même, il

---

[12] H. Slotte, *Lövtäkt i Sverige och på Åland*, Upsal, Swedish University of Agricultural Sciences, 2000; F. Sigaut, "L'arbre fourrager en Europe", dans *La forêt et l'élevage en région méditerranéenne française*, N° hors série de la revue *Fourrages*, sept. 1987, pp. 45–54.

n'y a pas d'outillage du tout: on se bornait à récolter les feuilles en *érussant* (all. *abstreifen*, angl. *stripping off*) les rameaux feuillus, c'est-à-dire en les pinçant entre les doigts. Le plus souvent, on se servait de serpes de formes diverses, qu'il est bien difficile aujourd'hui de distinguer des serpes utilisées partout pour débiter les branches et faire des fagots. La faux, au contraire, est un outil extrêmement spécifique. Il y a certes une assez grande diversité de formes, correspondant aux traditions des différentes régions d'Europe. Il y a également des formes de transition avec d'autres outils, surtout du côté de ceux qui sont destinés à couper les roseaux, les joncs, les genêts, les bruyères, etc., qu'on récoltait pour couvrir les toits, pour servir de litière dans les maisons et les étables ou pour divers usages industriels (vannerie, sparterie). Mais ces formes de transition ne masquent nullement la spécificité des faux, sauf peut-être au tout début de leur histoire, lorsque l'outil était encore peu différencié. Cette phase primitive n'a pas duré longtemps. Les premières faux apparaissent vers 200 AC., peut-être un peu plus tôt. Dès l'époque romaine, c'est-à-dire moins de trois siècles plus tard, on a affaire à des instruments qu'il est impossible de ne pas reconnaître pour des faux: lames longues, parfois très longues (1.50 m et plus), plus ou moins incurvées, certaines renforcées par une ou deux nervures . . . Les faux romaines diffèrent des nôtres par bien des points. Mais en dépit de ces différences, leur forme ne laisse aucun doute sur leur fonction, ce qui est plutôt rare en archéologie.

Ces faux romaines sont en réalité des faux gallo-romaines. On en a trouvé dans un vaste ensemble de régions qui s'étendent des Alpes centrales (Suisse, Autriche) par le Rhin jusqu'à la Mer du Nord et la Grande Bretagne, et par le Danube jusque dans les Carpathes. La France du Nord-Est, une grande partie de l'Allemagne, la Bohême, etc., font partie de cet ensemble, qu'il serait prématuré de vouloir préciser davantage[13]. Doit-on interpréter cette distribution comme l'indice d'une origine celtique de la faux? Ce n'est pas impossible, à condition d'ajouter que si des Celtes ont inventé la faux, ce n'est

[13] La bibliographie sur les faux avant l'époque moderne est ancienne et peu fournie. L'article récent et fondamental de J. Henning, "Fortleben und Weiterenwicklung Spätromischer Agrargerätetraditionen in Nordgallien—Eine Mähsense der Merowingerzeit aus Kerkhove (Belgien)", *Acta Archaelogica Lovaniensia*, 1991, 30: 49–59, en donne les principaux titres, auxquels il faut ajouter des classiques comme A. Steensberg, *Ancient Harvesting Implements* (Copenhague 1943) et P. Vouga, *La Tène* (Leipzig 1923). Voir aussi S.E. Rees (op. cit. note 10).

pas parce qu'ils étaient celtes, mais parce qu'ils se trouvaient dans une situation particulière, caractérisée par la superposition d'au moins deux facteurs nécessaires: l'enneigement et la métallurgie.

On a déjà mentionné l'enneigement. Il est clair qu'au nord des Alpes, l'enneigement est incompatible avec la transhumance, sous quelque forme que ce soit. Si cependant on veut exploiter les alpages, il faut pouvoir nourrir l'hiver une partie au moins du troupeau, qui est alors maintenu à l'étable. Ce système, qui a été appelé *estive* (par opposition à *transhumance*), exige évidemment d'importantes réserves de fourrage. On peut imaginer qu'au départ, ces réserves ont été faites de produits divers, dans lesquels les feuilles d'arbres tenaient une place plus ou moins prépondérante. Mais le procédé avait deux limites. La première, c'est que la productivité du travail n'y pouvait guère augmenter, faute d'innovations possibles dans l'outillage de récolte. La seconde, c'est que la ressource ne pouvait que diminuer, avec le recul inévitable de la forêt devant la multiplication des hommes et de leurs activités. Il n'était d'autre solution que de récolter toujours plus de foin, ce qui incitait à développer l'outillage—faucilles, faux courtes primitives—permettant de le récolter.

Or il se trouve que dans les mêmes régions, le minerai de fer est abondant et souvent de haute qualité. Sans parler de l'industrie lourde qui s'y est développée au XIXe siècle, dans la Ruhr par exemple, il y a des sites qui ont été longtemps célèbres pour l'ancienneté et l'excellence de leur production sidérurgique (Steyr en Autriche, Brescia en Italie, Solingen en Allemagne, etc.). Il n'est certes pas dit que ces mêmes sites avaient déjà de l'importance à l'époque romaine. La géographie de la production n'est pas restée immuable, et les ressources en charbon de bois, en énergie hydraulique, les voies de communication et l'emplacement des marchés, y ont souvent joué un rôle plus important que la répartition des gisements de minerai. Mais cette discussion nous entraînerait trop loin. Pour notre propos ici, il nous suffit d'observer que dans l'ensemble des régions que nous avons évoquées plus haut, la solution était en quelque sorte à côté du problème. Là où les besoins en foin étaient les plus élevés, du fait de l'enneigement hivernal, là également étaient les traditions métallurgiques les plus à même de produire les lames longues, acérées et résistantes à la fois, permettant de récolter du foin en grande quantité.

Cependant, l'enneigement n'est pas le seul facteur en cause dans cette histoire. Il faut aussi compter avec le travail des animaux. Car les animaux qui travaillent doivent être nourris, et cela d'autant plus que le travail qu'on exige d'eux est important et continu. Ce n'est pas le manque de pâturages qui oblige à les nourrir—il y a des pâturages disponibles au printemps et en automne, au moment des labours—c'est le fait que le pâturage est plus ou moins incompatible avec le travail. Caton l'explique très clairement:

> Il ne faut pas laisser paître les bœufs, si ce n'est en hiver, quand ils ne labourent pas; car s'ils mangent du vert, ils le désirent toujours et il faut leur mettre des muselières pour les empêcher de chercher l'herbe quand ils labourent. (*De Agricultura*, 54, 5.)

Cette raison n'est sans doute pas la seule. Mais il nous suffit de retenir que les animaux qui travaillent doivent être nourris quand ils travaillent, indépendamment de la saison. Les solutions étaient certainement aussi diverses que les circonstances et que les localités. Caton, pour continuer avec le même exemple, est très attentif à l'alimentation des bœufs de labour. Il leur fait donner des pailles de différentes espèces, de l'*ocinum* (une culture fourragère non identifiée), des glands, des grains de millet, de lupin et de vesce, des feuilles d'orme, de peuplier, d'yeuse et de chêne, de lierre, de figuier . . ., ainsi bien sûr que du foin, mais en quantité si faible—580 livres par paire et par an—que certains de ses éditeurs ou traducteurs y ont vu une difficulté[14]. Manifestement, on faisait usage de tout ce qu'on trouvait, et le foin n'était qu'une ressource parmi d'autres.

Mais si ce genre de solution pouvait convenir à une exploitation rurale, elle devait se trouver vite dépassée lorsque l'utilisation du travail animal se faisait plus intensive. Comment nourrissait-on, par exemple, les animaux employés à l'année dans les transports ou pour faire tourner les moulins (ou d'autres machines)? Comment, surtout, ravitaillait-on les cavaleries des armées en campagne ou en garnison? Du Ier au IVe siècle de notre ère, près de la moitié des armées romaines sont stationnées sur *le limes* qui s'étend de l'île de Bretagne aux bouches du Danube. L'importance économique de cette accumulation d'hommes a été reconnue depuis longtemps. Il n'est pas exclu que la nécessité d'affourager les effectifs correspondants de bêtes de somme et de chevaux ait joué un rôle décisif dans le développement de la faux. Et cela d'autant moins que sur le plan géographique, cet

---

[14] Cf. l'édition du *De Agricultura* par Raoul Goujard (Paris, "Les Belles Lettres", 1975), LXII (53) et LXIX (60) note 2 p. 234.

élément ne se laisse guère distinguer de ceux qui ont été évoqués plus haut. Des bouches du Rhin à Vindobona (Vienne), le *limes* traverse en effet des régions où l'enneigement hivernal est partout important.

Il reste cependant beaucoup d'inconnues sur les faux d'époque romaine. On ne connaît que quelques dizaines de lames, entières ou fragmentaires, plus ou moins corrodées, et jamais munies de leur manche. La plupart de ces lames ont été trouvées lors de fouilles anciennes, et c'est seulement après des années ou des dizaines d'années d'oubli dans des musées ou des dépôts qu'on les a "retrouvées" et étudiées. On imagine facilement la perte d'informations qui en résulte. Parmi cette perte, il faut compter à coup sûr celle des très rares manches qui auraient pu être conservés en milieu saturé d'eau, mais qui tombent en poussière dès qu'ils en sont retirés. Et cette perte n'est pas compensée par une iconographie très rare—moins d'une douzaine de représentations épigraphiques, où l'homme est représenté avec une faux à la main, mais dans une position qui n'est pas celle du travail et qui ne permet donc pas de savoir comment la faux était maniée[15]. Les essais de reconstitution qui ont pu être faits ne sont guère convaincants. On n'en sait pas davantage sur la fabrication des faux. Etait-elle à la portée de tous les forgerons, ou seulement de quelques spécialistes? Quel était exactement le processus technique? Préférait-on certains minerais, donc certains sites de production? Pour répondre à ces questions, il faudrait tout un programme de recherches allant de l'analyse métallographique des lames à la reproduction expérimentale de leur fabrication et de leur utilisation.

Une seule question peut être considérée comme éclaircie, elle est heureusement essentielle: c'est l'apparition des faux de morphologie "moderne", telles à peu près qu'on les connaît depuis le XVIIe ou le XVIIIe siècle. Sans entrer dans les détails, rappelons que les faux romaines différaient considérablement de ces faux dites modernes. On doit à J. Henning d'avoir redécouvert la plus ancienne lame de morphologie moderne, dans le fonds des objets extraits du site de Kerkhove (près d'Audenarde, Belgique). Cette lame a pu être datée de l'époque mérovingienne, entre 650 et 750 BC. En reprenant l'enquête à partir de cette découverte, J. Henning a pu la replacer

[15] A notre connaissance, la seule représentation d'un faucheur au travail d'époque romaine est celle du calendrier de la Porte Mars à Reims, dont on n'a que des dessins anciens. En l'état actuel des choses, il est difficile d'en tirer des conclusions précises.

dans tout un ensemble d'indices convergents, tels que pierres à aiguiser, *battements* (on appelle ainsi l'ensemble enclumette et marteau à rebattre les faux), données iconographiques et philologiques, etc. De tout cela, il ressort que la faux moderne est le résultat d'une évolution qui s'est produite en Belgique et dans les provinces voisines d'Allemagne et de France, entre l'époque romaine et le VIIIe ou le IXe siècle[16]. De là, les faux modernes se répandront dans le reste de l'Europe, suivant des modalités et une chronologie qui restent à préciser pour chaque pays.

C'est également au IXe siècle, rappelle J. Henning, qu'on trouve dans l'usage courant la distinction entre prés de fauche (*prata*) et pâturages (*pascua*), distinction qui ne semble pas avoir existé avec la même netteté à l'époque romaine classique. En même temps apparaissent les premières mentions de céréales récoltées à la faux: il s'agit d'avoine et d'orge destinées aux animaux, alors que les blés proprement dits, destinés aux hommes, restent et resteront longtemps encore récoltés exclusivement à la faucille.

Avec les céréales fourragères, d'ailleurs, il semble bien que nous ayons affaire à une autre catégorie d'innovations particulièrement importante. Que certaines céréales puissent, à l'occasion, être données aux animaux, c'est une chose. Que des céréales soient récoltées, donc cultivées, dans le but spécifique de servir à l'alimentation des animaux, c'en est une autre. Et la différence n'est pas mince, car c'est toute l'organisation du terroir qui va en être renouvelée. On a identifié depuis longtemps l'assolement triennal—jachère/céréale d'hiver/céréale de printemps—comme un élément caractéristique de l'agriculture médiévale, dans la partie de l'Europe qui s'étend de l'Angleterre aux pays alpins. Or ce qui définit cet assolement, c'est que les grains pour les hommes et les grains pour les animaux alternent dans les mêmes terres, occupent les mêmes surfaces. Il est vrai que cette égalité se limite à cela. En effet, les grains pour les hommes sont semés sur une jachère de plusieurs labours, dans laquelle on a porté le gros du fumier disponible, et ils seront ensuite sarclés deux ou trois fois, alors que les grains pour les animaux qui leur succèdent sont semés sur un seul labour, sans fumure ni sarclage. A surface égale, les *avances*, comme on dira au XVIIIe siècle (c'est-à-dire les investissements) ne sont pas les mêmes, ni non plus les

---

[16] Cf. J. Henning, op. cit. note 13.

rendements: en *année commune* (c'est-à-dire en moyenne), les grains pour les animaux ne rendent que deux à quatre fois moins que les grains pour les hommes. Il n'en reste pas moins que les uns et les autres occupent successivement les mêmes surfaces dans la même partie (labourable) du terroir, et que cela est tout à fait inédit.

Ce n'est pas ici le lieu d'entrer dans une discussion détaillée de l'assolement triennal, qui n'appartient pas vraiment à l'époque que nous étudions[17]. Il nous suffit de retenir que grâce notamment aux découvertes de J. Henning, nous commençons à avoir quelques lueurs sur son origine. Deux céréales y jouent vraisemblablement un rôle primordial, ce sont l'avoine et le seigle. On souhaiterait avoir davantage de données paléobotaniques à leur sujet. Céréale fourragère, l'avoine ne l'a pas toujours été. Dans une grande partie des Iles britanniques, mais aussi en Bretagne, dans plusieurs régions d'Allemagne, de Suisse, etc., l'avoine a longtemps été consommée par les hommes sous forme de bouillies (le *porridge* d'Ecosse); on se souvient que Pline, suivi par Tacite, attribue aux Germains une alimentation à base de bouillie d'avoine. Il se pourrait donc que l'avoine ait été une céréale pour les hommes avant de devenir une céréale pour les animaux, même si, dans certaines régions ou à d'autres moments, l'évolution a dû se faire en sens inverse. Le seigle offre un tableau beaucoup plus uniforme. A l'époque moderne, c'est la céréale qui domine de la Flandre à la Russie et dans toutes les régions pauvres ou montagneuses d'Europe occidentale, jusqu'au nord du Portugal; de plus, le seigle est présent presque partout ailleurs en mélange avec le froment, sous forme de méteil. Or partout, pour autant qu'on ait des informations suffisantes, le seigle est une céréale à pain (voire à bière, en Russie); on n'en fait pas de bouillies et on ne donne pas son grain aux animaux.

En a-t-il été ainsi dès l'origine? Ce n'est pas certain. A. Deman a fait observer que Pline mentionne le seigle au titre de plante fourragère, au milieu d'une liste qui comprend la vesce, l'ers, le fenugrec, la dragée, l'*ocinum* et la luzerne. A lui seul, cet indice ne serait pas suffisant. Mais il se trouve que dans le nord du Bassin parisien, les plus anciennes traces de seigle qu'on ait trouvées proviennent, non pas de régions rurales pauvres, mais de régions fertiles et déjà urbanisées (V. Matterne). Cela conduit à penser que le seigle a bien pu

[17] Rappelons seulement que Lynn White jr. lui consacre quelques pages importantes dans *Medieval Technology and Social Change* (Oxford Univ. Press, 1962).

être cultivé, non pour la nourriture des hommes, mais pour celle des animaux[18].

Quoi qu'il en soit, une chose est certaine: c'est que le seigle et l'avoine sont des innovations de première grandeur au cours de la période qui nous intéresse. A peine connues au début de l'ère chrétienne, ces deux céréales sont devenues des productions de base quelques siècles plus tard, au point de dominer les systèmes de culture dans la majeure partie de l'Europe non méditerranéenne. Quelles sont les significations d'un changement aussi essentiel?

Nous ne pouvons ici qu'avancer quelques hypothèses, en grande partie spéculatives. Observons par exemple que s'il est vrai que le seigle n'est consommé (et consommable) que sous forme de pain, cela peut signifier que les populations qui se sont mises à sa culture l'ont fait dans le but de consommer du pain. Que donc avant de produire du seigle, elles ne consommaient pas de pain, ou du moins pas couramment. Et cela sans doute parce qu'elles ne disposaient pas des techniques et de l'outillage nécessaires à la fabrication de pain en quantité correspondant à leurs besoins quotidiens (moulins rotatifs, fours, etc.). C'est l'expansion de ces techniques vers le nord, conséquence de la présence prolongée des Romains au nord des Alpes, qui aurait ouvert la voie au seigle, seule céréale susceptible de fournir du pain dans les régions peu aptes à la culture du froment. Dans cette hypothèse, le seigle aurait joué un rôle de rattrapage, pour ainsi dire. Il aurait permis aux populations de l'Europe non méditerranéenne d'accéder au même modèle de consommation céréalière que celui des populations méditerranéennes, et qui était aussi le plus élaboré et le plus prestigieux de l'époque, à savoir le pain.

Bien entendu, cette hypothèse—spéculative, redisons-le—n'épuise pas le sujet. Le seigle ne produit pas seulement des grains. Il produit aussi une paille de qualité supérieure, très utilisée pour couvrir les toits, pour divers usages industriels (vannerie), voire d'abord pour lier les gerbes. Au XIXe siècle, alors que le seigle tendait à disparaître en beaucoup d'endroits, il n'était pas rare qu'on en conservât quelques rangs, dans le seul but de fournir les liens pour la moisson du blé. Le fait est reconnu depuis longtemps. On trouve, dans de

---

[18] Cf. J.-P. Devrœy *et al.* (dir.), *Le seigle* (Secale cereale), *Histoire et ethnologie*, (Treignes, Centre Belge d'Histoire rurale, 1995), et la thèse de V. Matterne, *Agriculture et alimentation végétale durant l'âge du fer et l'époque gallo-romaine en France septentrionale* (Université de Paris I, 2000).

nombreux dialectes français, un mot spécial, *glui*, d'origine probablement gauloise, qui désigne le chaume ou la paille de seigle. Il est certes assez difficile d'imaginer qu'on ait mis en culture le seigle dans le seul but de produire de la paille. Mais cela n'autorise nullement à négliger cet aspect, dont nous ne comprendrons vraiment l'importance que lorsque nous en saurons assez pour élaborer des modèles explicatifs plus complets.

Pour terminer, revenons brièvement sur les techniques culturales. Nous avons vu qu'avec l'avant-train à roues, le coutre, quelque chose comme un versoir (*latitudo vomeris caespites versat*) et les "claies dentées" pour enterrer les semis par hersage, on trouvait chez Pline toute une série d'éléments nouveaux par rapport aux techniques classiques de préparation du champ dans les agricultures méditerranéennes. Il n'est pas impossible que ces éléments nouveaux aient quelque chose à voir avec le seigle, et surtout avec l'avoine. Le seigle est cultivé à peu près comme le blé. On le sème à la même saison (un peu plus tôt, en principe) et la préparation des champs est à peu près la même, en un peu plus simple. La seule différence notable, c'est que le seigle est plus souvent semé *après* le dernier labour et enterré par un ou des hersages, alors que le blé est plus souvent semé *avant* le dernier labour, par lequel il est donc enterré. Il est dès lors possible que l'innovation qui consiste à enterrer les semis à la herse, telle qu'elle apparaît chez Pline, ait quelque chose à voir avec l'expansion du seigle.

Mais si on accorde quelque crédit à ce raisonnement, l'avoine est encore plus concernée que le seigle, en particulier l'avoine de printemps. L'avoine d'hiver, peu résistante au froid, n'est régulièrement cultivée que dans des régions à hivers doux, comme par exemple les façades atlantique et méditerranéenne de la France, où son importance est d'ailleurs très variable; ses techniques culturales n'y sont pas très différentes de celles des autres céréales d'hiver. L'avoine de printemps, au contraire, est le plus souvent semée sur un seul labour, en mars, et enterrée à la herse. Et cette préparation réduite au minimum reste la même, qu'il s'agisse de semer l'avoine après la céréale d'hiver (assolement triennal) ou sur la défriche d'un herbage vieux de plusieurs années. L'avoine est probablement la seule céréale qui puisse donner des résultats au moins passables dans des conditions de préparation aussi sommaires[19].

---

[19] Sur l'importance des innovations liées à la culture de l'avoine, voir F. Sigaut 1972, 1977 et 1978 (op. cit. notes 2 et 3).

Il n'est pas possible ici de développer davantage ces considérations d'ordre agronomique, tirées d'ailleurs de sources récentes (XVIIIe, XIXe siècles). Ce qu'elles suggèrent, c'est que plus que toute autre céréale, l'avoine de printemps était préadaptée aux innovations pliniennes: coutre et versoir pour exécuter des labours retournés, claies dentées pour herser les semis. La question est alors de savoir dans quel sens ont joué les causalités. L'expansion de la culture de l'avoine a-t-elle été la cause ou la conséquence des innovations pliniennes? Dans le cas du seigle, nous l'avons vu, l'une des deux réponses est plus vraisemblable que l'autre, parce que l'antériorité des techniques de panification est indiscutable. Mais dans le cas de l'avoine, il n'en est pas de même. Les faits sont encore bien trop imparfaitement connus pour nous permettre de résoudre ce dilemme.

Il est temps de conclure. Que nous suggère cette revue rapide, et en partie spéculative, de l'évolution des techniques agricoles dans les six ou huit premiers siècles de notre ère?

Nous avons vu que dès le premier siècle, au plus tard, les agricultures méditerranéennes sont en possession des principaux éléments qui feront leur prospérité jusqu'au XVIIIe siècle: le véhicule attelé, l'araire et les labours de jachère, le semis à la volée, la moisson à la faucille, l'égrenage au *tribulum*, au *plaustellum* ou par simple foulage, et surtout un cortège de machines tellement complet—noria, chaîne à godets, broyeurs à huile, pressoirs à huile et à vin de plusieurs types, moulin à manège et à eau . . .—qu'il ne lui sera rien ajouté d'essentiel avant le XVIIe siècle, à la seule exception du moulin à vent (au XIIe). Il ne reste vraiment rien de la vieille idée d'un blocage de l'innovation dans l'Antiquité classique, qui serait dû à l'esclavage; rien, si ce n'est la question de savoir comment une idée aussi contraire aux faits les plus patents a pu être soutenue[20].

Est-ce à dire que le blocage serait survenu plus tard, et qu'après le IIe ou le IIIe siècle de notre ère, les agricultures méditerranéennes seraient tombées dans une espèce d'immobilité? Nullement, et nous avons vu d'ailleurs que cette vision n'était probablement pas apparue avant la fin du XVIIIe siècle. Ce qui est vrai, c'est que les innovations fondamentales étant acquises, le champ des possibles est délimité pour un temps. Mais ce qui est vrai aussi, c'est qu'il faut

---

[20] A ce sujet, voir M.-C. Amouretti et G. Comet, "La meunerie antique et médiévale", *Archives Internationales d'Histoire des Sciences et des techniques*, 2000, 50, 144: 18–29 (Actes du XXe Congrès International des Sciences et des techniques, Liège, juillet 1997).

beaucoup de temps pour tirer toutes les conséquences d'une innovation. Considérons l'exemple de la greffe. C'est bien une innovation fondamentale, à laquelle les siècles ultérieurs n'apporteront que des perfectionnements de détail. Mais il faudra aussi de nombreux siècles pour en tirer pleinement parti, c'est-à-dire pour créer la multitude de cépages et de variétés d'arbres fruitiers donnant des produits de plus en plus estimés et adaptés à des terroirs de plus en plus divers. Beaucoup d'innovations fonctionnent peu ou prou de la même façon. Il faut des siècles pour que leurs conséquences se développent jusqu'à leur terme, si terme il y a. Et c'est pourquoi l'histoire des techniques parait si souvent immobile ou obscure, en dehors de quelques grandes "révolutions" plus ou moins arbitrairement définies. C'est simplement que pour la voir en mouvement, il faut changer d'échelle. Dans les pays méditerranéens, l'histoire des techniques ne s'arrête pas à la fin de l'Antiquité. On pourrait même dire que c'est à ce moment-là qu'elle commence. En ce sens, les régions vont désormais adapter chacune à sa façon le corpus des innovations disponibles. C'est donc à leur échelle que les choses se passent.

Hors de la Méditerranée, le problème se pose différemment, parce qu'avant la conquête romaine, nous ne savons à peu près rien des techniques effectivement pratiquées. Puisqu'il y avait des céréales, il fallait bien qu'on laboure, qu'on sème et qu'on moissonne, mais nous ne savons pas comment on labourait, comment on semait ni comment on moissonnait. L'araire est attesté en quelques points d'Europe centrale et septentrionale depuis le Néolithique final, mais il reste d'immenses régions où n'en a pas trouvé trace avant l'époque romaine—et d'ailleurs, faute d'analogies suffisantes dans les données ethnographiques récentes, nous ne savons pas exactement à quoi on s'en servait. L'emploi de la faucille pour moissonner ne va plus de soi, et en tous cas il n'était probablement pas général. Dans ces conditions, nous n'avons pas d'autre choix que de commencer avec l'époque romaine, non que tout ait commencé avec les Romains bien sûr, mais parce qu'avant eux, nos informations sont trop pauvres pour nous permettre de dire, même sommairement, à quoi ressemblaient les agricultures dans l'Europe au nord des Alpes.

Cela dit, il semble bien que ce soit au nord des Alpes—peut-être même au nord des Apennins—et pendant les premiers siècles de l'ère chrétienne, que les innovations les plus fondamentales aient eu lieu. Il s'agit d'abord d'une nouvelle façon de labourer et d'enterrer les semences. On a beaucoup discuté et on discutera encore longtemps du bref passage de Pline qui est le premier auteur à en faire mention. Mais l'essentiel est hors de doute. Un labour retourné sur lequel on sème, immédiatement suivi de hersages pour enterrer les semences, voilà un schéma tout à fait étranger au monde méditerranéen. Et l'importance de ce schéma peut être mesurée à l'aune des conditions qu'il implique et des conséquences qu'il entraîne. Parmi ces conditions, il y a une métallurgie avancée: le coutre, le soc large et tranchant sont des pièces de métal qui doivent être fabriquées selon des spécifications contraignantes, et que l'usure force à renouveler régulièrement; cela suppose un artisanat qualifié. Parmi les conséquences, il y a la possibilité de défricher facilement les sols gazonnés, dans lesquels l'araire est peu efficace. Il y a aussi celle d'étendre la culture de céréales comme le seigle, et surtout l'avoine de printemps. On ne saura peut-être jamais si le *plaumoratum* était ou non une "vraie" charrue. On sait, et cela nous suffit, que cet instrument faisait un "vrai" labour, et que le schéma de préparation du champ que Pline est le premier à décrire jouera un rôle essentiel dans une grande partie des agricultures européennes jusqu'au XXe siècle.

Une métallurgie avancée a aussi été une condition nécessaire au développement de la faux. On ne peut guère s'exagérer l'importance de cet outil. La faux permet de récolter du foin en grande quantité, et donc de nourrir les animaux l'hiver, dans des régions où l'enneigement interdit le pâturage pendant plusieurs mois de l'année: innovation fondamentale dans l'économie de l'élevage et dans l'utilisation des animaux pour le travail. La faux, c'est aussi le pré ou la prairie, des pièces de terre réservées à la production du foin et pour cela interdites au pâturage, au moins pendant les mois de forte pousse de l'herbe qui précèdent la récolte: innovation encore dans l'organisation du terroir. Et comme précédemment, on peut dire que ces innovations seront, jusqu'au XXe siècle, un élément essentiel de la plupart des agricultures européennes. C'est l'industrialisation à outrance de la production agricole depuis une cinquantaine d'années qui les a fait disparaître, sans qu'il soit possible de savoir si cette disparition est définitive.

Les premiers siècles de l'ère chrétienne sont aussi ceux au cours desquels on voit apparaître deux céréales nouvelles, le seigle et l'avoine. Les problèmes d'origines sont obscurs, comme toujours. Mais le fait que le seigle soit devenu presque exclusivement une céréale à pain suggère que son expansion doit peut-être quelque chose à celle des techniques méditerranéennes de mouture et de panification vers l'Europe du Nord. Quant à l'avoine, le fait qu'il s'agit d'une céréale à deux fins—alimentation humaine, alimentation animale—rend les choses plus compliquées. Il est probable que les raisons et les modalités de sa mise en culture ont été différentes ici et là, selon qu'une fin l'emportait sur l'autre. Cependant, l'avoine a une particularité qui la distingue des autres céréales, celle de s'accommoder des façons culturales les plus sommaires. Pendant des siècles, l'avoine de printemps a été semée sur un seul labour, enterrée à la herse et (au moins depuis le IXe siècle) récoltée à la faux: ces façons sont comme un résumé des innovations qui ont été présentées plus haut. Il est donc fort probable qu'il y a eu un lien direct entre ces innovations et la culture de l'avoine, bien qu'en l'état actuel de nos connaissances il faille considérer cette hypothèse comme spéculative.

Finalement, quelles conclusions pouvons-nous tirer de tout cela?

L'impression d'ensemble est celle d'un rattrapage. Au tout début de notre ère, on l'a assez dit, les principaux éléments techniques qui seront à la base du développement des agricultures méditerranéennes jusqu'aux temps modernes sont présents. Au nord des Alpes, ou peut-être des Apennins, on ne voit pas d'éléments comparables, soit par le défaut des sources, soit qu'ils manquent en effet. Mais ils sont en train d'arriver. Il y aura des emprunts purs et simples, comme le cortège des machines originaires de la Méditerranée, au premier rang desquelles figure le moulin à eau. D'autres seront des adaptations, voire des inventions originales, destinées sans doute en premier lieu à compenser des handicaps naturels: la faux permet, par le stockage du foin, de compenser l'impossibilité du pâturage dû à l'enneigement hivernal, les nouveaux accessoires du *plaumoratum*, coutre, soc tranchant, etc., permettent d'étendre l'usage de l'instrument attelé aux sols gazonnés, qu'on ne pouvait jusqu'alors défricher qu'à grand-peine. On peut penser que vers le VIIIe ou le IXe siècle, les agricultures de l'Europe au nord des Alpes sont parvenues à égaler les agricultures méditerranéennes en termes d'efficacité ou de productivité, bien que nous n'ayons pas les données chiffrées qui nous permettraient de l'affirmer avec certitude.

Mais en réalité, il n'y pas eu seulement rattrapage. Il y a eu développement. Ou plus exactement, le rattrapage s'est fait par des moyens qui seront la base des développements futurs. La fabrication des charrues deviendra une branche importante du charronnage, et celle des faux deviendra une industrie de première importance, faisant la richesse de certaines régions d'Autriche et d'Allemagne. Le stockage du foin et des fourrages, combiné avec le logement des animaux, donnera lieu à la construction de bâtiments de conception nouvelle. Les prés de fauche, particulièrement précieux donc protégés, seront enclos avant qu'on ne s'avise d'enclore aussi les terres labourables. Et la combinaison de la culture de l'avoine (de printemps, pour les animaux) avec celle des céréales d'hiver (pour les hommes) donnera naissance à l'assolement triennal. Enumération qui, évidemment, n'est pas limitative.

L'histoire de ces développements n'appartient pas à l'époque que nous avons étudiée. Mais elle en est le prolongement et elle nous permet, par une sorte de comparaison rétrospective, de mieux la comprendre. Il y a longtemps que les historiens n'en sont plus à considérer les siècles obscurs qui vont de la fin de l'empire romain d'Occident à la "renaissance" carolingienne comme un retour pur et simple à la barbarie. On voit de mieux en mieux aujourd'hui, grâce notamment aux archéologues, qu'il y a eu des continuités, au moins sur le plan de l'évolution des techniques. Certains éléments de la civilisation romaine ont certes disparu ou fortement régressé, et ces pertes sont trop visibles pour être contestées. Mais c'est peut-être parce que les bases économiques en étaient trop fragiles. Nous ne savons pas vraiment comment fonctionnaient les *villæ* de la Gaule du Nord, de la Germanie, de la Bretagne. Et si nous le savions, peut-être comprendrions-nous pourquoi elles ont disparu, si c'est par l'effet des guerres et des violences, ou si l'obsolescence technique n'y a pas joué aussi un rôle.

Disons une dernière fois que les hypothèses qui ont été présentées dans ce chapitre sont largement spéculatives. Mais elles sont argumentées. Le mieux qui pourra leur arriver sera que de nouveaux arguments soient présentés, que ce soit pour les vérifier ou pour les réfuter.

HISTOIRE ET TECHNIQUES: L'OUTIL AGRICOLE DANS LA PERIODE DU HAUT MOYEN-AGE (V^e^–Xe S.)

Pascal Reigniez[1]

Au cours de l'une de nos conversations avec le regretté Jean Marie Pesez à propos de l'histoire du monde rural, nous avions convenu que l'outil agricole était un champ d'étude qui n'était pas en mesure de rendre compte de l'évolution (augmentation ou régression) des surfaces cultivées, de la fluctuation des rendements et de la production, ni de la quantité d'ouvriers pouvant travailler au sein d'un domaine précis et bien localisé, ou bien au contraire d'une zone territoriale plus large. Il ne peut en effet en être autrement. Ainsi, l'étude de l'outil ne doit pas être envisagée comme un moyen d'appréhender l'histoire de l'agriculture dans son ensemble; elle n'en est bien entendu et au contraire que l'un des éléments qui la constituent.

En fait, si beaucoup de chercheurs savent que l'outil agricole constitue un élément important de ce domaine, comme l'ont d'ailleurs montrés certains travaux réalisés dans quelques pays d'Europe occidentale, c'est surtout la rareté des sources qui rend le thème difficile à étudier en ce qui concerne, entre autres, le Haut Moyen Age, en France comme ailleurs. En l'état actuel des recherches, le manque d'information qui touche cette période implique donc que l'on attache plus d'importance encore au raisonnement hypotético-déductif que l'on est tenté d'opérer dans l'exploitation d'une méthode mettant en relief les analyses issues de la confrontation simultanée des éléments archéologiques, ethnographiques et documentaires[2]. On s'attachera ici au cas de la France.

---

[1] Chercheur associé CNRS, Centre d'Ethnologie Française, Musée National des Arts et Traditions Populaires de Paris.

[2] Si ce type de confrontation existait sur des périodes très courtes et pour des objets provenant de certains sites français bien localisés, nous avons pensé à reformuler cette méthode et à l'élargir vers 1980. Elle a été présentée pour la première fois, en ce qui concerne l'outil, sur une période longue et sur une étendue territoriale importante (la France), dans un travail de maîtrise d'archéologie soutenu en 1989 à Paris I Sorbonne.

Il convenait donc de procéder à une sorte d'état des lieux, en se référant d'abord aux textes des écrivains latins qui mentionnent dans leurs ouvrages portant sur l'agriculture les outils indispensables aux exploitants désirant obtenir la meilleure production sur leur domaine. Toutefois, les sources écrites restent incomplètes et dans le même ordre d'idée, Georges Duby constate avec raison, à propos du Haut Moyen Age, que l'on ne doit rien attendre de précis du matériel iconographique[3]. Les découvertes de l'archéologie, peu nombreuses, permettent cependant d'obtenir des données relativement fiables, constituent un fait matériel établi et peuvent en ce sens faire l'objet d'observations plus concrètes.

Pour être véritablement bénéfique, le problème de la concordance et de la non-concordance des sources dont on dispose doit être posé, mais surtout dépassé. Le cas de la moisson dans le Ve siècle nous permettra, par exemple, d'aborder à travers le questionnement relatif à deux outils très différents certaines difficultés relatives à l'identification même des objets.

Le manque de données (documentaires, iconographiques et archéologiques) concernant la période mérovingienne laisserait supposer que l'idée générale est celle d'un effondrement, à cette époque, des outils et des moyens techniques, ce qui donne par comparaison un certain relief au monde carolingien qui apparaît ainsi plus marqué, plus riche en matériel.

Un cap incontestable semble en tous les cas s'inscrire dans la charnière de ces deux périodes, mais la problématique est posée: reste-t-on, dans le Haut Moyen Age, sur la lancée des bénéfices de la technologie gallo-romaine, ou bien se trouve-t-on là dans une phase de redécouverte des outils, des techniques et des pratiques rurales? Quels éléments avons-nous pour tendre vers l'une ou l'autre de ces hypothèses?

Les mentions d'outils agricoles chez les ecrivanins latins tardifs

Le monde latin tardif a connu de nombreux érudits dont les écrits relatifs au monde rural ou à l'agriculture ne nous sont sans doute

[3] Georges Duby, 1973, pp. 242–243.

pas parvenus, ou bien d'une manière trop fragmentaire pour être véritablement exploitables. Nous nous référerons en conséquence, pour avancer sur une première piste de recherche, aux auteurs classiques connus dont les ouvrages font autorité et qui ont largement donné cours à des descriptions relatives aux outils, méthodes et techniques de l'art de cultiver. Pour de plus amples critiques de ces sources nous renvoyons le lecteur aux ouvrages des érudits qui en ont assuré les traductions respectives. Il convient cependant déjà de préciser que, la langue latine ayant été largement restituée, il existe des termes pour lesquels subsiste une incertitude quant à leur signification précise.

Par ailleurs, les auteurs latins qui consignent leurs observations ont le plus souvent relevé des faits qui ont eu lieu dans les terres d'Italie, d'Espagne ou de la large zone méditerranéenne. Nous n'avons donc que peu d'indications précises concernant les pays plus froids de l'intérieur de l'Europe et celles qui nous parviennent n'en ont donc que plus d'intérêt. Il convient par ailleurs de pressentir qu'il existe un décalage important entre les textes et les faits[4] au détriment des régions du Nord, inconvénient que l'archéologie parvient progressivement à mettre en lumière.

Il faut enfin poser la question de savoir si la littérature de l'antiquité, qui pourrait donc apparaître comme assez incomplète sur le sujet, est véritablement représentative des techniques et du savoir faire qui ont existé dans les périodes qui s'étendent du Ve au Xe siècle. Pour être tout à fait objectif, nous ne le pensons pas; nous supposons qu'une marge importante, que nous nommerons le *décalage chronologique*, existe *de fait entre les témoignages écrits dont nous pouvons disposer, et les pratiques et techniques auxquelles on avait véritablement recours* et au sujet desquelles trop peu d'indications ou même de simples descriptions nous sont véritablement parvenues. Les exemples ne manquent pas, dans l'ethnographie, pour souligner ce type de décalage en d'autres temps.

Parmi les plus connus des auteurs latins qui ont rédigé des traités d'agriculture, Caton l'Ancien puis Varron publièrent de nombreuses indications parfois reprises sur les textes d'auteurs antiques; d'autres ont suivi cette démarche. Ainsi Pline, Virgile, Columelle ou Palladius,

---

[4] Jean Boulaine, 1996, p. 73.

pour ne citer que les plus marquants, présentent certaines informations nouvelles mais n'omettent pas de faire référence encore aux travaux d'anciens auteurs grecs ou latins dont ils se sont inspirés.

Caton l'Ancien (ayant vécu entre 234–219 av. JC) avait bénéficié d'une formation militaire et politique; mais, avant de devenir homme d'état, il avait pratiqué le travail agricole et avait donc incontestablement connu une certaine expérience de l'outil. Essentiellement homme d'action, sa préoccupation première, dans le traité d'agronomie qu'on lui attribue (De re Rustica) a visiblement été d'en faire une sorte d'ouvrage pratique, probablement destiné davantage aux propriétaires de grands domaines qu'aux paysans cultivant leur petite parcelle. Ce livre prend en considération tous les éléments d'une exploitation, les recense, les commente, donne des explications, fait ressortir autant l'expérience de l'auteur que ses dons d'observation; Il se veut être une somme des connaissances du moment qui, si l'on en comprend bien le sens, doit même être le tout premier achat pratique de celui qui a pour intention de cultiver puisque l'on y trouve, au fil des chapitres, les conseils de méthode pour choisir et acheter la meilleure terre et le moyen de construire le domaine d'exploitation idéal: le livre vient donc théoriquement avant l'installation. Il faut préciser, à propos du texte qui nous est parvenu, que plusieurs historiens supposent qu'il a été probablement remanié; cependant, pour l'essentiel, l'œuvre est authentique et l'on peut, comme d'autres l'ont fait avant nous, s'y référer.

Tremelius Scrofa (IIe S.–Ier S. av JC), dont l'œuvre ne nous est pas parvenue, aurait été considéré à l'époque comme le romain le plus savant en matière d'agriculture. Il ressort comme ayant été quelqu'un de rigoureux à l'extrême, de strict. Avec Scrofa, l'organisation du domaine agricole doit être sans faille; il s'agit de la mise en place d'un rationalisme froid et méthodique, excluant toute forme de sentiment pour la terre et les hommes qui la travaillent, ne recherchant qu'à atteindre le maximum de profit par l'investissement minimum de moyens matériels et financiers[5]. Diverses réflexions, émanant de cet économiste auraient été reprises sous une forme ou sous une autre par ses contemporains et ses successeurs.

[5] René Martin, 1971, p. 237.

Varron, écrivain latin (116–27 av. JC), lieutenant de Pompée pendant la guerre civile, écrivit un traité d'économie rurale alors qu'il avait un âge avancé. Rédigé dans un style proche de la langue parlée, présenté sous forme de dialogue, son ouvrage n'a pas un caractère fondamentalement pratique. Pourtant, comme il le dit lui-même, l'auteur bénéficie d'une expérience certaine et considère qu'il faut voir l'agriculture non comme un paysan, mais comme un ingénieur agricole (avec du recul donc) pour pouvoir mieux décider.

Virgile, poète latin du 1er siècle av. JC, auteur des Géorgiques, rédigés vers 39–29 av. JC, s'adresse par ces poèmes à l'ensemble des gens qui travaillent la terre, grands exploitants bien sûr, mais aussi et peut-être même surtout aux innombrables colons et petits paysans qui pouvaient ainsi percevoir un certain encouragement motivant leur labeur. L'auteur semble avoir réussi à associer sa propre expérience des choses de la terre à une recherche documentaire sérieuse pour donner naissance à une suite de textes mettant en valeur un certain nombre de thèmes, soulignant l'intérêt que présente tel ou tel objet lorsqu'il a été mentionné dans un contexte précis.

Columelle, agronome de métier ayant vécu au premier siècle, a rédigé un traité dont plusieurs auteurs (Pline l'Ancien, Palladius) semblaient dénoncer le caractère trop littéraire qui aurait pu grever son potentiel pratique. L'auteur s'est inspiré des écrits de Celce sur l'agriculture, et cite Virgile. Il convient de noter que l'une des sources principales utilisées par Columelle et Virgile était la traduction du traité d'un agronome Carthaginois, Magon, qui avait été ordonnée par le Sénat romain après la chute de Carthage[6].

Pline (l'Ancien), naturaliste, militaire et écrivain latin ayant vécu au premier siècle, est considéré comme étant le dernier en date des "agronomes"[7] de la période classique; il est l'auteur d'une Histoire Naturelle monumentale dans laquelle les chapitres portant sur l'agriculture sont écrits dans un style simple et dénotent un certain souci de conférer à l'ensemble un caractère pratique, parce qu'essentiellement destiné au cultivateur qui travaille dans une exploitation de moyenne ou de petite ampleur. Les écrits de Pline trouvent certaines

---

[6] 146 avant JC.

[7] Nous n'utilisons ce mot qu'avec beaucoup de prudence ici car il est impropre à cette période.

sources (directes ou indirectes) dans les textes de Caton, de Celce, de Varron, de Virgile et peut-être de Columelle pour certaines données assez techniques. L'auteur cite également certains auteurs grecs. Pline n'est pas un spécialiste à proprement parler, mais il reste proche de la terre et des paysans, il connaît les termes du monde rural et peut relever l'aspect plus intéressant de telle ou telle technique, ce qui ne lui empêche pas paradoxalement de mentionner dans le fil de son texte certaines pratiques à connotations rituelles ou magiques plutôt douteuses quant à leur véritable efficacité.

Palladius est un auteur latin que les spécialistes ne situent pas encore précisément[8], mais dont les latinistes supposent qu'il est probablement né dans le IVe siècle. Juriste de formation, il aurait rédigé son traité d'agriculture dans la deuxième moitié du Ve siècle, en respectant un plan chronologique perçu comme novateur que ni Caton, Varron, Columelle, Pline ou Virgile n'avaient imaginé. Cependant, contrairement à eux, Palladius passe presque sous silence l'aspect économique concernant l'exploitation rurale. Il est nécessaire de préciser que les œuvres de Caton et de Varron ne se retrouvent pas de façon directe dans celle de Palladius, pour lequel les écrits de Columelle et ceux d'un auteur latin du IIIe siècle, Gargilius Martialis, restent les sources privilégiées en matière d'horticulture, de viticulture et d'agriculture. Enfin, Palladius est l'un des premiers à penser au caractère positivement pratique de son livre, pour lequel il a rédigé une introduction très courte et claire précisant que le texte est essentiellement destiné à celui qui travaille la terre, c'est à dire à quelqu'un de simple, possédant peu d'éducation, mais véritablement pris par son activité pratique. Pline l'Ancien avait déjà souligné le fait que les ouvrages d'agronomie devaient être écrits pour les paysans. Ainsi le traité de Palladius, qui ne porte que très peu d'effets de style, donne naissance à un ouvrage plutôt technique, à un manuel.

Ces principales sources écrites sont les premières vers lesquelles on est évidemment tenté de se tourner dans la mesure où les mentions d'outils sont nombreuses et permettent d'une certaine manière d'établir quelques points de repère en ce qui concerne l'antiquité tardive et donc poser les bases du questionnement relatif au Haut Moyen Age. Il convient cependant, comme nous le savons aujourd'hui, de préciser que plusieurs aires de développement de techni-

[8] René Martin, 1976, introduction.

ques agraires se sont (très schématiquement écrirons-nous) déplacées, au fil des époques, d'Est en Ouest, et l'on peut supposer que certains des outils mentionnés par les latins ont préalablement pu accompagner ces migrations, même s'il reste difficile d'en déterminer précisément les différents paramètres.

Les outils qui sont les plus cités de ces textes dans l'ensemble restent évidemment la bêche et la houe, qui servaient à assurer la grande majorité des activités de défonçage et de labourage avant que l'instrument tracté ne soit davantage utilisé.

La bêche était constituée dans le Haut Moyen Age d'une âme de bois comprenant le manche et la tête fixée dans son prolongement. La zone inférieure de cette dernière était renforcée par une double lame de métal recouvrant la partie destinée à l'attaque dans le sol. Cet outil, le plus souvent utilisé en percussion posée, entrait en force ou en souplesse assez aisément puisque la surface de pénétration, constituée de l'étroite zone d'attaque ferrée, subissait si nécessaire une pression verticale.

Caton précise ainsi, à propos des boutures d'olivier, que l'on doit préalablement travailler l'endroit choisi au moyen d'une bêche à retourner[9], conseil que l'on retrouve d'ailleurs chez Pline, qui pourrait avoir repris sur son prédécesseur ce thème des pépinières, et qui note que l'on plante des boutures de peuplier blanc, dans un terrain préalablement bêché à deux pieds[10], en précisant par ailleurs que le roseau planté et la vigne doivent être bêchés pour être bien entretenus[11]. Caton conseille de retourner l'endroit à la bêche à défoncer, d'enlever les pierres et de faire en sorte que la terre soit ainsi bien tendre, le sol bien ameubli[12].

Virgile conseille de sonder profondément la terre par ce moyen afin de pouvoir comprendre la nature du sol[13].

Columelle confirme que la bêche peut-être utilisée lorsque tout est légèrement détrempé, le fer étant solidement emmanché pour retourner la terre ainsi ameublie[14]. Pline cependant précise que l'on ne doit ni labourer, ni bêcher un terrain boueux[15], puisque la terre, surtout

---

[9] Caton, de Agricultura LIII.
[10] Pline, H.N., XVII, XXXII.
[11] Pline, H.N., XVII, XXXIII.
[12] Caton, de Ag. LIII, LIV et LVI.
[13] Virgile, Géorg. II, vers 233.
[14] Columelle, X, 45–47.
[15] Pline, H.N., XVII, XXXV (187).

lorsqu'elle est argileuse, colle à l'instrument qui perd ainsi une grande part de son efficacité.

La houe est le deuxième outil le plus cité dans les textes; indispensable pendant des siècles encore, elle diffère fondamentalement de la bêche par son utilisation. C'est parce qu'on en attend tout autre chose qu'elle n'est pas, comme la bêche, protégée d'une plaque de fer mais qu'elle est pourvue d'une tête en métal plein[16]. Essentiellement utilisée en percussion lancée, la houe servait à travailler les sols résistants, pierreux, à couper les racines et à briser les mottes, comme le conseille d'ailleurs Caton: ". . . binez et brisez les mottes . . ." à celui qui prépare la terre destinée à une pépinière[17].

Cet outil porte une tête qui peut être simple, c'est à dire constituée soit d'une lame pleine soit de deux dents, ou bien double, c'est à dire qu'une lame pleine se développe dans le sens opposé aux deux dents, chaque entité se trouvant de part et d'autre de l'ergot d'emmanchement[18].

Elle était plus aisée à manier dans certains terrains sont la surface était assouplie par la pluie, conseil que l'on retrouve chez Columelle:

> . . . Qu'il attaque de nouveau avec la pointe du hoyau la surface de la terre meuble que les pluies ont déjà resserrée et que les gelées ont durcie. Ensuite, qu'il émiette avec soin, en même temps que les mottes, les herbes vivantes du gazon avec la dent de la marre ou du hoyau coudé, pour que le sein de la terre ameublie s'ouvre au bon moment . . .[19].

Il est possible que Columelle mentionne ici des houes à lame pleine, alors qu'il spécifie un peu plus loin l'existence de la houe à dents, qu'il conseille pour une autre utilisation, plus proche du sarclage (c'est à dire du désherbage et du nettoyage du sol):

> . . . quand une progéniture florissante pullule dans le sol maternel, le jardinier diligent doit procurer par l'arrosage à la première végétation des pluies mesurées, et, armé du fer à deux dents, peigner la terre et détruire dans les sillons l'herbe étouffante . . .[20].

La houe à lame pleine, plus ou moins large et dont les formes ne nous sont pas parvenues dans leur intégralité, servait à effectuer de

[16] L'archéologie n'aurait livré à ce jour aucun exemple de houe en bois à la tête simplement recouverte de plaques de métal destinées à la renforcer.
[17] Caton, de Ag. LVI.
[18] A l'exemple de la serfouette dont les dimensions et le poids sont moindres.
[19] Columelle, X, 86–93.
[20] Columelle, X, 145–150.

nombreux travaux parmi lesquels les sillons dans lesquels on pouvait semer[21]. On pouvait encore préparer un terrain, le défricher[22], mais en faisant toutefois attention à ce qu'il soit débarrassé des gros obstacles ainsi que des arbres brisés, afin que la terre une fois travaillée ne puisse se compacter sous les pieds[23]. Cependant il semble que l'on retrouve l'utilisation de la houe essentiellement dans le travail de la vigne, en tenant compte cependant du conseil que dispense Pline à ce sujet:

> . . . le hoyau est l'ennemi de la vigne (lorsque la plante porte des bourgeons) . . . /. . ., aussi, quand la grappe se forme, et qu'il suffit de lui donner trois façons dans l'année: entre l'équinoxe de printemps et le lever des pléiades, au lever de la canicule et quand le raisin noircit . . .[24].

Palladius, en décrivant le travail préparatoire à la plantation de vignes justement, classifie le travail aratoire effectué à la houe en trois actions distinctes:

> . . . ou bien l'on défonce toute la surface du terrain, ou bien l'on y trace des sillons, ou bien l'on y creuse des fosses . . .[25].

Pour planter les vignes, l'auteur précise qu'il convient de tracer les plans des sillons au cordeau, puis de faire ensuite piocher deux ouvriers placés face à face le long de cette ligne. Le sillon aura une largeur de deux pieds et demi ou trois de large. Si la plantation est destinée à être travaillée à la main, l'espace laissé entre deux raies sera de la même dimension et si elle doit être travaillée à l'araire,

> ". . . il faudra que l'intervalle entre les sillons soit de cinq ou six pieds . . .". il laisse aussi le choix à l'agriculteur entre les sillons ou les fosses, mais précise qu'en ce dernier cas ". . . les côtés des fosses doivent être bien verticaux car le cep posé obliquement risquerait d'être endommagé par la pression des outils, lorsque l'ouvrier pèserait sur eux . . ."[26].

Le bidens était en quelque sorte un autre type de houe, ne comprenant que deux dents, les outils en comprenant trois (attestés par l'archéologie) ou quatre étant peut-être mentionnés par certains auteurs

---

21 Pline, H.N., XVII, XI.
22 Palladius, II, XIII, 2.
23 Palladius, II, XIII, 7.
24 Pline, H.N., XVII, XXXV (188).
25 Palladius, II, X, 1.
26 Palladius, II, X, 2.

mais restent difficile à identifier. En réalité, les textes latins usent de plusieurs noms pour désigner les houes, c'est à dire ligo, marra, sarculum, bidens, rastrum, capreolus et occa. Or, nous n'avons aujourd'hui aucun moyen de percevoir avec exactitude la nature du profil techno-morphologique des outils ainsi nommés. Nous ne pouvons certainement pas affirmer qu'il s'agit ici de sept types d'outils distincts, ni même tenter d'établir une répartition typologique, puisque quelques noms peuvent recouper des variantes au sein d'une même famille (outils à dents ou à lames par exemple). Ces difficultés d'identification qu'il est impossible de traiter ici par manque de temps, s'expriment en plusieurs niveaux et posent en réalité le problème pertinent de la correspondance entre les équivalences lexicales et réelles et touche d'ailleurs une grande partie de la chronologie[27]. On retiendra surtout que cet aspect de la question, soulevé ici pour le bidens, rejaillit d'une façon similaire sur l'ensemble des outils étudiés[28].

Nous pouvons, à ce stade, évoquer la question de savoir si la distinction schématique que l'on aurait tendance à supposer entre la houe servant à travailler la vigne et la bêche à préparer les champs de céréales existait déjà dans le Haut Moyen Age. En réalité nous ne le pensons pas, parce que chaque outil était utilisé dans une intention différente et rien n'empêchait à un utilisateur de passer la houe dans une terre à blé ou une bêche dans les vignes. Si la discrimination apparaît, il semble que ce soit plus tardivement dans le Moyen Age avec la mise au point des variantes de formes qui permettent alors d'obtenir des outils véritablement spécifiques comme c'est le cas de la houe dite "à chevalier", mentionnée très tardivement par Olivier de Serres dans son Théâtre d'Agriculture, publié en 1600. Cependant, même cette distinction n'implique pas que la houe ne soit utilisée que dans les vignes et la bêche seulement dans les champs puisque là encore l'exemple du luchet médiéval (bêche à tête haute et étroite) montre que l'on pouvait retourner le sol soit dans les champs soit dans les vignes. Dans le Haut Moyen Age comme dans les périodes postérieures il semble surtout que ce soit une question technique qui soit à l'origine du choix de l'outil, question qui est précisément mentionnée chez Pline:

---

[27] Périodes pré, proto, et historiques.

[28] Nous n'y reviendrons pas. Il convenait cependant de souligner l'importance de ce thème.

> . . . Un champ plein de joncs doit être retourné à la bêche, ou bien, quand il est pierreux, à la houe . . .[29].

Car c'est bien la présence de pierres dans le sol, à notre avis, qui prédispose en grande partie à la préférence de la bêche ou de la houe, autrefois comme aujourd'hui d'ailleurs. Une autre justification importante du choix de l'instrument de travail réside dans la topographie, comme le montre Pline qui précise que les montagnards qui ne peuvent pas passer l'instrument de labour à flanc de coteau, labourent à la houe[30].

Le nettoyage du terrain, le désherbage étaient effectués par une opération communément désignée par le terme de sarclage. Le travail opéré sur la couche superficielle du sol ne nécessitait pas forcément le recours à des outils au fer lourd, comme c'était le cas pour le défonçage. On utilisait des outils dont la tête de fer était de forme similaire à celles des houes, mais forgées dans des dimensions cependant plus réduites et qui pesaient donc moins lourd: les outils à sarcler se différencient des houes essentiellement par leur poids et leur dimension, deux critères qui doivent rester fondamentaux dans l'identification de ces différents instruments. Plus légers, mais bénéficiant peut-être des performances obtenues par les formes des lames des houes, les sarcloirs étaient des outils très maniables. Le sarclage est mentionné par Palladius en fonction des plantes cultivées[31]. L'existence de serfouettes (bel exemplaire de serfouette gallo-romaine découverte à Saintes), est à signaler ici.

Caton mentionne la nécessité de procéder au sarclage et au binage deux fois dans le blé[32]. En ce qui concerne les asperges, le même auteur recommande de ne pas biner avant que les plantes ne soient sorties, afin de ne pas endommager les racines en effectuant ce nettoyage[33]. Quant à Columelle, il conseille franchement l'utilisation de ces outils:

> . . . qu'il empoigne aussi les sarcloirs que le frottement du sol fait resplendir, qu'il trace des rayons étroits perpendiculaires à l'allée, et qu'il les coupe à leur tour par un sentier secondaire . . .[34].

---

[29] Pline, H.N., XVIII, 46.
[30] Pline, H.N., XVIII, 178.
[31] Palladius, II, IX.
[32] Caton, de Ag. XXXIX.
[33] Caton, de Ag. CLXIX.
[34] Columelle, X, 86–93.

L'outil est véritablement efficace à tous les stades de la culture et Pline, au sujet des pépinières, préconise de les sarcler assez souvent et d'arracher les herbes[35]. Cependant, là encore, il convient de respecter certaines précautions notamment dans les périodes d'intervention puisque

> . . . après l'équinoxe (de printemps), on estime que le binage est nuisible aussi bien à la vigne qu'au blé . . .[36].

L'outil à bras n'était pas le seul à servir à nettoyer le sol puisque Caton semble évoquer, mais cette procédure n'est pas très claire d'ailleurs, l'utilisation d'un instrument aratoire pour éliminer les petites racines lorsqu'un nettoyage est effectué dans une oliveraie[37]. Il est d'ailleurs probable qu'une autre intervention (manuelle donc) intervienne après le passage de cet instrument. Pline mentionne également l'opération de déraciner la fougère ou le roseau à l'aide du soc[38].

Pour les travaux de défonçage particuliers sur les terrains plus durs, c'est la pioche qui était utilisée de préférence à la houe. Il convient toutefois de souligner que, si l'on retrouve le terme "piocher" chez certains auteurs il est possible qu'il soit, en réalité, fait référence à la houe davantage qu'à la pioche même. L'outil, connu dès la période antique, était utilisé pour les travaux de terrassement ou de défonçage. Pendant l'hiver, par exemple, pour faire écouler l'eau des champs en montagne, il fallait creuser des rigoles d'écoulement avec des pelles-bêches et des pioches. Ces dernières pouvaient aussi servir à entretenir les plantations d'oliviers, à faire des sillons. Palladius précise que l'on déchaussait les vignes à la pioche[39], et que l'on pouvait briser de cette manière toutes les mottes[40], encore faut-il préciser que, dans ce texte, l'outil ne soit pas bien défini ce qui laisse subsister un doute quant à son identification (*cf. note 20*).

En ce qui concerne les travaux plus importants de labours, on utilisait des instruments attelés à propos desquels il faut bien convenir que nous ne disposons d'aucune précision concrète.

Columelle, pour qui travailler la terre c'est d'abord la diviser, conseille de labourer profondément, de rapprocher les raies au point de ne presque plus pouvoir les distinguer les unes des autres, parce

[35] Pline, H.N., XVII, XIV.
[36] Pline, H.N., XVIII, 254.
[37] Caton, de Ag. LXX.
[38] Pline, H.N., XVIII.
[39] Palladius, II, I, 1.
[40] Palladius, II, III, 2.

qu'une terre ainsi travaillée n'avait pratiquement plus besoin d'être hersée[41]. Le labour même ne pouvait pas être effectué dans n'importe quelles conditions, en particulier lorsque la terre était trop humide, parce qu'elle se collait au soc, qui ne pouvait plus entrer très profondément dans la mince couche ainsi travaillée. Celle-ci, en séchant, pouvait empêcher pendant des mois tout véritable travail ultérieur[42].

On suppose que les instruments tractés auxquels on avait alors recours étaient généralement des araires. Pline, qui recommande de procéder à des labours fréquents et à des hersages dans tous les sens (long, large et travers), nous apprend également que l'on utilisait *des socs différents selon la nature du terrain*: c'est un commentaire qui s'avère intéressant.

L'auteur, qui est le seul à mentionner ce type de détail sur les instruments aratoires, esquisse encore une typologie:

> . . . il y a plusieurs sortes de socs. On appelle coutre[43] le fer recourbé qui coupe la terre compacte avant qu'elle soit ouverte, et dessine les futurs sillons, en faisant des incisions sur lesquelles mordra, en labourant, le soc couché à plat. La seconde espèce est le soc commun: un levier terminé par un bec. Dans la troisième espèce, qu'on emploie dans un terrain facile, le soc ne s'étend pas sur toute la longueur du sep; il se borne à une petite pointe à l'extrémité. Dans la quatrième espèce cette pointe est effilée; c'est le même glaive qui ouvre la terre et dont les côtés tranchants coupent les racines des mauvaises herbes . . .[44].

Pline aurait peut-être pu observer aussi un nouvel instrument tracté utilisé en Rhétie (région voisine de Côme, sa ville natale), qu'il est le seul à décrire:

> . . . récemment on a imaginé en Rhétie gauloise d'ajouter à un soc de ce genre deux petites roues: on appelle plaumoratum cette sorte de charrue. La pointe du soc a la forme d'une bêche[45]. On ne s'en sert que pour semer dans une terre qui a déjà été cultivée et généralement dans une jachère. Comme le soc est large, il retourne les mottes de terre. On jette aussitôt la semence et on traîne par dessus des claies garnies de dents. On n'a pas besoin de biner des terres ensemencées par ce procédé, mais il faut pour ce labour des attelages de deux ou trois paires de bœufs . . .[46].

---

[41] Columelle, II, I.
[42] Columelle, II, IV.
[43] L'assimilation est intéressante ici.
[44] Pline, H.N., 171–172.
[45] Nous supposons: la forme en écu de la pointe de la tête d'une bêche.
[46] Pline, H.N., XVIII, 171.

Nous supposons que ces différents types de socs étaient placés sur des instruments dont l'architecture était très probablement différente, selon la nature du travail à effectuer et les qualités même du sol qu'il s'agissait de labourer. Palladius mentionne "... des araires simples (*aratra simplicia*) ou, en pays plat, des araires à oreillons ('*aurita*')[47]". L'araire était sans doute un instrument symétrique de conception simple, qui pouvait ainsi être fabriqué par quelques paysans. Dans certains types de terrains et selon leur disposition topographique, notamment les zones montagneuses, ce type d'instrument était le plus approprié; il pouvait être encore utilisé pour effectuer des labourages légers sur des terres qui avaient été préalablement labourées d'une autre manière. L'araire à "oreilles" est enfin décrit plus précisément par Virgile:

> ... d'un araire cintré; au tronc, du côté de la racine, on adapte le timon, qui s'étend sur huit pieds de long, puis une paire d'oreilles et un sep à double revers. L'instrument était muni d'un manche, qui, placé à l'arrière, servait à faire tourner le bas du train ...[48].

Cet araire donnait probablement une attaque symétrique plus importante que celle de l'araire simple puisque les deux appendices latéraux relevaient des deux côtés la terre soulevée déjà par le soc, et la rabattaient de part et d'autre du passage ainsi créé.

Le recours à l'instrument tracté avait d'ailleurs permis aux romains de mesurer la superficie du sol d'après l'efficacité (on suppose moyenne) d'un attelage:

> ... on appelait jugère ce que pouvait labourer en un jour une seule paire de bœufs: actus, la distance sur laquelle les bœufs pouvaient, normalement, tirer la charrue d'une seule traite. L'actus était de 120 pieds et, doublé en longueur, il donnait le jugère ...[49].

L'attelage était bien entendu constitué d'après certains calculs:

> ... Et les bœufs, qu'on attelle par la tête, non par le cou [donnent] beaucoup de travail ...[50].

L'auteur précise encore qu'il faut atteler les bœufs aussi court que possible, pour qu'ils labourent la tête haute et puissent ainsi moins se meurtrir le cou[51].

---

[47] Palladius, II, XLII.
[48] Virgile, Géorg. 171–174.
[49] Pline, H.N., XVIII, 9.
[50] Pline, H.N., XVIII, 85.
[51] Pline, H.N., XVIII, 177.

La herse était utilisée principalement lors de deux activités, celle du travail de labour, d'une part, et celle des semailles, lorsqu'il s'agissait de recouvrir les grains enfouis par le soc. Columelle déjà mentionnait le lien entre la herse et les semailles[52], et on le retrouve une nouvelle fois dans les textes de Pline:

> ... On procède au hersage, si cela est nécessaire, avec une claie ou un râteau; puis, après les semailles, on donne à la terre une nouvelle façon; pour celle-ci également, selon les coutumes locales, on se contente d'une claie ou d'une planche attachée à la charrue, qui recouvre les semences ...[53].

La mention du râteau est ici à relever dans la mesure où elle indique clairement que l'outil, qui servait ici à travailler la terre, pouvait avoir une efficacité très approchante de celle de la herse. Cependant, la phrase indique également que sous le nom de "herse" semble se cacher une variété importante de formes d'instruments, dont la conception pouvait évoluer d'une région à une autre.

Le labour enfin pouvait être encore affiné lorsque le paysan désirait travailler une terre assez poudreuse, ce qu'il ne pouvait obtenir alors qu'au moyen du crible. Caton par exemple en mentionne l'utilisation comme un outil véritable qui sert à étendre de manière homogène, sur des graines de cyprès en pépinière, une terre devenue très poudreuse[54]. Ce travail, aucun autre outil classique ne pouvait servir à l'assurer.

A l'opposé de cela, on cherchait aussi à tasser la terre au moyen d'outils de choc ou d'instruments fonctionnant par pression.

Chez Caton nous trouvons la mention d'un outil dénommé hie (pauicula) pour tasser l'aire à battre[55], outil dont nous supposons qu'il pouvait vraisemblablement être assimilé à ce que l'on appelle aujourd'hui une *dame*, c'est à dire un instrument pourvu d'une tête large et perpendiculaire prolongée d'un manche vertical de longueur moyenne, fonctionnant par percussion lancée et servant à compacter.

Le même auteur signale le recours au cylindre (cylindro) pour aplanir l'aire à battre; on suppose cet instrument assez lourd, massif, pour tasser le sol de manière à ce que les fourmis même n'y soient plus gênantes, comme il est précisé dans le texte[56]. Pour

---

[52] Columelle, II, I.
[53] Pline, H.N., XVIII, 180.
[54] Caton, de Ag. LVI.
[55] Caton, de Ag. C et CXXXVIII.
[56] Caton, de Ag. C et CXXXVIII.

Columelle, tasser le sol après certains travaux revient à protéger les graines que l'on vient d'y enfouir:

> . . . C'est aussi le moment de fouler et de tasser avec les *rouleaux pesants* la jachère nouvellement labourée et arrosée où l'on aura semé du basilic, pour empêcher que dans le sol réduit en poussière la chaleur ne brûle les graines . . .[57].

Pour Pline, passer le rouleau semble avoir la même incidence, à propos des semis de cyprès:

> . . . Le semis a lieu au mois d'avril, dans une planche aplanie par des cylindres ou des rouleaux; on sème serré et on répand par dessus, au crible, une couche de terre d'un pouce d'épaisseur . . .[58].

En ce qui concerne les travaux de récolte ou d'élimination des végétaux, on retrouve dans la période gallo-romaine plusieurs outils caractéristiques chez les auteurs classiques.

La faux par exemple est l'un des outils les plus importants dans les activités agricoles, on la retrouve citée chez Pline qui précise que l'on fauche dans certaines régions de l'Ombrie (Italie) quatre fois par an, même les prés non-irrigués. Les prés irrigués sont fauchés trois fois dans l'année[59].

Cet auteur écrit encore:

> . . . il y a deux sortes de faux: l'italienne est plus courte et maniable même au milieu des ronces, celle qu'on utilise dans les grands domaines des Gaules sont plus longues et abrègent le travail car elles coupent les herbes à mi-hauteur et ne touchent pas à celles qui sont trop courtes . . .[60].

Il mentionne également, quelques pages plus loin, certains conseils à propos de la fauchaison:

> . . . C'est le moment de faucher quand l'épi (de la prêle) commence à défleurir et à prendre de la force . . .[61].

On doit donc faucher avant que l'herbe ne sèche. Caton, qui note également l'existence des faux à foin, donne à peu près les mêmes préceptes:

---

[57] Columelle, X, 317–319.
[58] Pline, H.N., XVII, XIV (73).
[59] Pline, H.N., XVIII, 263.
[60] Pline, H.N., XVIII, 261.
[61] Pline, H.N., XVIII, 260.

> ... Ne fauche pas le foin trop tard, fauche-le avant que le grain soit mûr ...[62].

Certains termes utilisés par les auteurs romains ne désignent pas les faux, mais plus probablement des faucilles utilisées pour couper les herbes et le fourrage (Caton), voire même pour éliminer certaines ronces ou plantes sans intérêt. Mais c'est principalement dans le cadre de la moisson que l'on retrouve ces outils assez couramment mentionnés.

Le travail sur les arbres constituait une autre activité importante qui s'effectuait au moyen de quelques outils de base que l'on retrouve constamment dans les textes.

Pline mentionne à ce sujet des bois équarris et écorcés à la hache, selon un calendrier précis[63]. L'émondage devait s'effectuer si possible hors de la pleine journée:

> ... émondeur, ne coupe pas le feuillage des arbres au milieu du jour ...[64].

L'auteur signale l'utilisation de scies pour couper les arbres[65], de tarières pour percer le bois, d'herminettes pour le tailler[66]. On notera ici que la tarière est encore mentionnée chez Caton, puisque l'on perce avec elle un cep de vigne pour y positionner des greffons[67].

La hache, outil généralement utilisé en percussion lancée (mais parfois aussi en percussion posée) servait, mis à part à couper les arbres et les bois de gros volume, à trancher les racines visibles et gênantes de certains arbres[68], et l'on doit penser que l'outil était parfaitement complémentaire dans les travaux agricoles; en fait, il l'était même au point que, déjà, Pline mentionne qu'il: "... faut avoir une hachette suspendue au manche de la charrue, pour trancher les racines ..."[69], conseil que l'on retrouvera d'ailleurs repris beaucoup plus tard dans l'ouvrage de O. De Serres.

Dans le groupe des instruments à lame, on trouve bien entendu ceux qui servent aussi à tailler ou à greffer:

---

[62] Caton, de Ag. LIII.
[63] Pline, H.N., XVI.
[64] Pline, H.N., XVIII, 330.
[65] Pline, H.N., XVI.
[66] Pline, H.N., XVI.
[67] Caton, de Ag. XLVIII.
[68] Pline, H.N., XVII, XVI.
[69] Pline, H.N., XVIII, 177.

> ... Avec un tranchant *semblable à celui du cordonnier* on ouvre un œil dans un arbre en incisant l'écorce et on y enferme un bourgeon doucement pris à un autre arbre avec le même tranchet. Cette greffe par inoculation était pratiquée autrefois pour les figuiers et les pommiers ...[70].

Puis encore:

> ... on enlève ... /... la partie supérieure avec la scie, on nettoie le tronc à la serpe. Cela fait, il y a deux méthodes: la première consiste à greffer entre l'écorce et le bois. Les anciens craignaient de fendre le tronc, puis ils osèrent percer un trou au centre, et enfonçaient le greffon dans la moelle en ce point même; ils n'en mettaient qu'un, et la moelle en effet n'en pouvait contenir davantage. Plus tard, une technique plus habile en fit placer jusqu'à six, remédiant aussi par le nombre à leurs chances de mort: on fend doucement le tronc en son milieu et on tient écartées les deux lèvres par un coin mince, jusqu'à ce que le greffon taillé en pointe pénètre au fond de la fente ...[71].

Toujours dans ce domaine, Virgile souligne le recours au coin:

> ... pour ne pas laisser de fente béante au milieu, quelques-uns marquent à la serpe l'endroit à fendre sur le sauvageon, en lient le bord avec l'osier, puis fendent avec un coin, le lien empêchant la souche de s'ouvrir trop. ...

L'action de greffer, qui dénote en réalité une forme d'art véritable dans l'activité agricole, est bien expliquée et l'on insiste sur l'outil absolument tranchant qui sert à assurer cette technique. Pline relève l'importance de la qualité de la serpe utilisée:

> ... La plaie de la taille doit toujours être oblique, pour que la pluie s'écoule facilement, et tournée vers la terre; on fera une cicatrice aussi légère que possible avec le tranchant bien affilé de la serpe et on polira la plaie ...[72].

La serpe, outil de prédilection du travail si délicat de la vigne, et son maniement étaient l'objet d'attentions:

> ... La troisième année donne un rameau rapide et vigoureux qui, avec le temps, devient la vigne; c'est lui qui grimpe sur le joug. Quelques-uns l'ébourgeonnent en enlevant les yeux avec le dos de la serpe ... /
> ... certains défendant d'y toucher l'année qui suit sa transplantation et d'y porter un coup de serpe avant soixante mois ...[73].

---

[70] Pline, H.N., XVII, XXIII.
[71] Pline, H.N., XVII, XXIII.
[72] Pline, H.N., XVII, XXV (192).
[73] Pline, H.N., XVII, XXXV (176).

D'autres outils à lame, beaucoup plus petits, servaient encore à assurer les opérations délicates. Caton mentionne le greffoir pour opérer des incisions sur le figuier et l'olivier[74].

Enfin, un nombre tout aussi important d'outils d'appoint étaient utilisés en complément de ceux que l'on aurait tendance à qualifier de "conventionnels". Ils étaient fabriqués le plus souvent par les paysans avec leurs propres moyens, comme les plantoirs par exemple, outils que l'on utilisait entre autres pour le semis des asperges, pour lesquelles Caton conseille précisément l'utilisation d'un pal (palo), servant à faire un trou dans lequel on mettait ensemble deux ou trois graines que l'on recouvrait[75].

Ainsi, le matériel d'équipement agricole que l'on trouve chez les auteurs de l'antiquité tardive semble assez complet, et couvre l'ensemble des activités depuis les travaux préparatoires du sol jusqu'à la récolte finale des grains, et leur stockage même. Deux auteurs ont dressé une sorte d'inventaire des outils qu'il convient de posséder dans les exploitations.

Caton, qui a pris la peine de chiffrer les instruments en fonction des dimensions et de la nature de l'exploitation, précise par exemple de quelle manière doit être équipée, en matériel, une oliveraie d'une superficie de 240 jugères: On trouvera donc plusieurs objets et, en ce qui concerne les outils, l'auteur préconise de disposer de six araires avec leur soc, trois jougs munis de courroies, six harnais de bœuf, une herse, quatre claies à fumier, trois bannes à fumier, trois paires de bastes, huit pelles (ferreas) de fer, huit binettes, quatre bêches (palas), cinq pelles de maçon, deux houes (?) à quatre dents (rastros quadridentes), huit faux pour le foin, cinq pour la paille, cinq serpettes à tailler, trois haches, trois coins, . . . /. . . un tamis pour les semences . . .[76]. On remarquera que plusieurs outils sont au nombre de huit, nombre probablement à mettre en rapport avec le nombre d'esclaves (dans le texte cinq) qui pouvaient s'en servir, ce qui est encore probablement le cas ici pour les serpes à tailler ou les faux. On peut supposer (mais il y a évidemment d'autres hypothèses), que ce nombre multiple d'outils (ici huit) d'une même famille est vraisemblablement dû à la volonté de disposer d'instruments de rechange, afin d'éviter d'en emprunter le jour où le ou les outils

---

[74] Caton, de Ag. XLIX.
[75] Caton, de Ag. CLXIX.
[76] Caton, de Ag. XII.

principaux font défaut. Cette précaution avait été signalée déjà par Columelle[77], et témoignerait chez Caton comme chez d'autres d'une logique constante qui cherche par ce moyen à éviter les désagréments qu'ils ne cessent de condamner et qui sont principalement dus à l'inattention au travail, à l'inobservation des faits et à l'imprévoyance.

Palladius enfin, au Ve siècle, recence dans une courte liste l'ensemble des outils nécessaires au paysan qui a l'intention d'équiper son exploitation de la meilleure manière possible.

> . . . des araires simples (*aratra simplicia*) ou, en pays plat, des araires à oreillons ("*aurita*") . . .[78].

L'auteur ne mentionne pas l'araire à roues, pourtant en usage dans certaines régions à l'époque de Pline. Si l'on estime que ce perfectionnement s'est maintenu, cette absence pourrait signifier que l'utilisation de certains instruments restait encore ignorée dans d'autres régions.

L'auteur cite encore des houes à deux dents (*bidens*), et d'autres houes (*ligones*) qui sont vraisemblablement des outils à lame pleine permettant de labourer et de travailler (différemment qu'on ne le fait avec les houes à dents), en d'autres types de sols[79]. Il cite les serpettes (*falces putatorias*) pour tailler les arbres et la vigne, de petites scies à manche (*lupos*) de diverses tailles mais ne dépassant pas une coudée, permettant de les introduire dans le tronc des arbres ou dans les vignes à couper[80], des plantoirs (*acus*) pour enfoncer les sarments[81].

Il mentionne par ailleurs des faucilles (*falces*) ". . . à double tranchant en forme de croissant . . ."[82], dont beaucoup de traducteurs supposent qu'il s'agit de la "falx vinitoria" décrite en détail par Columelle[83], mais sans véritable certitude. On trouve encore de petits couteaux (*cultellos*) recourbés permettant de trancher facilement, sur les jeunes arbres, les rameaux secs ou superflus[84], qui sont probablement de petites serpettes à la lame courbée ou bien à lame droite mais portant alors un croc terminal marqué.

---

[77] Columelle, I, 8, 8.
[78] Palladius, II, XLI.
[79] Palladius, II, XLII.
[80] Outil très maniable que l'on identifie aujourd'hui par le terme de "scie égoïne", à petite lame dentelée et courbée.
[81] Palladius II, XLII.
[82] Palladius, II, XLII.
[83] Columelle, IV, 25.
[84] Palladius, II, XLII.

Le texte conseille de disposer de toutes petites faucilles (*falciculas*) munies de dents servant à couper les fougères, des scies encore plus petites que celles qui ont été mentionnées plus haut. Il faut encore avoir des bêches (*uangas*), des sarcloirs (*runcones*): ce même mot est également cité chez Isidore de Séville, qui lui donne un synonyme, celui de falcastrum, en le décrivant comme un fer courbe avec un manche long servant à couper les végétaux. Sur cette base, nous pouvons supposer que l'outil mentionné par Palladius pouvait être à peu près identique, puisqu'il était vraisemblablement manié à deux mains et servait à sarcler en coupant ou arrachant les végétaux[85]; cet outil est à distinguer du sarcloir servant à biner la couche superficelle du sol[86].

Palladius conseille aussi des pioches simples ou doubles[87], assimilées à des "dolabras". Il semble qu'il s'agisse d'un outil aratoire lourd à tête double, formé d'un côté par une pioche (tranchant dans le sens du manche) et de l'autre par un taillant (axe de coupe perpendiculaire au manche); des sarcloirs simples ou à deux pointes (*sarculos*), qui sont probablement cette fois des outils aratoires légers, à long manche et maniés à deux bras, dont la lame simple ou à deux pointes permettait d'éliminer les mauvaises herbes en les déracinant, et non en les coupant comme avec l'outil *runcones* mentionné plus haut. Le paysan devait aussi disposer d'ascia, dont le dos ressemble à un râteau[88], dont il n'existe pour le moment pas d'élément permettant de suggérer une typologie plus précise. Cependant, les catalogues d'outils agricoles dénombrant les objets antiques dont nous disposons[89] montrent certaines pioches dont la tête double est formée d'un côté par une lame avec taillant et qui porte, à l'opposé de l'orifice d'emmanchement, plusieurs dents. Il pourrait peut-être s'agir ici d'un instrument typologiquement proche, a finalité aratoire très probablement.

Enfin, bien évidemment, quels que soient les outils qui sont mentionnés dans les textes des auteurs latins tardifs, il est sous-entendu que l'entretien joue un rôle très important qui prédispose à leur efficacité. Pas simplement l'entretien d'ailleurs, mais aussi la manière

---

[85] Palladius, II, XLII.

[86] Palladius cite un plus loin dans son énumération des sarcloirs (sarculos) simples ou à deux pointes.

[87] Palladius, II, XLI.

[88] Palladius, II, XLII.

[89] Publications de Champion, de Hofmann (cf. biblio).

même d'utiliser l'instrument dont le fer, souvent aiguisé, peut meurtrir une plante:

> ... des maladies son encore dues à la faute des vignerons, quand ils serrent trop des liens ... / ... quand, en bêchant autour, on a blessé la vigne d'un mauvais coup ou encore quand, en labourant sans précaution, on a disloqué les racines ou enlevé l'écorce du tronc. Une serpe mal aiguisée cause aussi des meurtrissures ...[90].

Les socs même faisaient l'objet d'un nettoyage:

> ... On nettoiera de temps en temps le soc avec un aiguillon garni d'un racloir à son extrémité ...[91].

Comme nous venons de le lire à travers les quelques exemples qui ont été évoqués ici, le monde gallo-romain avait bénéficié d'une excellente expérience des outils, savait les forger, les entretenir et les perfectionner. Cet ensemble constitue un point de départ stable dans notre problématique. Il est légitime en effet de supposer que l'ensemble de ses instruments, théoriquement, ou du moins leur principe de fonctionnement, leur action sur le sol et les végétaux, a pu perdurer dans les campagnes bien après la fin de l'occupation romaine. Mais nous ne savons pas exactement dans quelle mesure.

La periode difficile de la fin de l'antiquite

Pline cite l'exemple d'un affranchi, Furius Crésimus, qui attira défavorablement l'attention de ses voisins parce que ses récoltes étaient sensiblement plus abondantes que les leurs. Cité en justice, l'accusé aurait apporté au forum l'ensemble de son matériel agricole, des outils très bien forgés, de lourds hoyaux, des socs pesants, qui étaient censés justifier cette différence[92]. Pline, par cet exemple il est vrai volontairement un peu schématique (dans le rendement, la qualité du terrain est plus importante que celle des outils) souligne, comme l'ont fait par ailleurs de nombreux écrivains latins, le lien d'importance qui existe entre la qualité de l'outil et le travail même du sol (ou des végétaux).

---

[90] Pline, H.N., XVII, XXXVII (227).
[91] Pline, H.N., XVIII, 179.
[92] Pline, H.N., XVIII, 42.

Cependant, il convient de ne jamais oublier que l'outil en tant que tel n'a qu'une existence ténue: en amont et en aval de lui, tout un monde se décline et existe, évolue et se transforme. En même temps que lui, on perçoit l'existence de faits connexes comme celui de la protection du corps au cours du travail: Palladius précise par exemple que les exploitants portent des tuniques de peau avec capuchon et des gants de cuir qui, soit dans les bois soit dans les fourrés, peuvent servir aussi bien aux travaux agricoles qu'à la chasse[93]. Ainsi, c'est en pleine interaction avec ce vaste ensemble, et au moins avec certains des facteurs qui le composent, que l'outil évolue à son tour: pour être plus précis encore, il faut souligner que tantôt l'outil subit le perfectionnement par le jeu de son environnement, tantôt l'outil se perfectionne et confère à l'inverse, à son environnement, un possible changement à un degré plus ou moins notable. L'interactivité est à la fois polymorphe et constante.

La fabrication des instruments constitue ainsi un ensemble technique déjà complexe. Les gallo-romains ont très vraisemblablement maîtrisé ce domaine, à la fois en ce qui concerne le travail du bois et celui du métal. Pline mentionne ainsi que le frêne était employé pour le charronnage[94], c'est à dire, entre autres, pour la confection de certaines pièces d'araires. Les manches—de toutes dimensions—d'outils à bras étaient en olivier sauvage, buis, yeuse, orme ou frêne. Les maillets étaient faits dans les mêmes bois, et les plus gros, de pin et d'yeuse, selon la même source[95].

A propos de la fabrication de ces instruments, Virgile précise:

> . . . Sans perdre de temps, on prend dans la forêt un ormeau qu'on force violemment à prendre la forme d'un croc et à faire figure d'un araire cintré; au tronc, du côté de la racine, on adapte le timon, qui s'étend sur huit pieds de long, puis une paire d'oreilles et un sep à double revers. Auparavant, on coupe pour le joug un tilleul léger et un hêtre altier pour le manche, qui, placé à l'arrière, sert à faire tourner le bas du train; on suspend toutes ces pièces au-dessus du foyer et la fumée éprouve la résistance du bois . . .[96].

Le travail au feu servait en principe à la fin de chaque fabrication à endurcir les extrémités des outils de bois, notamment ceux possédant des dents ou des pointes (plantoirs, fourches . . .) souvent sollicitées.

---

[93] Palladius, II, XLII.
[94] Pline, H.N., XVI.
[95] Pline, H.N., XVI.
[96] Virgile, Georg. 170–176.

Mais c'est le travail du fer qui a joué le rôle le plus important dans le processus de développement de l'outil. Pline, une fois encore, nous renseigne à ce sujet:

> . . . Les minerais de fer se trouvent presque partout . . . /. . . les variétés de fer sont nombreuses. Cette diversité tient d'abord à la nature du sol ou du climat; certaines terres ne fournissent qu'un fer mou et approchant du plomb; d'autres un fer cassant et cuivreux, qu'on doit bien se garder d'employer à fabriquer des roues et des clous . . . /. . . Une grande différence tient aussi aux procédés de fusion: on fond une sorte de noyau de fer servant à fabriquer un métal dur et tranchant, et aussi, traité par un autre procédé, à fabriquer le métal compact des enclumes et des têtes de marteau. Mais la différence capitale provient de l'eau dans laquelle on plonge à plusieurs reprises le fer incandescent. Cette eau, dont la qualité varie suivant les lieux, a rendu certaines localités fameuses par le renom de leur fer . . . /. . . on a l'habitude d'éteindre dans l'huile les outils en fer d'assez petite taille, pour éviter que l'action de l'eau ne les rende durs et cassants . . .[97].

Il est nécessaire de préciser que la trempe à l'huile a toujours été pratiquée par les spécialistes de l'outil, on la retrouve, entre autre, pour des lames longues (faux par exemple) et cela jusqu'à nos jours[98].

On se souvient de certains passages du texte de Palladius qui portaient sur les villas, à une époque (Ve S.) où la présence du Dominus était beaucoup plus marquée que par le passé parce que la direction du domaine, c'est à dire sa gestion, est largement bénéfique à chaque partie qui en constitue l'ensemble. Ainsi le fait que, théoriquement, chaque exploitation peut avoir une balance différente et l'équilibrer en fonction de facteurs propres, pourrait expliquer pourquoi Palladius ne se lance pas dans des explications à caractère économique, mais recherche davantage le caractère pratique de son traité: chaque domaine devait être administré en fonction de ses dépenses et recettes propres, mais toujours de la manière la plus "scientifique", la plus pragmatique possible, dans l'intention que le maître soit le plus indépendant, autonome possible, phénomène préfigurant peut-être les exploitations fortifiées pré-médiévales puis médiévales, ce système laissant par ailleurs présager l'importance que prendront, avec le temps, les intermédiaires (*infra*).

Or, dans les principes fondamentaux qu'il énonce pour obtenir une bonne agriculture, Palladius insiste sur le fait qu'il faille

---

[97] Pline, H.N., XXXIV, p. 156.
[98] Pascal Reigniez, 1997a.

> ... absolument avoir sur son domaine des forgerons, des charpentiers, des fabricants de jarres et de cuves, pour que le besoin de se rendre à la ville n'oblige pas les paysans à quitter leur travail normal ...[99].

Dans son traité Caton l'Ancien, plusieurs siècles avant, avait déjà souligné ce fait: cependant on devine ce point, dans les écrits de Palladius, comme une nécessité fondamentale et nous pouvons légitimement supposer que cela fut observé. Nombre de fouilles ont d'ailleurs prouvé que les villas possédaient un atelier de forge.

Précisément, le travail du métal n'avait sans doute pas la même ampleur d'un site à l'autre: il convient évidemment de différencier les domaines par leur taille, et donc de supposer une distinction des possibilités dans la fabrication des éléments nécessaires à l'exploitation en fonction de la superficie et du nombre d'ouvriers qui y servaient. Les grandes propriétés, disposant en principe de davantage de moyens, pouvaient avoir des forges de belle taille abritant un ou plusieurs forgerons compétents dans plusieurs activités (charronnage, outils, huisserie ...) ce qui n'était probablement pas le cas partout. Les petites exploitations pouvaient posséder une forge mais l'étendue du domaine pouvait ne pas nécessiter l'intervention à plein temps d'un artisan du fer, qui pouvait n'avoir jamais à fabriquer telle ou telle grosse pièce de fer mais seulement de l'outillage alors que les objets les plus spécifiques, les plus difficiles à faire pouvaient être achetés à la ville, dans les marchés desservis par les voies de circulation qui n'étaient d'ailleurs jamais très loin des villas. Par contre, on peut penser que la grande majorité des outils étaient réparés ou restaurés dans ces forges.

Le travail de fabrication de l'outil implique bien entendu, au-delà de l'utilisation de l'objet, son entretien. En ce domaine, on avait recours à plusieurs techniques. Deux, dans le monde gallo-romain tardif sont connues: l'aiguisage (à l'aide de pierres et d'abrasifs) et le rebattage (par une enclumette et un marteau).

Les pierres à aiguiser sont décrites par Pline:

> ... il y en a bien des sortes: longtemps, celles de Crète ont été les plus prisées, après quoi venaient celles de Laconie provenant de Taygète (toponyme d'un mont); les unes et les autres exigent de l'huile. Parmi les pierres à eau, celle de Naxos était la plus appréciée, puis celle d'Arménie ....

---

[99] Palladius, I, 6, 2.

L'auteur précise que ces deux pierres, très dures, pouvaient même servir à polir d'autres pierres. Les pierres de Cilicie étaient très efficaces à l'huile et à l'eau, celles d'Arsinoe l'étaient à l'eau seulement. On en avait trouvé aussi en Italie qui, avec de l'eau, permettaient d'obtenir un tranchant extrêmement acéré, et de semblables pierres au-delà des Alpes, ces dernières ayant pour nom passernices[100]. La provenance précise de ces pierres est restée inconnue (Bavière, Belgique?). Un quatrième type comprend les pierres qu'avant d'utiliser on humidifiait (avec de la salive) et dont on se servait dans les échoppes de barbiers. Dans cette catégorie, les meilleures provenaient de Laminitani, en Espagne citérieure[101].

Concrètement, les textes confirment que les romains utilisaient la pierre pour affûter les lames de faux:

> . . . Cette opération (fauchaison) était plus coûteuse, elle aussi, du temps de nos aïeux qui ne connaissaient pas d'autres pierres à aiguiser que celles de Crète et d'outremer et n'employaient que *l'huile d'olive* pour donner du tranchant à la faux; aussi le faucheur marchait-il avec une *corne à huile attachée à la jambe*[102]. L'Italie nous a donné des pierres à eau qui mordent le fer comme une lime, mais ces pierres à eau ne tardent pas à verdir . . .[103].

Nous savons aujourd'hui, d'après les exemplaires découverts en fouille, que les pierres à eau étaient en grès (siliceux, ou autres), ou en quartz micacés. Cependant ces informations restent trop lacunaires et l'on souhaiterait avoir davantage d'indications sur de nombreux points dont quelques uns par exemple, outre ce qui touche à leur typologie (forme—matière) seraient ceux de leur provenance (fabrication, échanges commerciaux, distinction de valeur, selon quels critères . . .) et des techniques d'utilisation qui les concernent (quels types de pierres pour quelles sortes de métaux, impliquant quelle utilisation)[104]. Le Haut Moyen Age était déjà au fait des techniques d'aiguisage à la pierre, au moins peut-on penser qu'a subsisté l'expérience

[100] Pline, H.N., XVIII, 261.

[101] Pline, H.N., XXXVI, XLVII.

[102] Une des seules représentations que l'on serait tenté d'associer à cette mention est celle du registre du mois de juin du calendrier de l'église de Sainte Marie Madeleine de Vézelay, datant du XIIe siècle, où le faucheur porte un coffin au bas de la jambe droite. Mais nous doutons de la commodité de cette pratique.

[103] Pline, H.N., XVIII, 261.

[104] L'archéologie a livré du matériel en quantité et les moyens informatiques et techniques n'empêchent plus, théoriquement du moins, que les pierres fassent l'objet d'une étude importante et fouillée.

en ce domaine qu'avaient déjà les romains puisque Pline, comme nous l'avons vu, en témoigne.

Un autre système est attesté par certains registres de calendriers anglo-saxons carolingiens, celui de l'aiguisage à l'étriche. Ce mot désigne une étroite planchette de bois enduite d'une substance abrasive, que le faucheur pouvait tremper dans un récipient posé sur son lieu de travail afin de la réenduire, avant de la passer sur la lame de l'outil qu'il désirait affûter.

Le rebattage des lames est attesté dès la période gallo-romaine par la découverte d'une enclumette à Vichy et de deux autres à Compiègne[105], mais cela ne signifie pas pour autant qu'il a été pratiqué partout, et que cette technique a perduré dans le Haut Moyen Age.

En marge de l'entretien des outils il convient enfin de ne pas omettre l'existence d'un périphénomène relatif à leur utilisation même et qui a toujours existé, celui concernant la réutilisation des instruments cassés, dont certains ont pu faire l'objet d'une réparation et d'autres d'une transformation spécifique qui n'entrent pas dans le cycle classique des réparations consécutives à l'utilisation courante[106].

De manière presque évidente, la maîtrise de la fabrication de l'outil ne pouvait pas être équivalente partout et cela impliquait des inégalités locales, et probablement déjà des spécialisations dans le forgeage de tel ou tel instrument. Les régions de fabrication des objets et les zones dans lesquelles on les utilisait pouvaient ainsi se correspondre géographiquement ou non. En ce dernier cas, en découlent deux paramètres importants qui sont à relever, celui de l'approvisionnement des matières premières et celui de la distribution des produits finis.

En ce qui concerne par exemple la fourniture des outils, on se souviendra par exemple comment Caton indiquait de manière détaillée quels étaient les lieux où l'on pouvait se les procurer, ce qui témoigne déjà d'une certaine propension des commerçants à s'organiser avec succès dans un espace, un terroir précis et bien connu. L'auteur précise ainsi que l'on achetait à Calès et à Minturnes des objets de fer, des faux, des bêches, pioches, haches, à Vénafre des bêches, des araires Romains, les socs, les jougs sont les meilleurs[107]. Caton, dans son traité, s'adressait surtout à son fils dans l'intention de le conseiller pour la gestion d'une exploitation située dans une région bien connue

[105] Bernard Champion, 1916, p. 229.
[106] Pascal Reigniez, 1997b.
[107] Caton, de Ag. CXLXIV.

de la famille. Au contraire, Palladius et les autres agronomes latins ont rédigé des traités de portée générale, s'adressant à des propriétaires originaires de toutes les régions (les conseils pouvaient donc être lus et *adaptés* selon le lieu où se trouvait le lecteur). La localisation des sites d'achat d'outils ne pouvait donc pas être mentionnée de la même manière chez Caton et chez Palladius. Mais dans les deux cas l'information reste fondamentale.

L'approvisionnement en outillage et la diffusion des objets sont des circuits qui apparaissent en réalité comme véritablement complémentaires. En Gaule, nous savons que les échanges se sont développés dès la période de la Tène (routes commerciales terrestres et fluviales); mais il convient cependant de nuancer la dimension de ce développement en ce qui concerne la période gauloise dans son ensemble, dans la mesure où la moitié de la France environ était constituée de forêts, que la culture du sol restait tout de même archaïque et que les techniques et les procédés de mise en valeur des terres étant encore simples.

Les découvertes archéologiques montrent que les outils de la Tène et du monde Gaulois sont sobres, souvent massifs et sans grande recherche d'esthétique ni d'équilibre. Cependant, ces objets constituaient tout de même une fabrication importante et un travail du métal dans lequel l'habileté des gaulois a été soulignée à de nombreuses reprises (davantage il est vrai en ce qui concerne les armes). On trouve dans les fouilles archéologiques menées sur des sites de cette période des outils qui révèlent très souvent l'existence d'un artisanat de la vie quotidienne largement maîtrisé, constitué notamment par des objets de fer et en particulier d'outils agricoles, serpes, faux, et faucilles entre autres, à l'exemple du site de Larina, près de Hières-sur-Amby (isère)[108].

Ces divers éléments ont constitué la base matérielle prédisposant à l'amélioration notable apportée par les romains. Nous savons par exemple, par les fouilles archéologiques, que le développement économique rural et urbain a sensiblement augmenté dans la Gaule des Ier et IIème siècles contribuant à une poussée démographique à la fois naturelle et d'immigration (plusieurs centaines de milliers de gens venus d'Italie par exemple). Une sorte de système se mettait en place, prédisposant ainsi à multiplier les jonctions entre les entités de pro-

[108] Franck Perrin, 1990.

duction et servir celles qui consommaient. Cette connexion en réseau (entretien des voies de communication existantes tout en les développant, aussi bien dans le domaine terrestre que fluvial) a été obtenue principalement par la mise en valeur rationnelle des provinces que les spécialistes attribuent au travail d'envergure d'une administration romaine très organisée, qui s'est appuyée sur l'existence d'un circuit économique de grande ampleur, favorisé à la fois par un maillage de voies de circulation dense, bien contrôlé et par une réorganisation foncière (système des parcellaires) engendrant un succès d'ensemble. Le développement rural, notable donc durant les deux premiers siècles tant dans le domaine de l'agriculture que de la viticulture, est un phénomène qui a vraisemblablement eu des répercussions sur la fabrication et l'utilisation d'outils. D'autant que la plupart des exploitations en Gaule romaine étaient situées en bordure d'une voie de circulation, équilibrant les moyens d'échanges qui se sont ainsi multipliés, et permettaient de cette manière de réguler, par le commerce, les productions et les déficits de telle ou telle zone, en tous matériaux (dont le fer), et en tous objets (y compris les outils). Ces circuits de distribution étaient plus ou moins liés à la production d'outillage assurée par des forgerons exerçant en atelier fixes et peut-être aussi, dans certains cas, ambulants.

Les nombreux outils gallo-romains qui ont été retrouvés depuis des décennies sur les chantiers archéologiques français, et qui le sont encore, font le plus souvent l'objet de publications qui montrent bien, lorsqu'on les met en relation, l'existence de plusieurs familles qui se déclinent en différentes formes. Nous n'aurons pas la possibilité de développer ici ce thème, mais les inventaires de quincaillerie antique[109] confirment l'existence d'une typologie variée au sein même des grandes familles que ce soit pour travailler la terre (bêche, houes, pics, pioches), pour récolter les végétaux (faux, faucilles), les tailler (serpes, serpettes, scies), ou les ramasser (râteaux, fourches . . .). Les outils gallo-romains attestent d'une certaine richesse dans le procédé même de conception c'est à dire dans les réponses relatives au perfectionnement. Incontestablement, la richesse de l'outillage agricole de cette période traduit un niveau élevé non seulement dans la maîtrise des activités agricoles mais dans les sphères existant en amont et en aval de son existence même.

[109] Bernard Hofmann, 1985.

L'ensemble des phénomènes que nous venons de retracer est sans doute consécutif à la juxtaposition de l'expérience du monde gaulois qui connaissait ses propres outils, avec la pratique et la théorie apportés par les romains puisque l'on sait que dans cette période et comme nous venons de le voir, les instruments semblent plus affinés, plus esthétiques et les formes plus diversifiés qu'elles ne l'étaient dans le seul monde gaulois. Les lames sont plus minces, moins larges et beaucoup d'outils semblent être plus courts. Autrement dit les forgerons gallo-romains utilisaient moins de métal pour fabriquer des pièces probablement toujours aussi efficaces. La période gallo-romaine tardive semble donc apparaître comme une forme de "synthèse" dans la théorie et dans la pratique, entre plusieurs savoir-faire. C'est un progrès, touchant en profondeur l'ensemble des régions, qui a évidemment généré de multiples conséquences.

D'une manière générale nous pouvons dire que le système d'occupation du sol défini par l'administration romaine a été tout à fait performant dans la mesure où il était adapté aux différentes circonstances d'exploitation. Celles-ci ont évolué dans le temps mais elles n'ont pas fondamentalement disparues puisque les petites entités, les centuries, celles des pagi (petits regroupements d'habitats) ou bien encore des villas se retrouveront dans le temps sous des formes plus ou moins différentes, après avoir évolué.

A partir du milieu du troisième siècle se confirma pourtant une période de troubles politiques engendrant une profonde désorganisation économique qui eut pour conséquence, entre autres, une altération et une disparition de très nombreuses exploitations rurales de toutes tailles. L'usure et le manque d'entretien des réseaux de communication (freinant donc le commerce), leur insécurité, l'affaissement productif consécutif supposé de cette période sont autant de facteurs qui, s'ils avaient autrefois contribué à la croissance, ont alors progressivement entraîné la création d'une sorte de "cassure" entre la relative opulence du monde gallo-romain et les périodes qui ont suivi. les facteurs défavorables se sont accumulés et ont contribué à une large amplification de la décadence. Certains auteurs rapportent par exemple les propos d'un chef Eduen du IIIe siècle: ". . . Nous abandonnons nos champs parce qu'ils ne rendent plus ce qu'ils coûtent . . ."[110]. Il est toujours délicat de s'exprimer dans le domaine

[110] Cité in: Louis, 1912, p. 345.

économique dans la mesure où nous avons à toucher non seulement le domaine de l'écrit mais aussi celui des phénomènes complexes gérant les productions et les échanges. Cependant nous pouvons dégager certaines phases logiques qui n'ont probablement pas manqué de se manifester dans le jeu des contrecoups consécutifs à l'expansion ou à la diminution des entités de production, des surfaces agricoles et du nombre de consommateurs. En effet l'outil, qui est fabriqué en quantité nécessaire pour répondre à des demandes et des besoins dans le cadre d'une production, n'a plus de raison d'exister ou d'être fabriqué dans des périodes de crise ou de récession (*infra, V partie*). Nous ne connaissons pas précisément l'intégralité des mécanismes qui ont engendré un recul de la production agricole, ils sont probablement multiples, interactifs, s'exprimant à des degrés divers. Ainsi, en ce qui concerne plus particulièrement l'histoire de l'outil, ce que nous pouvons légitimement appeler la "cassure" pré-médiévale est nette, ce que confirme l'archéologie qui montre que le nombre, les formes, les variantes d'outils sont nettement différentes entre la période gallo-romaine et mérovingienne, au détriment de cette dernière.

La pauvreté des découvertes archéologiques concernant ces périodes précoces du Moyen Age ne fait rien pour contredire ce dernier constat. Il convient par ailleurs de tenir également compte d'une comparaison typologique entre les outils ayant existé dans la période gallo-romaine et de ceux (les rares dont nous disposons) ayant été mis au jour dans les niveaux d'occupation des IVe–VIe siècles, ces derniers étant généralement de conception plus grossière que les anciens objets. Le savoir faire semble se transmettre, mais plus difficilement. Les outils se forgent toujours, mais n'ont pas exactement les mêmes caractéristiques.

Cette observation porte à penser par ailleurs que l'hypothèse par laquelle les "modèles" d'outils auraient été fabriqués presque "traditionnellement" d'un siècle sur l'autre sans aucun changement doit être très largement nuancée. Si elle n'est pas totalement fausse, il convient de souligner qu'elle n'a jamais été une règle, à aucun moment (et cela même dans la large période des Ve–XVIIe siècles) pour l'outillage agricole. Si elle l'avait été en effet, des modèles-types caractéristiques et strictement identiques auraient été retrouvés de manière constante dans les mêmes régions et sur l'ensemble des périodes de l'histoire, ce qui n'a été le cas (pour l'instant) que pour certains outils non-agricoles (comme le marteau ou les goulues par exemple). Il est donc déraisonnable de comparer la faucille gauloise à la faucille carolingienne, puis à celle du Moyen Age classique et du Bas-Moyen-Age. Si le nom qui désigne l'outil est considéré aujourd'hui comme un lien logique[111] reliant une époque à une autre, les éléments techniques qui ont prédisposé à la mise au point de l'objet au fil de l'histoire ont été constamment en évolution. Les facteurs de production sont de toute manière tellement complexes qu'il n'est pas question de procéder à des affirmations trop simples à la vue de listes sobres d'objets dont on attribuerait les paramètres de chrono-localisation[112]. Ces paramètres sont évidemment fondamentaux mais il convient aussi de ne jamais oublier de poser deux autres questions: 1—l'outil a-t-il été importé sur le site où on l'a découvert ou bien fabriqué sur place. 2—le forgeron qui l'a fait était-il originaire de la zone de la découverte ou bien était-il un itinérant?

Le problème de fond réside dans la fait que nous ne sommes pas certains que l'ensemble des types d'outils dont nous pressentons fortement l'existence et les techniques qui leur correspondent ont véritablement perduré entre la fin de l'antiquité tardive et le Haut Moyen Age. Pour ne prendre que celui-là, l'exemple seul de la moisson entre les IIIe et Ve siècles semble déjà révélateur de ce type de difficulté de restitution, comme nous allons le voir au travers de deux questionnements portant sur un type d'outil particulier, et sur le vallus.

Il existait en effer vraisemblablement dans la période gallo-romaine plusieurs méthodes pour moissonner, certaines ayant été décrites par Pline:

> . . . Ici, on coupe les chaumes par le milieu avec une faucille, et on détache les épis entre deux *mergites*; là, on coupe le blé à la racine, ailleurs on l'arrache . . .[113].

Dans le premier de ces procédés, le mot *mergites* qui est utilisé ne décrit pas un outil véritablement bien connu et beaucoup d'hypothèses d'identification ont été émises à son sujet.

Dans un autre texte, Palladius mentionne l'existence d'un outil appelé *messoria*[114], qui lui aurait été rapproché mais dont plusieurs linguistes s'accordent à penser qu'il pourrait désigner une faucille. Autrement dit, ce terme n'a probablement qu'un rapport lointain avec le mot employé par Pline.

---

[111] C'est d'ailleurs un point qui se discute.

[112] Phénomène que nous avons dénoncé sous le nom de "darwinisme de l'outil" dans une analyse d'ensemble (cf note 2).

[113] Pline, H.N., XVIII, 296.

[114] Palladius, II, XLII.

Ce terme de *mergites* donc ne semble pas correspondre au mot de "faucille", puisque cet outil, attesté par l'archéologie dans le monde romain, est par ailleurs mentionné dans la littérature sous un autre mot, celui de falx, ou falcula. Le terme ne désigne pas non plus des baguettes de récolte parce que leur utilisation implique en principe, lorsqu'il s'agit de blé, qu'il faille laisser les tiges sur le champ lors de la moisson, ce qui n'est pas le cas ici[115]. Nous n'identifions donc pas ce mot *mergites* à une faucille, d'autant que la moisson décrite par Pline mentionne déjà précisément cet autre outil dans le premier des deux temps qui constitue la moisson:

> . . . Ici, on coupe les chaumes par le milieu *avec une faucille*, et on détache les épis entre deux *mergites*. . . .[116].

La description du geste de moisson qui est ici décrite laisse supposer que les tuyaux étaient d'abord coupés à mi-hauteur au moyen d'une faucille par un moissonneur, puis qu'un autre personnage saisissait les tiges coupées et en récupérait les épis qui s'y trouvaient encore fixés au moyen d'un autre instrument, désigné par le mot de mergites et qui pourrait probablement désigner l'outil qui servait cette fois spécifiquement à la récolte des grains, c'est à dire à la séparation même des épis des tiges sur lesquelles ils étaient fixés, et cela bien entendu dans le cadre de la moisson (*messio*). En nous référant au texte de Pline, nous supposons donc qu'il pouvait probablement s'agir d'une sorte de peigne à manche (ou poignée) court(e), vraisemblablement en bois, dont les dents étaient probablement disposées en devant d'un réceptacle. Ainsi, un premier individu coupait les tiges à la faucille alors qu'un deuxième, au moyen de ce type de peigne, assurait le détachement des épis puis les versait vraisemblablement dans un panier posé à proximité. Ce système de récolte est enfin clairement précisé, toujours chez Pline:

> . . . Dans les Gaules, on cueille le panic et le millet épi par épi, avec *un peigne* à la main . . .[117].

Nous pensons que le terme *épi par épi* n'est d'ailleurs probablement pas tout à fait exact, nous supposons plutôt qu'on les cueillait par groupe.

---

[115] Pascal Reigniez, Les outils de bois . . . (à paraître).
[116] Pline, H.N., XVIII, 296.
[117] Pline, H.N., XVIII, 297.

Ce principe technique de moisson, sans doute très au point, aurait pu être repris dans le raisonnement ayant conduit à la conception du vallus, qui n'est autre finalement qu'une sorte de gros peigne à récolter dont le fonctionnement repose lui aussi sur la manipulation d'une frange dentelée (avec la différence que les tiges restent sur le champ au passage du véhicule). La moissonneuse gauloise pouvant alors avoir été, comme nous le supposons, une tentative ingénieuse de restituer dans une dimension plus grande le principe de récolte que nous venons de décrire. A noter d'ailleurs que s'il y avait au moins deux individus pour assurer la moisson au peigne, deux personnes également suffisaient pour utiliser le vallus.

Ce qui a été l'un des premiers véhicules de notre ère à vocation de récolte spécifique n'a véritablement suscité l'intérêt des historiens des techniques qu'à partir de la découverte, dans la seconde moitié du XXe siècle, de cinq fragments de bas-relief qui le représentaient.

Il s'agit d'une machine en bois constituée d'une caisse, montée sur deux roues et munie de deux brancards dirigés vers l'arrière qui pouvaient être reliés ou non dans leur partie terminale. A l'avant de la caisse se trouvait une longue rangée de dents (que l'on suppose avoir été en bois) de grande taille, plates et juxtaposées horizontalement comme celles d'un peigne. Elles étaient destinées à entrer en contact avec les tiges des céréales vers lesquelles elles étaient dirigées. Le principe de fonctionnement était assuré par l'action d'un bovidé ou d'un équidé, attaché par un lien souple à la partie arrière de la caisse et attelé grâce à un collier par chacun des côtés aux deux brancards entre lesquels il était placé. Le système était astucieux puisque l'animal, en tirant sur les liens, poussait en réalité le véhicule. Un homme marchait derrière et dirigeait l'engin, qu'il pouvait "conduire" par une action à la fois latérale et verticale des avant-bras, reposant sur les mêmes brancards. Ce mouvement n'était probablement pas passif, mais on le suppose au contraire adapté aux difficultés de la progression, aux phases d'attaque dans les céréales, de récolte et de remplissage, de bourrage même, qui présentaient chacune une particularité à laquelle la technicité du conducteur de l'engin aidait à répondre[118]. Un second personnage marchait sur le côté avant de la machine dans la zone préalablement moissonnée et, au moyen d'un outil à long manche muni d'un petit fer large et plat (ressemblant un peu au décrottoir à soc) poussait tant bien que

[118] Rapidement, probablement pour ne pas arrêter l'engin à chaque difficulté.

mal les nombreux épis entre les dents du peigne afin d'éviter le problème du bourrage, probablement constamment posé.

Le vallus est mentionné dans deux textes anciens. Le premier est celui de Pline, qui le décrit au Ier siècle ap JC:

> ... La moisson elle même se fait selon diverses méthodes. Dans les grandes propriétés des Gaules, on pousse à travers les champs de blé de grandes moissonneuses dont le bord est garni de dents, montées sur deux roues, et auxquelles une bête de somme est attelée à l'envers: les épis ainsi arrachés tombent dans la moissonneuse ...[119].

Quelque temps plus tard, dans le milieu du Ve siècle, Palladius décrivait lui aussi l'un de ces véhicules, avec la précision du procédurier:

> ... Les habitants des pays plats de la Gaule ont une méthode de moissonner qui épargne la main-d'œuvre, puisqu'elle n'exige que la journée d'un bœuf pour dépouiller tout un champ. Ils ont une sorte de chariot monté sur deux petites roues. La surface de ce chariot, qui est carrée, est garnie de planches renversées en dehors, de sorte que sa partie supérieure est plus large que l'inférieure. Sur le devant la planche est moins haute que par derrière, et son bord supérieur est armé d'un grand nombre de petites dents écartées et placées en ligne, dont le nombre est proportionné à la quantité des épis et qui se redressent à la partie supérieure. Derrière cette machine sont fixés deux brancards très courts semblables à ceux d'une litière. On y attelle, avec un joug et des courroies, un bœuf dont la tête est tournée vers la machine. Il faut que ce bœuf soit doux et ne demande pas à aller plus vite qu'on ne le mène. Lorsque le chariot est poussé à travers les moissons, tous les épis saisis par les petites dents dont il est garni se trouvent coupés et s'entassent dans la caisse en se séparant de la paille qui reste dans le champ. Le bouvier qui suit par derrière *élève ou abaisse la machine à son gré et suivant qu'il est nécessaire.* En allant et revenant de cette manière, on peut, en quelques heures, moissonner tout un champ. Cette méthode réussit très bien dans les plaines et les terrains unis, comme dans les pays où l'on ne considère pas la paille comme un objet de nécessité ...[120].

Ces deux textes nous indiquent d'abord que l'utilisation du vallus est prouvée à la fois au Ier siècle et au Vème siècle, mais cela ne signifie évidemment pas pour autant que ces dates soient strictement révélatrices de l'apparition et de la disparition de cette machine. Le tout début du Haut-Moyen-Age en tous les cas, le connaissait.

---

[119] Pline, H.N., XVIII, LXXII.
[120] Palladius, VII, 2, cité in De Glanville, 1879, pp. 53–54.

Cinq fragments en pierre portant une représentation partielle de la moissonneuse ont été retrouvés:

- estimé du IIe siècle: sur un bas-relief sculpté sur un ensemble funéraire, découvert en 1958 à Arlon (au Luxembourg, à quelques kilomètres seulement à l'Est de Montauban-Buzenol).
- datant de la fin du IIe siècle: sur un bas-relief faisant partie d'un ensemble funéraire, découvert au mois de mai 1958 dans le chantier de reconstruction du musée de Montauban-Buzenol (à la limite du dépt. 08).
- datant du IIe–IIIe siècle: sculpté sous l'arc de triomphe de la porte de Mars à Reims (dépt. 51), identifié en 1958.
- sans datation précise, mais estimé vers le IIe siècle: figurant sur un bas-relief découvert en 1890 dans la ville de Trèves (Allemagne), provenant lui aussi d'un monument funéraire, mais qui ne fut réellement identifié qu'en 1964.
- datant du début du IIe siècle: sur un bas-relief faisant partie d'un ensemble funéraire que l'on retira des eaux de la Moselle à Coblence (Allemagne), en 1969.

Ces vestiges archéologiques ont plusieurs points communs qui peuvent être soulignés: a)—ce sont tous des bas-reliefs. b)—quatre d'entre eux faisaient partie d'ensembles funéraires (sauf celui de la porte de Mars à Reims). c)—tous sont datés de la période comprise entre le IIe et le IIIe siècle. d)—tous sont localisés dans une zone territoriale comprise entre la région de Trèves et la région de Reims et l'on aura noté que la cartographie des localisations archéologiques donne un tracé globalement linéaire, et non un regroupement).

Il serait assez intéressant de pouvoir déterminer si tous ces éléments proviennent ou non du même atelier de sculpture, ou bien s'ils ont subi des influences stylistiques, nous pensons plus particulièrement ici à la circulation d'un éventuel motif gallo-romain comme on en connaît par exemple dans le sud-ouest de la Gaule avec les pampres et les grappes de raisins. Sur le plan archéologique il faudrait pouvoir procéder à une analyse approfondie des pierres afin de savoir si tous ces blocs sont originaires de la même carrière, ce qui pourrait alors constituer un lien avec la première question. Rien ne prouve enfin, pour l'instant, que certains blocs sculptés n'aient pas fait l'objet de réutilisation sur des monuments alors en cours de construction. En l'état actuel des données on aura constaté que le vallus était représenté quatre fois sur une stèle funéraire probable et une fois sur un calendrier (porte de mars à Reims).

De nombreux chercheurs ont procédé aux rapprochements d'usage entre ces divers fragments, ce qui avait permis d'établir d'intéressantes réflexions de travail[121]. Toutefois, si ces pierres livrées par les fouilles constituent des traces exploitables nous restons quelque peu frustrés par rapport aux diverses tentatives de reconstitutions qui furent entreprises un peu après les années soixante. En effet leurs auteurs ont trouvé presque normal d'utiliser un morceau de bas relief et de l'adapter à un autre fragment afin de recomposer la machine tout en procédant à une description du nouvel ensemble comme s'il s'agissait d'un véhicule avéré. Cette méthode de restitution qu'il était en effet à-priori logique d'utiliser, et qui ne reste en réalité qu'une hypothèse de travail comme une autre, n'aurait-elle pas eu tendance à homogénéiser imperceptiblement dans les esprits les formes livrées par les différents vestiges et à recréer de façon plus ou moins artificielle et hypothétique un instrument assemblé, bâtard et unique, reconstitué à partir de fragments provenant de lieux divers et espacés dans leur datation? Cette manière de procéder n'aurait-elle pas eu pour effet de faire accepter le fait que les moissonneuses ont existé avec une forme, des dimensions et un poids unique, une largeur de peigne et une caisse en tous points similaires? était-ce bien réel?

La lecture de l'ensemble de ces cinq bas-reliefs, pris séparément, nous permet de faire plusieurs constats: le premier, c'est que les machines qui s'y trouvent représentées ne sont pas rigoureusement identiques d'un bloc à un autre. Mise à part l'hypothèse toujours possible de la distinction dans l'expression individuelle des artistes, c'est à dire de la difficulté de restituer le réalisme d'un objet, on peut aussi à contrario supposer que, pour une période chronologique de quelques siècles dans laquelle ces bas-reliefs ont été exécutés, les sculpteurs ont peut-être pu prendre modèle sur des machines sensiblement différentes qu'ils auraient réellement pu observer. Nous aurons en tous les cas noté que seule, la caisse du vallus du fragment de Trèves pourrait à la rigueur se rapprocher de la description de Palladius, qui décrivait un réceptacle dont les bords étaient évasés vers le haut. Mais celle du vallus de Montauban-Buzenol est par exemple franchement parallélépipédique. Le fait qu'il n'existe pas de correspondance réelle entre les sources iconographiques et les textes suggérerait-il ainsi l'existence de plusieurs "modèles" de cette machine? En réalité les textes, qui laissent supposer l'utilisation de l'engin entre

[121] Marcel Renard, 1959, voir aussi M. Ardhuin, 1982.

le Ier et le Vème siècle pourraient laisser supposer qu'il a logiquement pu exister plusieurs ateliers et donc plusieurs artisans capables de le fabriquer, et qu'il aurait en conséquence vraisemblablement existé de légères variantes dans les formes et les dimensions de cette moissonneuse. Il faut d'ailleurs convenir que rien ne prouve que les textes de Pline et de Palladius décrivent exactement le même engin.

En tout état de cause, si les structures des véhicules ont pu être légèrement différentes il est en revanche assez probable que leur principe de fonctionnement ait été identique. Pour le comprendre, nous pourrions commencer par dégager certains points communs à toutes les moissonneuses qui sont soit représentées dans les bas-reliefs, soit décrites dans les textes (supra). L'animal qui était par exemple attelé à la machine (sans précision selon Pline, un bœuf pour Palladius, probablement un âne ou un cheval selon les représentations archéologiques) la tirait, puisqu'il était attaché aux brancards du véhicule par des lanières. Nous savons maintenant que les animaux de cette période étaient de plus petite taille que ceux d'aujourd'hui puisque la taille des chevaux dans la période pré-médiévale était probablement inférieure de 25 cm à celle des chevaux actuels[122]. A l'âge du fer par exemple la hauteur du bœuf au garrot était de 111 cm et, entre les VIème et XIème siècles elle était de 112 cm environ[123]. C'est à dire que la faible taille des animaux et donc le point relativement bas du centre de gravité de l'ensemble attelé était un élément qui assurait à la fois une puissance plus importante de traction et une bonne stabilité d'ensemble. La conduite de la moissonneuse reposait sur la maîtrise d'un équilibre déjà calculé et prévu, qui n'avait rien à voir avec les problèmes d'équilibrage que l'on soulignera plus tard à propos des instruments tractés et qui pouvaient se régler en partie par le sanglage[124]. Le fait de soulager l'animal ou de comprendre qu'il tirait plus par son poids que par sa puissance sont des notions qui ne seraient apparues que postérieurement, vers le Xe siècle (idem), c'est à dire bien après la mise au point du vallus.

Nous ne pensons pas que le vallus ait été simplement poussé à travers les végétaux. Sa faible vitesse de locomotion n'était pas suffisante pour arracher les épis et les faire tout à la fois tomber dans la caisse, d'autant que les dents ne coupaient pas. L'hypothèse

---

[122] Jean Spruytte, 1977, pp. 111–112.
[123] Frédérique Audoin-Rouzeau.
[124] Jean Spruytte, 1977, p. 108.

d'une action de moisson linéaire (horizontale) stable est donc difficile à retenir lorsque l'on analyse le système, et l'on suppose donc que le vallus pouvait être activé par la simultanéité de deux actions, la première étant celle de la poussée exercée par l'animal et la seconde celle de l'action du conducteur sur les brancards visant à assurer l'arrachage par le peigne tout en maîtrisant la direction donnée à l'attelage dans la progression à travers le champ. Le système devait probablement générer assez rapidement de multiples engorgements du peigne, cela constituant ainsi un agglomérat de paille qui pouvait rendre la machine très rapidement inefficace. C'est précisément ce risque permanent de "bourrage", inévitablement consécutif à l'action d'arrachage, qui nécessitait un contrôle permanent de l'opération assuré par un aide qui cherchait à faire entrer de force les épis dans la caisse au moyen d'un outil constitué par un petit fer plat monté à douille sur un manche long: cette spatule servant probablement autant à désengorger les dents de la machine, qu'à casser ou couper contre elles les tiges récalcitrantes et à les pousser au fond de la caisse (cet outil est figuré dans les mains du personnage au vallus de la Porte de Mars à Reims et sur le relief de Montauban-Buzenol).

L'une des premières caractéristiques à supposer assurant le bon fonctionnement du vallus semblerait donc avoir été la très probable existence d'un certain équilibre entre l'avant et l'arrière de la machine sans lequel elle fonctionnerait sans doute fort mal. La confirmation de cette hypothèse pourrait résider dans le fait que l'essieu des roues est placé en deçà de la caisse (relief de Montauban-Buzenol, de Trêves, de la Porte de Mars à Reims), le point d'équilibre étant par conséquent placé en arrière du peigne, la rotation étant localisée sur l'essieu puisque le conducteur, appuyait plus ou moins sur les brancards comme le précise Palladius pour positionner les dents du peigne à la hauteur des épis à arracher. Cette action qui s'exerçait sur un plan vertical était dissociée de celle de la traction exercée par l'animal. En conséquence, si nous considérons que l'équilibrage de la moissonneuse était positionné sur l'essieu, nous pouvons supposer que les brancards avaient à peu près le même poids que la caisse et que l'équilibre du véhicule était probablement déjà assuré "à vide" (existence d'un rapport précis de répartition du poids). Lorsque la caisse était remplie, la charge portait ainsi principalement sur l'essieu (ce qui revenait à alléger la charge, donc fatiguer moins l'animal de trait) et l'utilisateur, grâce à son action exercée sur les brancards, était toujours en mesure de contrôler la progression de la machine par la recherche d'un équilibre dont il appréciait constamment les paramètres. Compte tenu de la lenteur de la progression, il pouvait en effet disposer d'une marge suffisante de temps pour réagir sur les brancards afin de contrôler la moisson. En cela, le sol plane[125] constituait une condition de fonctionnement absolument indispensable parce qu'il permettait à cette moissonneuse d'exprimer pleinement ses qualités mécaniques, de progresser à une vitesse à peu près constante sans occasionner trop de fatigue ou de perte de temps dans d'interminables franchissements de petits obstacles qu'auraient constituées les aspérités du sol.

Les dimensions moyennes du vallus ont été estimées entre 1,44 m et 1,54 m de largeur (écartement des roues comprises), et la largeur du front de coupe du peigne entre 1,20 m et 1,30 m[126].

La restitution de la partie avant du vallus de Trèves en position de travail proposée un peu après les années soixante semble difficilement plausible dans la mesure où les dents (et le fond de la caisse) devraient logiquement être parallèles au sol et non très penchées vers lui[127], Mais bon. Il convient de remarquer que c'est que ce fragment qui nous permet pour la première fois d'observer la caisse complète d'une moissonneuse gauloise. On voit qu'elle est trapézoïdale, orientée de biais par rapport au peigne, ce qui permet en effet d'emmagasiner le plus de végétaux possibles, les deux roues et leur axe se trouvent sur sa partie arrière.

Nous avons noté que l'écartement des brancards était plus important à l'emplacement dans lequel se trouvait l'animal (relief de Montauban-Buzenol), et l'était moins à l'endroit où se tenait le "conducteur" de la machine (relief d'Arlon, puisque l'homme a les bras nettement repliés sur eux). Le fait de faire converger légèrement les brancards vers l'arrière (au besoin en les reliant comme le montre le même fragment) constituerait également un moyen d'éviter de fatiguer le paysan en lui permettant de reposer de temps à autre les épaules et les bras tout en marchant, alors qu'il effectuait d'incessantes rectifications dans l'orientation de sa machine. Nous remarquons que les bas-reliefs dont nous disposons aujourd'hui montrent précisément que les brancards sont positionnés relativement bas et de biais juste avant d'arriver sur l'essieu, ce qui implique néces-

[125] Le sol, dès les travaux de labour, était rendu le plus plane possible.
[126] Marcel Renard, 1959, p. 96.
[127] Dr Cuppers, 1964, in Ardhuin, 1982 p. 9.

sairement que leur partie antérieure, puisqu'elle se trouvait à peu près à la hauteur du torse de l'homme qui conduisait le vallus, était placée nettement plus haut (position à l'arrêt de l'engin). Il apparaît qu'il existe à peu près le même angle entre l'orientation de la caisse et celle des brancards, qui sont dans leur partie arrière assez élevés et pratiquement horizontaux par rapport au sol (Porte de Mars à Reims, Coblence, Trêves). Les brancards n'étaient donc à l'arrêt pas totalement horizontaux, comme auraient tendance à le montrer les reconstitutions proposées dans les dernières décennies, mais ils étaient conçus de manière à accuser une déclivité permettant une transmission plus aisée et plus directe des impulsions du conducteur au peigne, via le point de rotation sur l'essieu. De cette manière, une faible pression des bras sur la partie arrière des brancards pouvait permettre aux dents de se relever de façon suffisante pour parvenir à arracher les épis. Si, d'après le texte de Palladius, les dents étaient droites (ce que confirment les sources iconographiques) rien n'exclut en réalité qu'elles aient pu être légèrement inclinées, ce qui n'est pas la même chose, leur pointe pouvant alors être très légèrement relevée. Cette disposition supposerait logiquement une meilleure efficacité puisqu'ils seraient vennus prendre les épis par en dessous. Cet aménagement pouvait contribuer à diminuer encore l'ampleur de la course qu'il fallait faire subir aux brancards pour procéder à la moisson.

En fait, pour pouvoir adapter les dents à la hauteur désirée il était nécessaire de disposer d'une possibilité immédiate (donc rapide) de réglage qui ne pouvait logiquement être obtenue, comme nous l'avons vu, que par l'aptitude à lever et abaisser les brancards dans un balancement vertical de faible amplitude. Il fallait donc pour ce faire que les roues (et l'essieu) qui constituaient l'axe de rotation aient une certaine hauteur. C'est ce que montrent les reliefs de Montauban-Buzenol (roue à 10 rayons), de Trèves (roue à 8 rayons), de Coblence (probablement 8 rayons), et la Porte de Mars à Reims (roue à 8 rayons), qui sont toutes des roues dont la taille arrive au niveau du bas du poitrail de l'animal de trait qui se trouve juste à côté, et au niveau de la partie haute des jambes des personnages proches. On s'étonne cependant que le texte de Palladius ne mentionne que de "petites roues", sans en donner il est vrai d'autre précision. L'ampleur du mouvement vertical sur lequel le conducteur pouvait faire jouer le peigne ne pouvait donc probablement se situer que dans un ordre de grandeur de quelques dizaines de centimètres, quelle que soit la hauteur à laquelle il se trouvait par rapport à la caisse, cela permettant ainsi de travailler dans la durée sans que le personnage manoeuvrant les brancards soit contraint de leur imprimer une pression trop forte. Nous remarquons combien cette position a une importance par rapport à la plausibilité du fonctionnement de la machine lorsque nous observons que les dents du vallus représenté sur le fragment de Montauban-Buzenol semblent très proches du sol. Il est vrai qu'elles prennent visiblement assez bas les tiges qui sont représentées dans l'image.

Cette remarque en attire enfin une autre: la caisse de la moissonneuse de Montauban-Buzenol telle qu'elle est représentée dans la restitution contemporaine qui nous est proposée est trop penchée vers l'avant pour être réellement efficace et les utilisateurs ont toutes les chances de voir leur récolte verser en partie à chaque vibration trop accentuée. Cela souligne l'importance de l'action du conducteur qui devait ajuster les dents sous les épis tout en contrôlant l'orientation du véhicule: le fait de placer les dents trop bas "vidait" sans doute la caisse la moissonneuse ou empêchait qu'elle puisse se remplir complètement et les placer trop en hauteur remettait en question la fonction même de l'arrachage.

Il existait vraisemblablement un rapport (forcément logique) entre la conception du vallus et les végétaux qu'il servait à moissonner: loin d'être conçu par hasard, le projet avait sans doute fait l'objet d'une étude, d'un calcul, permettant d'adapter sa morpho-technologie à la plante qu'il s'agissait de travailler, et ceci dans l'évidence d'un souci de meilleure performance. Le blé moissonné devait avoir la caractéristique d'un tuyau très cassant juste sous l'épi lorsque ce dernier était mûr, pour que le peigne puisse les arracher sans peine, ce qui prédisposait précisément à l'efficacité du système: on comprendrait mieux alors l'efficacité du vallus et la nature de l'intervention du second personnage qui, tout en marchant au devant du peigne et légèrement devant lui, poussait les épis dans la caisse avec une sorte de spatule montée sur un long manche (relief de Montauban-Buzenol). Nous savons aujourd'hui que dans les régions et à l'époque où le vallus était utilisé ce furent les blés vêtus, l'épeautre et l'amidonnier, qui étaient principalement cultivés et destinés à remplir les réserves militaires romaines[128]. Ainsi, la taille des blés et la particularité des épis une fois mûrs ont constitué deux éléments forts ayant prédisposé

[128] Jean-Pierre Devroey, 1993.

à la mise au point du vallus et à son principe de fonctionnement.

A propos de la moisson encore, nous avons remarqué que le fragment de Trêves (qui représente la caisse de la machine, une roue et la patte avant de l'animal qui pousse l'ensemble) ne montre, contrairement à ce que l'on aurait pu attendre, aucune tige de végétal au-devant du peigne, tout comme le fragment de Coblence ou encore la figuration de la Porte de Mars à Reims. Ce qui n'est pas le cas des reliefs de Montauban-Buzenol et d'Arlon où l'on distingue des tiges de céréales devant la machine (présence d'épis à Montauban-Buzenol, absence d'épis à Arlon). Et c'est précisément dans le cadre de cette activité de récolte qu'il convient donc de remarquer, toujours d'après l'observation des bas-reliefs, la faible dimension apparente du volume et de la hauteur des caisses des vallus de Montauban-Buzenol et de Trèves. Peut-être s'agit-il ici d'un indice qu'il conviendrait d'exploiter plus en détail, et de poser à cette occasion des questions touchant notamment à la distance parcourue d'une seule traite ou encore à quantité que pouvait contenir la caisse du vallus.

Pour trouver un point de comparaison on se souvient que Pline précisait que l'actus était la distance (estimée à 120 pieds) sur laquelle les bœufs pouvaient, normalement, tirer la charrue *d'une seule traite*[129]. Cette distance peut-elle nous donner une indication par rapport à celle que pouvait parcourir un seul animal attelé à un vallus? quel pourrait-être alors le rapport avec la dimension du champ? Quoi qu'il en soit, le parcours contribuait inéluctablement au remplissage plus ou moins rapide de la caisse ce qui nous porte à poser une autre question, celle de savoir justement à quel moment on la vidait, à quelle fréquence, de quelle manière, à quel endroit précis, et comment manœuvrait-on la machine pour y procéder?

Ces problèmes qui entrent très précisément dans le fonctionnement du vallus nous incitent à émettre l'hypothèse que la caisse de l'engin n'était peut-être pas fixe, comme on a probablement pu le penser jusqu'ici, mais *amovible*. Une telle caisse aurait présenté l'avantage de pouvoir être encastrée sur l'armature du vallus et, une fois qu'elle était pleine, deux individus (ceux qui faisaient fonctionner la machine par exemple c'est à dire le conducteur et son aide) pouvaient la prendre chacun d'un côté, la décrocher et la vider dans un endroit précis, dans un chariot par exemple, qui pouvait ensuite être conduit sur les voies romaines toutes proches en direction d'un

[129] Pline, H.N., XVIII, 9.

endroit défini. Nous supposons sur le lieu de travail la présence de plusieurs personnages qui devaient probablement se relayer dans la conduite du vallus qui pouvait, selon Pline, être actionné toute une journée. Le système de la caisse amovible, si notre hypothèse est bonne, pouvait alors éviter certains inconvénients en particulier celui de manœuvrer l'ensemble de l'attelage à travers tout le champ à chaque fois qu'il fallait la vider et donc de n'avoir pas besoin de venir se replacer exactement sur la ligne de "coupe" que l'on était en train de suivre avant de décider de déplacer le véhicule. Par ailleurs, on peut se demander à quoi aurait servi alors l'utilisation de cette moissonneuse (censée faire gagner du temps) s'il fallait régulièrement passer plusieurs dizaines de minutes à manœuvrer l'ensemble attelé pour aller vider le contenu de la caisse dans un même endroit du champ? Ces opérations simplistes sont illogiques par rapport à la conception ingénieuse du vallus. Nous n'avons pas de preuve permettant d'étayer notre supposition, mais elle pourrait peut-être trouver un écho dans la représentation de la moissonneuse de la porte de Mars à Reims, où l'on constate que la caisse semble curieusement absente au dessus des roues alors qu'il s'agit pourtant d'un élément majeur du véhicule qui aurait dû s'y trouver. Si c'est le cas, ce fait doit nous interpeller. Dans ce bas-relief il semble en effet que les dents du peigne sont étrangement positionnées, presque à la verticale, comme si elles venaient d'être placées dans une position différente de celle qui est la leur dans une utilisation conventionnelle de l'engin, peut-être justement pour pouvoir indiquer que l'on pouvait libérer la caisse de son logement. De plus, l'homme qui est représenté devant ce vallus, et contrairement à toutes les autres représentations, ne fait pas face aux dents de la machine, mais il leur tourne le dos: il a les pieds positionnés dans le sens de la progression du vallus, ce qui n'est pas l'attitude normale que doit prendre l'aide qui contrôle le bon fonctionnement du travail. Comment pourrait-on croire alors qu'il est en train de surveiller que l'arrachage se passe bien? La représentation de la Porte de Mars à Reims ne pourrait-elle pas montrer un vallus à l'arrêt, la caisse sortie de son logement? On serait alors enclin à supposer que le personnage présent attend qu'elle soit replacée pour continuer à aider au travail de la moisson.

Ainsi, après les descriptions fournies par Palladius, au Vème siècle, il n'y a plus de trace du vallus qui semble donc disparaître à l'orée du Haut Moyen Age.

Nous savons que certains historiens pensent que

> ... La disparition du vallus constitue une régression qualitative très nette de la mécanisation de l'agriculture au Haut Moyen-Age.../ ... Cette machine a complètement disparu au Moyen Age.../... L'antiquité a donc connu un développement technique que le Moyen Age occidental, dès la seconde moitié du IVe siècle, n'a pas réussi à maintenir....[130].

C'est à la fois vrai et faux. Il semble tout d'abord qu'il convienne de nuancer l'évolution des faits dans la chronologie, parce que nous ne pensons pas que l'on puisse véritablement parler de mécanisation de l'agriculture au très Haut Moyen Age en se référant seulement au vallus (bien qu'il puisse être considéré en effet comme une machine). En second lieu, et il faut bien en convenir, le vallus ne semblait pas fonctionner si bien que cela, les épis plus arrachés que coupés, tant bien que mal, tombant probablement assez souvent au-dehors de la caisse (elles semblent d'ailleurs dans l'ensemble bien peu profondes), cet inconvénient s'ajoutant à ceux que nous avons signalés plus haut. Mis au point, comme nous l'avons supposé, à partir d'une technique qui était elle, par contre, tout à fait performante, le vallus n'en présentait pas du tout les mêmes avantages[131]. Enfin, le vallus constitue une originalité technique dans le mode de récolte des céréales, il ne semble pas exister de modèle technique avant lui, témoignant d'une antériorité, et jusqu'à preuve du contraire le Moyen Age classique n'en signale pas l'usage[132]. Machine lourde, difficile à manier, finalement peu intéressante, le vallus porte en lui nombre d'inconvénients qui justifient pleinement son abandon, sans pour autant forcément impliquer d'autres facteurs comme par exemple une interaction avec le système esclavagiste[133]. L'idée ingénieuse de la mise au point du véhicule, par contre, doit être soulignée. De même, il ne constitue qu'une occurrence chronologiquement et géographiquement localisée et sa courte durée d'utilisation semble davantage liée à l'héritage technique du monde romain qu'à une véritable connexion entre les périodes de l'antiquité tardive et celles du Haut Moyen Age: son

---

[130] D. Lohrmann, 1988, p. 192.

[131] Nous avons signalé un procédé de reproduction technique similaire avec le peigne à récolter les narcisses dont le principe a été adapté à un chariot à narcisses, poussé, à la morphologie approchante de celle du vallus. L'hypothèse ici proposée de mise au point du vallus n'est donc ni isolée dans la chronologie, ni improbable.

[132] Il semble que Pierre de Cressens en fasse une simple mention.

[133] René Martin, 1971, p. 80.

abandon était quasiment inéluctable d'abord parce qu'il a probablement déçu sur le plan technique et ensuite parce que les différents éléments du contexte économique de cette période n'ont pas prédisposé à ce qu'il puisse perdurer.

En réalité le vallus ne caractérise qu'une petite partie d'un problème beaucoup plus important, celui du monde gallo-romain très tardif dont il convient d'éviter de schématiser les mécanismes d'une crise qui sont véritablement complexes; il est d'ailleurs probable qu'il y eut plusieurs petites crises, différentes selon les régions et les périodes[134]. Cependant, un événement très profond, que nous aurions tendance à nommer "crise économique", est visible au Bas-Empire à travers plusieurs sources et les diverses causes ayant donné lieu à cet affaissement semblent identifiées par la plupart des historiens contemporains qui s'accordent à retenir le rôle de nombreux facteurs décisifs, notamment constitués par les épidémies (ainsi la peste, attaquant par vagues entre le milieu du VIe s. et le milieu du VIIe s.), les guerres, le poids de la fiscalité ou même les exactions des pillards, autant d'événements qui ont contribué à faire régresser la démographie et les surfaces cultivées dans la période des IVe–Ve siècles, et probablement dans les régions agricoles les plus riches, les plus porteuses. On pourrait donc retenir là une conjonction d'événements marquants, variés et néfastes, se superposant le plus souvent les uns aux autres, sur une durée finalement assez courte mais qui ont eu des conséquences importantes à la fois sur l'économie des domaines et sur la population qui était directement chargée d'en exploiter les potentiels.

Le fait que les archéologues et les historiens ont du mal, depuis plusieurs décennies, à trouver une certaine continuité entre la période gallo-romaine et le Haut Moyen-Age témoigne que le lien n'est pas bien défini, flou, voire même pratiquement inexistant. Nous serions tentés d'accentuer et de définir cette discontinuité en y insérant la caractérisation d'un phénomène par le mot de "fracture", non pas chronologique évidemment, mais au moins technique. Elle n'est certainement pas totale, stricte, mais elle est pour le moins fortement marquée. Et il est vrai que, dans les faits, il semble que les agriculteurs du Haut Moyen Age n'aient plus été capables de compter sur les acquis et sur l'expérience développée au cours des siècles passés, mais qu'ils aient été au contraire contraints de redécouvrir les outils

[134] Bertrand Lancon, 1992.

et les techniques de travail, simultanément aux diverses entreprises de reconquête des terroirs dont ils ont été les acteurs premiers. L'hypothèse de la fracture entre l'antiquité tardive et le Haut Moyen Age pourrait alors expliquer pourquoi les outils du Haut Moyen Age -et surtout ceux qui sont antérieurs au IXe siècle pour être plus précis-, sont le plus souvent des objets massifs, aux formes épaisses, larges et peu esthétiques, alors que l'on s'attendait à trouver des objets aux formes fines et aux courbes franches, telles que nous en ont livré certaines fouilles de sites gallo-romains. Cette hypothèse nous contraint par conséquent à supposer que nous avons à faire en réalité à deux sphères techniques qui semblent ne pas être liées, mais juxtaposées seulement dans la chronologie, celle de l'antiquité latine et gallo-romaine, d'abord, puis celle du Haut Moyen-Age ensuite.

La periode merovingienne: une certaine rarete de l'outil

Nous n'avons que peu de renseignements véritablement concrets à propos de l'outillage agricole de la période comprise entre les VIe et VIIIe siècles. Les fouilles archéologiques n'ont pas permis, à ce jour, de retrouver de matériel en grande quantité; les textes n'apportent pas de précision et les sources iconographiques bien trop incertaines jusqu'au XIIe siècle environ, ne donnent pas d'éléments véritablement marquants.

Nous n'avons pas la possibilité de déterminer, en l'état actuel des données, si la très grande pauvreté en découvertes d'outils datant de la période mérovingienne est due à la mauvaise qualité des fers (hypothèse) avec lesquels ils avaient été forgés, et qui n'auraient pas résisté à l'usure du temps, ou bien s'ils étaient fabriqués en quantités si peu nombreuses que la proportion de ceux ayant pu subsister est infime. Théoriquement, la quantité d'outils de cette période qui pourrait avoir existé devrait être à peu près identique à celle des autres périodes du Haut Moyen Age, à quelques différences près; mais, dans la pratique, l'historien des techniques est bel et bien confronté à une lacune importante concernant les objets de ce type, et il est contraint de supposer, dans une hypothèse de travail donc, l'interférence d'un facteur plus important ayant pu, dans l'ensemble, agir de manière négative sur le développement quantitatif de l'outillage mérovingien.

Sur le travail du métal même et sur certains objets en fer de cette période, notamment des armes et des haches on sait, par les travaux déjà anciens d'Edouard Salin qui démontre, par un ensemble d'analyses métallographiques, que la fabrication des armes courtes (et plus particulièrement des épées) était l'objet de toute une technique qui s'est avérée très performante. Le forgeage des haches était assuré selon un procédé précis qui a été mis en évidence par le même auteur.

Cependant, là encore, la très faible quantité d'objets découverts en fouille (et surtout leur très mauvais état) n'a pas permis d'effectuer des analyses véritablement probantes pouvant être en mesure de révéler, contrairement à ce qui a pu être fait pour les armes, le mode de fabrication des outils à lame ou à tête massive. Ce manque de données dans la chronologie de l'outil doit être souligné, tant il est vrai que cette période est connue davantage pour les armes qu'elles a livré, ou pour les nécropoles qu'elle a permis de connaître sous de nombreux aspects, que pour ses outils ou même ses sites d'habitat ruraux.

Précisément, ce sont des nécropoles mérovingiennes que provient la surprise puisque les fouilles archéologiques qui ont été opérées depuis quelques décennies sur ces sites (période des VIe–VIIe siècles) ont livré des objets que l'on ne s'attendait pas véritablement à trouver dans le contexte qui a été le leur: ce sont des fers d'émondoirs verticaux et d'autres de fourches, qui ont été mis au jour dans des tombes généralement attribuées à des militaires.

Ces découvertes, qui constituent l'originalité de la période mérovingienne dans l'histoire de l'outil, ont d'ailleurs intrigué les archéologues dès le début du XXe siècle puisque l'on constate dans certaines publications que plusieurs d'entre eux ont plutôt considéré les grandes lames verticales ou courbes mises au jour comme des armes alors que d'autres supposaient qu'il s'agissait simplement d'outils. La divergence d'opinion qui commençait à ce sujet perdure encore. Aujourd'hui cependant, la quantité d'objets typologiquement concordants d'une part, et la distinction des pièces répondant à la même problématique, semble permettre d'analyser, par réciprocité de concordance, ces découvertes avec un avis sensiblement plus nuancé.

Naturellement, même si c'est pourtant généralement le cas, nous restons convaincus que les armes ne se trouvent pas systématiquement que dans les tombes, et que les émondoirs de paysans ne se trouvent pas uniquement sur les sites d'habitat. Peut-être serait-il alors prématuré de supposer que le contexte de découverte est un critère absolu d'identification, et que ce type d'instrument obéit aux règles généralement observées pour d'autres objets en d'autres époques. Précisément, la découverte de ce type d'objet en milieu funéraire constitue donc une indication qu'il convient d'apprécier avec d'autant plus de précaution qu'il semble que l'on ne retrouve plus d'objets similaires dans ce type de contexte après cette période.

Dans le cas des fers mérovingiens, il nous faut partir de l'hypothèse plus stable et globalement admise par les spécialistes que le ou les objets découverts dans une sépulture avaient été placés avec le corps, généralement parce que leur fonction avait un rapport avec l'activité du défunt. L'un des cas-type en ce domaine reste celui de la tombe dite du forgeron, mise à jour sur le site d'Hérouvillette[135], exemple qui se reproduit d'ailleurs avec d'autres sortes de tombes de la même période, abritant des militaires par exemple.

Ainsi, les deux principaux objets qui posent un problème d'identification sont ceux de fers ressemblant à des émondoirs, et ceux ressemblant à des fourches.

Les émondoirs, ou fers de fauchards ont été découverts depuis le XIXème siècle en nombre important. On n'en retrouve que la partie métallique terminale (manche disparu), constituée d'une lame longue et large, à l'image de celle d'une très grande serpe ou d'une lame de faux verticale, montée sur douille. Certaines portent un petit ergot dorsal et d'autres non.

Les fouilles du site d'Aulnizeux (dépt. 51) ont permis de retrouver, dans la tombe 746 de la nécropole, un fer de fauchard carolingien d'une longueur de 45 centimètres. Pour les archéologues, cet objet "... pouvait être aussi bien un outil qu'une arme ..."[136]. Un fauchard, retrouvé sur le site de Macornay (dépt. 39), et conservé au Musée de Lons le Saunier pose également ce problème.

Dans l'une des sépultures du site de Douvrend (dépt. 76), un fer de lance fut retrouvé tout près d'un fer de fauchard, long d'environ 32 centimètres, large d'env. 4,6 cm., la douille ouverte étant d'un diamètre de 4,2 cm[137]. Le fauchard trouvé dans l'une des tombes de la nécropole Mac Orlan, à Péronne (dépt. 80), mesure env. 24 cm de long, la largeur de la lame étant à peu près de 4,5 cm.

---

[135] Decaens, J.Cl.: La Nécropole d'Hérouvillette, *Archéologie Médiévale*, I, CRAM, Caen, 1971.

[136] Gallia, 1949, 7, p. 115.

[137] Halbout, Pillet et Vaudour, 1987, p. 136 objet 307.

Beaucoup plus mince semble être le fer de fauchard découvert dans une tombe du site de Muids (dépt. 27). D'autres sont signalés sur les sites de Angy (dépt. 60), de Vend'huile (dépt. 02), de Condé sur Suippe, (dépt. 02), de Caranda, de Courbes (dépt. 02), de Machelepot (dépt. 80), de Nesle-Hodeng (dépt 76)[138].

La longueur des fers de fauchards et leur largeur n'est pas très différente d'un objet à l'autre, tout comme leur forme. Tous ont un croc court partant à 90 degrés par rapport à la lame et portent, dans la partie dorsale et médiane, un crochet court et relevé, dirigé vers le haut et pratiquement parallèle à elle. Nous avons noté que seul, le fauchard de Muids (Haut Moyen Age), possède deux petits ergots au dos de la lame, l'un tranchant dans la partie médiane, l'autre pointu dans la partie haute. Les emmanchements, toujours à douille longue (quelquefois ouverte) impliquent l'existence d'un manche au diamètre quelquefois important (4 cm par ex. pour celui du fauchard de Douvrend).

Nous noterons que l'emplacement du fer dans la sépulture et sa position sont des indices intéressants puisqu'ils peuvent permettre d'estimer la longueur du manche (à condition qu'il ait été présent lors du dépôt), déduction d'abord estimée par rapport aux bordures de la tombe dans laquelle on l'avait placé, puis éventuellement confirmée lorsque cela est possible par le relevé des traces de décomposition organiques qui sont quelquefois visibles ou détectables dans un milieu clos.

Le problème est que d'autres émondoirs, très ressemblants, ont été retrouvés en contexte d'habitat et dans la période gallo-romaine. Ce sont par exemple les deux outils de Bardouville (dépt. 76), celui provenant du site d'Agel (dépt. 34), celui d'Entremont (dépt. 74), ou de ceux découverts dans les fouilles de la place de l'Hôtel de Ville à Rouen, datant du IIème siècle ap JC.[139]. Quelques exemplaires de fauchards gallo-romains, découverts en fouilles dans des contextes d'habitat, portent à la fois un croc terminal et un petit ergot sur le dos de la lame. C'est la cas de l'émondoir découvert sur le site de Portus, qui possédait par ailleurs une douille tubulaire ouverte[140].

---

138 Barriere-Flavy, 1901, p. 59.

139 On en trouvera des représentations dans: Halbout, Pillet et Vaudour, 1987, p. 92.

140 Mémoires de la Société d'Histoire et d'Archéologie de Châlons sur Saône, Tome XXXVIII, pp. 83–84.

L'émondoir découvert dans les fouilles de Vicq (dépt. 78) datant des VIe–VIIIème siècles, d'une longueur d'environ 24 cm porte lui aussi un petit ergot au dos de la lame. Nous connaissons encore un exemplaire d'émondoir gallo-romain, actuellement conservé dans une vitrine du Musée Francisque Mandet de Riom, qui porte aussi un ergot dans la partie haute du dos de la lame[141].

Avec l'existence du fer de fauchard nous nous trouvons malheureusement en face d'un problème de sources dans la mesure où la période gallo-romaine a fourni plusieurs émondoirs, et peu d'armes leur ressemblant, alors qu'il existe un phénomène inverse pour la période mérovingienne. En tout état de cause, ces objets ont des formes assez proches et la présence ou non d'un ergot dorsal ne doit pas prédisposer à une discrimination stricte entre arme et outil. Le passage d'un même type d'objet d'un contexte à l'autre en quelques siècles est en tous les cas intéressant à noter.

C'est une difficulté de la même nature que l'on retrouve avec les fers ressemblants à ceux de fourches, retrouvés dans les mêmes conditions.

Les fouilles de la nécropole "Les Ronces" située à Villevenard (dépt. 51) ont livré une fourche datée du VIème siècle. Le fer, dépourvu de manche, est d'une longueur de 25,5 cm., et portait une douille fermée[142]. Un objet à la forme approchante fut retrouvé dans l'une des tombes de la nécropole de Torgny, datant des VIe–VIIe siècles[143]. Une autre fourche datant de la même période fut mise à jour dans les fouilles du site de Barbaise (dépt. 08).

Le site d'Autun-le-Tiche (dépt. 57) révéla trois fourches de forme à peu près semblables. Elles furent localisées dans les tombes n° 43, 69 et 106 de la nécropole, entités archéologiques qui n'ont jamais fait l'objet de profanation. La tombe 43 est datée de 650 environ, la tombe 69 est datée de 620–640 env., et la tombe 106 du début de la seconde moitié du VIIème siècle[144]. Ces fourches furent retrouvées au bas des squelettes, sur le côté droit. Elles ont cette parti-cularité d'avoir les dents élargies, à peu près comme celles de la fourche du site de Torgny. Cet écartement ovoïde est à signaler dans la mesure où il pourrait avoir une fonction particulière dans une utilisation de

---

141 Riom, Musée F. Mandet, inv. M.878.2.2.
142 Catalogue d'exposition "Childéric . . .", 1983, p. 116.
143 Cat. d'exp. "Archéologie entre Sennois et Cher . . .", 1987, p. 198.
144 Alain Simmer, 1988.

combat. Ce qui pourrait incliner à le penser, c'est que les fourches trouvées dans les sépultures 69 et 106 de la nécropole d'Autun-le-Tiche avaient été placées d'un côté du défunt, et que de l'autre côté du corps avait été placé un scramassaxe, c'est à dire l'outil à manche long d'un côté et l'arme courte de l'autre, un peu comme s'il s'agissait du complément d'un armement par rapport à l'autre.

Toutes les fourches découvertes en contexte funéraire ont deux dents longues et un peu recourbées, dont la forme "en écu" est caractéristique. Elles étaient pourvues d'emmanchements coniques d'environ 3 cm de diamètre maximal. Le problème, là encore, réside dans la carence importante des sources puisque aucune fourche à usage (et dans un contexte) purement agricole n'a été retrouvée en fouille pour cette période. Les premiers exemplaires identifiés comme agricoles dont on dispose proviennent du site de La grande Paroisse (Xe siècle–dépt. 77), alors que les autres sont déjà beaucoup plus tardifs, comme l'outil d'Hargicourt (XIVe siècle–dépt. 02), et celui de Saint Vaast-sur-Seulles (XIVe siècle–dépt. 14). Ces fourches tardives ont des dents longues et parallèles, de section souvent carrée. L'iconographie de la fourche, globalement assez tardive elle aussi, confirme majoritairement ces dernières formes à quelques exceptions près. Seule, la forme de la fourche trouvée dans une tombe du site de Villevenard (VIe siècle, dépt. 51) pourrait leur correspondre.

Le constat est bien mince. En fait, il faut convenir que les découvertes archéologiques nous ont livré des fourches à tête de fer dont nous n'aurions pas vraiment soupçonné l'existence dans le Haut Moyen Age. Cependant, le nombre de ces objets ainsi attribués à la période mérovingienne est, à lui seul, proportionnellement presque aussi important que le nombre de fourches découvertes à ce jour dans des sites d'occupation sur l'ensemble de la période médiévale. Cette singularité ne peut que soulever des questions. On a trop souvent pensé en effet, et peut-être à tort d'ailleurs, que la rareté du fer au Haut Moyen Age impliquait une priorité de fabrication pour les armes et que les outils agricoles en fer étaient rarissimes, l'outil de bois étant alors majoritaire.

La question se pose maintenant de savoir quelle était la fonction des fourches découvertes dans ces tombes. Deux hypothèses se présentent:

- Dans l'hypothèse où les fourches étaient utilisées pour une fonction agricole précise (par exemple prendre le foin pour les chevaux), c'est qu'elles étaient des outils, et qu'elles avaient alors une utilité précise au sein du groupe de militaires, où elles se seraient peut-être (?) trouvées en dotation. On peut donc penser, en toute logique, que la mort de l'individu qui, même s'il utilisait l'outil, ne pouvait pas faire disparaître la fonction d'un objet indispensable à ceux qui vivaient encore. Par conséquent, il est probable en ce cas que l'instrument, utile au groupe parce qu'il servait à accomplir un type précis de tâche, n'ait pas été enseveli avec le défunt, mais qu'il ait pu être conservé pour continuer à assurer le travail pour lequel il avait été conçu. Toujours dans la suite de la même hypothèse, il n'y a pas non plus de raison logique pour que l'on en retrouve une de temps à autre; les fouilles devraient en livrer de manière systématique et en pourcentage à peu près régulier[145].

– Dans l'éventualité où les fourches auraient été des armes, nous supposons qu'elle auraient probablement été choisies parce qu'elles présentaient deux pointes au lieu d'une (c'est le cas de la lance), et pouvaient donc servir tout aussi bien à bloquer un membre de l'adversaire et à le piquer au cours du combat. Mais alors, si ce système était efficace, pourquoi n'a-t-il pas été généralisé?[146].

Ces formes bâtardes, à la fois outils et armes pourraient faire penser que les utilisateurs tentaient peut-être de rechercher l'ascendant dans le combat. Ce n'était pas si stupide, d'abord parce qu'il s'agissait d'instruments à manches longs, pouvant donc permettre de combattre à certaine distance un individu armé conventionnellement d'un scramassaxe: ne pouvant alors plus approcher, l'ennemi devenait inefficace. De plus, il faut penser que les fourches permettaient à ceux qui les maniaient de mener un combat dominant, puisque les adversaires ne connaissaient pas les parades appropriées.

Ce qui est aujourd'hui certain, c'est qu'une fois le soldat mort, on plaçait dans la tombe, à ses côtés, les objets et armes qu'il avait -on le suppose- l'habitude d'utiliser mais probablement pas d'outil, en tant que tel[147]. L'archéologie ne semble pas signaler ce type de

---

[145] Il est vrai que de nombreuses nécropoles ont été pillées, ce qui fausse les données d'origine.

[146] La fourche comme arme est attestée dans une miniature du XVe siècle, combat avec prise au cou,—BNF Ms Lat. 1032, folio 378.

[147] Pas chez les militaires en tous cas. Comme nous l'avions évoqué dans le texte, certains érudits du siècle dernier s'étaient penchés sur la question: Cournault, 1890, p. 355.

fait. En tout état de cause, si la fourche était une arme, on comprendrait mieux qu'elle ait été placée, lors de l'inhumation, dans le sarcophage du militaire qui combattait avec. Le fait que l'on retrouve une fourche dans trois des tombes de la nécropole d'Autun-le-Tiche, placées sur la droite du corps et le scramassaxe sur la gauche, fait penser à un cérémonial précis, dans lequel la fourche avait toujours pour les vivants *tout naturellement* sa place au côté du mort, complétant son équipement en ce cas constitué d'une arme courte et d'une arme longue. La présence de fourches dans les tombes est avérée sur le site de Villevenard (dépt. 51), dans une sépulture qui fut datée comme étant du VIème siècle, et dans des tombes de la nécropole d'Autun-le-Tiche, dans le milieu du VIIème siècle, à la même période que pour la fourche découverte sur le site de Torgny.

A l'issue de cette présentation, il convient donc de relever qu'il existe une certaine concordance chronologique dans la présence d'émondoirs et de fourches en contexte funéraire.

En second lieu, il est intéressant de noter que la répartition géographique des découvertes des émondoirs et des fourches les situent essentiellement dans la région Nord et Est de la France. Pour les émondoirs ce sont les sites d'Aulnizeux (dépt. 51), de Macornay (dépt. 39), de Douvrend (dépt. 76), de Nesle-Hodeng (dépt. 76), de Péronne (dépt. 80), de Muids (dépt. 27), d'Angy (dépt. 60), de Vend'huile (dépt. 02), de Condé sur Suippe, (dépt. 02), de Caranda, de Courbes (dépt. 02), de Machelepot (dépt. 80). Les fourches furent retrouvées dans des nécropoles des sites de Villevenard (dépt. 51) de Torgny, de Barbaise (dépt. 08) et d'Autun-le-Tiche (dépt. 57). Cette répartition indiquerait-elle par conséquent un lien avec certaines techniques de combat observées chez des peuples d'outre-Rhin? c'est une hypothèse qui nous parait théoriquement possible.

Nous ne pensons pas que les émondoirs et les fourches découvertes dans les tombes mérovingiennes aient été exclusivement des outils, ni exclusivement des armes; *l'outil peut n'être pas simplement qu'un outil.* Le faible nombre de ces découvertes et le fait que ces objets ne semblent pas avoir perduré dans l'armement (alors que toutes les autres armes de cette période ont perduré dans une forme ou dans une autre avec une certaine évolution) nous semble indiquer qu'ils étaient *à la fois des armes et des outils*. En réalité, c'est parce que leur contexte est inhabituel que l'on est légitimement en droit de se poser la question de savoir si ces objets doivent être classés rigoureusement dans la typologie de l'un ou l'autre groupe, remarque délicate puisqu'elle transgresse précisément l'approche conventionnelle par laquelle les armes et les outils ont une "nature" très différente et qu'ils ne sont pas davantage à opposer qu'à rapprocher. Or, en fait, il s'agit d'une analyse qu'il convient de relativiser parce que de nombreux éléments indiquent, dès le Haut Moyen Age, que l'on utilisait déjà des outils comme arme par destination.

Pour illustrer cet exemple, nous citerons le cas de la région Bordelaise où le pouvoir avait compris très tôt le danger potentiel que constituait cette possibilité. Le livre des Coutumes de la ville de La Réole (Gironde), qui semble être parmi les plus anciennes sources écrites du droit Français, est constitué de chartes, réunies, classées et complétées par d'autres actes, rédigés à partir de 1021 (et jusqu'en 1395) pour former le livre des "Coutumes et Privilèges de La Réole". L'article 60 des Anciennes Coutumes ordonne ". . . que personne ne lève dans les discussions ni couteau, ni épée, ni lame, ni javelot, *ni hache, ni faulx ou autre arme.* Les peines étaient proportionnelles aux conséquences[148]. L'outil agricole pouvait donc être utilisé dès le Haut Moyen Age comme arme par destination, phénomène qui perdurera puisqu'on le retrouve illustré plus tard par l'iconographie médiévale, mais dont il convient de souligner qu'il est déjà révélé dans la période mérovingienne au travers des exemples que nous venons de citer.

L'outillage du monde carolingien: croissance et diversite

Les indications fournies par les textes et les sources iconographiques restent là encore très mal définies. Le seul socle stable et sérieux sur lequel il convient de s'appuyer reste celui des découvertes archéologiques qui ont permis de mettre au jour, en ce qui concerne la période carolingienne, des outils assez remarquables.

Les découvertes de socs d'instruments tractés par exemple sont rares, on en connaît surtout pour la période gallo-romaine, mais très peu pour le Haut Moyen Age. Les socs antiques sont attribués à des

[148] Si quelqu'un enfreint cette défense sans frapper et que cela soit prouvé, il sera tenu de payer au prieur, sans aucune rémission, six sols d'amende; s'il a frappé et que le sang ait coulé, soixante-dix sols. En outre de l'amende à payer au prieur, il devra entièrement réparer le tort fait au blessé. S'il ne peut le faire, il sera privé d'un membre. Si le blessé vient à mourir, le meurtrier sera dépouillé de ses biens, et ils seront acquis au prieur (Archives Historiques de la Gironde, II, 230).

araires, tels que celui de Banon par exemple, dont la tête triangulaire est prolongée par une soie longue et carrée d'une longueur de 60 cm et que l'on pourrait dater au plus tard du IVe siècle, période d'abandon du site. On a pu découvrir également des socs de type conique, dont la partie avant formait une fine avancée de section généralement carrée ou rectangulaire, destinée à entrer en terre alors que la zone antérieure venait s'emboîter sur le sep auquel il était solidarisé par des clous. Les socs (probablement gallo-romains tardifs) découverts dans la zone géographique de Bardouville, hameau de Beaulieu (dépt. 76), en sont l'exemple.

Cependant; lors des fouilles du site de Tournedos sur Seine (dépt. 27) a été mis au jour un soc massif et triangulaire remarquable. Légèrement bombé, il est pourvu d'une large douille trapézoïdale ouverte qui permettait un emboîtage sur le sep. De très belle facture, cet objet lourd, estimé du IXe siècle, pourrait être en effet attribué à une charrue comme l'ont suggéré les archéologues inventeurs. Il convient cependant de préciser que ce fer est assez similaire à deux autres objets gallo-romains à emmanchement à douille ouverte et dont la forme est également triangulaire: le premier, découvert à Roncheray-en-Bray, est légèrement bombé et mesure 32,2 cm. de long; le deuxième, mis à jour à Gaillon est plat et sa longueur est de 37,8 cm. Mais les rapprochements entre ces pièces ne peuvent aller plus avant[149].

D'autant que l'apparition de la charrue n'est pas véritablement située dans le temps. On suppose que la charrue à roues aurait été introduite dans le Sud-est de l'Angleterre entre le Xe et le XIe siècle[150], c'est à dire qu'elle aurait été inconnue auparavant dans l'île, mais par contre on sait qu'elle était utilisée plus tôt, sur le continent, avec ou sans roues, c'est à dire au moins depuis la période carolingienne. Plusieurs historiens s'accordent généralement à en faire remonter la mise au point au Ier siècle, en Rhétie, au Nord des Alpes, en se référant au texte de Pline que nous avons déjà évoqué (*supra*). Mais d'autres scientifiques pensent que Pline mentionne un simple araire auquel on aurait eu l'idée d'ajouter un avant-train. En réalité, chacun des historiens a émis une opinion qui peut objecti-

[149] Problème de l'identification de l'instrument par la seule découverte d'un soc (Reigniez, à paraître).

[150] C. Dyer, 1988, p. 16.

vement se défendre, comme l'a précisé R. Martin[151] et, honnêtement, nous devons bien convenir que l'apparition de la charrue fait encore l'objet de débats. Une piste possible aurait été de localiser l'apparition de la charrue par rapport à la mise au point de certaines herses, dont l'effet pouvait contrer l'action dissymétrique de l'instrument de labour lorsque l'on cherche par exemple à égaliser un sol, ceci dans la mesure où l'on aurait pu supposer que l'araire, au travail du soc déjà symétrique, ne nécessitait pas obligatoirement le passage de la herse. Cependant Columelle mentionne précisément que la herse pouvait être utilisée en complément de l'araire pour recouvrir les grains enfouis par le soc[152] et invalide donc une partie du raisonnement. C'est à dire que l'utilisation couplée [instrument aratoire + herse] est alors plus ancienne que l'utilisation [charrue + herse].

Mais l'hypothèse de travail n'est peut-être pas totalement fausse pour autant; ainsi, ce n'est pas tant l'association charrue -herse qui doit être soulignée, mais davantage la relation plus générale qui existait entre le type d'instrument aratoire (araire—charrue) et la forme de la herse utilisée après le passage de l'engin attelé, et cela toujours en tenant compte de la nature du sol travaillé. Autrement dit, certains types de herses qui pourraient apparaitre à une période donnée pourraient être mises davantage en relation avec des charrues qu'avec des araires, parce qu'elles étaient peut-être précisément conçues en complément de son passage (nous pensons plus précisément ici au poids de la herse ou encore au fait que les dents pouvaient être en fer pour mordre dans le sol sur une profondeur plus importante.).

Cette précision apportée, le texte de Pline n'est pas assez détaillé pour que l'on puisse affirmer qu'il soit fait mention d'une charrue, au sens actuel du mot. En effet, il convient de ne pas voir dans l'araire, surtout dans cette période, un instrument figé mais au contraire un véhicule auquel on a pu apporter depuis sa création et selon les régions, certaines améliorations de type coutre, versoir, avant-train et roue(s), voire même d'autres aménagements, sans qu'il s'agisse pour autant d'une charrue au sens où nous l'entendons de nos jours. L'araire et la charrue ont été deux instruments différents qui servaient sur des types de sols distincts, à obtenir un travail précis: la charrue retourne la terre alors que l'araire n'y effectue qu'une fente symétrique. Il

[151] René Martin, 1971, pp. 76–77.
[152] Columelle, II, I.

faut cependant rappeler que, dans l'histoire même de l'araire certaines pratiques (attestées comme tardives il est vrai, mais vraisemblablement pratiquées depuis bien plus longtemps), lui confèrent des points de ressemblance parfois étroits avec la charrue, notamment lorsque, en penchant légèrement l'instrument, on parvenait à obtenir un léger labour dissymétrique[153]. Cependant, en tout état de cause, l'araire doit être typologiquement différencié de la charrue.

L'apparition de l'un n'existe par rapport à l'autre qu'en terme de complémentarité, par défaut finalement pour répondre à une nécessité de parvenir à atteindre un certain travail, une amélioration en fonction du résultat obtenu avec le premier instrument dont on se servait et qui ne donnait probablement pas satisfaction. Il semble stérile de chercher à voir de prime abord, dans l'existence d'un instrument tracté vis à vis d'un autre, une quelconque concurrence: chacun présente des avantages et des inconvénients, qu'il convient toujours d'évaluer non seulement par rapport aux disponibilités économiques de l'utilisateur, mais surtout aux caractéristiques pédologiques et topographiques du terrain qu'il fallait travailler.

Le problème d'identification qui se pose avec les socs d'instruments aratoires dans le Haut Moyen Age se retrouve avec beaucoup d'autres outils, et il est plus ou moins altéré par d'autres facteurs d'appréciation dont les composantes (variables en fonction des régions et des types de sols) nous échappent le plus souvent.

Les houes posent, on l'a vu, un problème identique. Ne pas percevoir leur évolution typologique c'est une fois encore tenter d'ignorer que ces outils, dont on sait bien qu'ils ne servaient d'ailleurs pas seulement qu'à travailler les vignes, portent des formes et des dimensions qui ont évoluées depuis la période carolingienne tout au long du Moyen Age. On sait que l'outil a été le plus ancien et le premier instrument de labour, le plus souvent utilisé et donc indiscutablement le mieux connu du paysan. Et c'est précisément là que réside le lent cheminement qui matérialise le sens pratique des utilisateurs, par la perception de solutions destinées à établir une certaine concordance entre la forme, la taille et le poids de l'outil par rapport à la nature du sol qu'il fallait travailler.

Les têtes à lame pleine ont une forme triangulaire (exemplaire de Gagny[154], de Caudebec-les-Elboeuf), ronde (exemplaire d'Arras, IVe s.),

[153] Pascal Reigniez (à paraître).
[154] Bernard Hofmann, 1985.

ovale (Charavines, XIe s.). Les lames rectangulaires ne sont pas encore attestées par l'archéologie dans le Haut Moyen Age mais nous supposons qu'elles pouvaient exister si l'on en croit certains manuscrits[155]. Les houes à dents sont révélées dès la période gallo-romaine par l'exemplaire d'Agel, puis une fois encore par le site de Charavines. Mais si la houe d'Agel porte deux dents larges et plates, dont la partie supérieure forme l'épaulement au centre duquel est forgée une douille courte placée perpendiculairement à lui, l'outil de Charavines porte deux dents relativement fines, de solide section, légèrement courbées et réunies sous un épaulement surmonté d'une douille très courte[156].

Certaines têtes de houes, à la forme simple, se retrouvent d'un siècle sur l'autre. Mais pour l'essentiel la houe du Haut Moyen Age, à la forme sobre et ramassée, n'a rien à voir avec les exemplaires plus variés que nous connaissons dans les périodes postérieures, voire même au XVIIIe siècle pour certaines[157]. Et là encore, ce sont des perfectionnements et des améliorations qui n'ont pu intervenir sur l'outil qu'à partir de la période carolingienne, et se développer dans les siècles suivants.

En ce qui concerne les pics et les pioches, nous savons que les outils gallo-romains découverts à Compiègne témoignent déjà d'une certaine diversité typologique et d'une pluralité des assemblages entre taillant/tranchant et pics[158]. La pioche à tête double (pic-taillant) mise à jour dans les fouilles de Charavines, datée du XIe siècle, n'en diffère que par un emmanchement rectangulaire et un arc d'ensemble plus prononcé. Le pic simple, par contre, découvert à Marseille et daté de la période gallo-romaine tardive, porte un seul fer plat, long et courbé, à pointe plate grossièrement affinée[159]. Les formes des pics médiévaux, au fer de section sensiblement plus carrée, conservent à peu près le même aspect général. La forme simple de l'outil n'évolue que peu, le perfectionnement pouvant d'ailleurs résider autant

---

155 BNF, Ms Lat 1, folio 10v° –IX siècle.

156 C'est cet outil que l'on retrouvera dans les périodes médiévales et post-médiévales sous les dénominations de bidens ou de bigot, par exemple (et entre autres).

157 Etude en cours d'une collection ethnographique de houes conservée au M.N.A.T.P.

158 Bernard Hofmann, 1985.

159 Le terme de "pointe-plate" peut sembler être un contresens, mais il ne l'est pas si l'on considère qu'il sert à distinguer la section d'un fer rectangulaire qui le porte, par rapport à la pointe amenée sur un fer de section ronde ou carrée.

dans le développement des dimensions que dans la qualité du forgeage de la pièce.

Les fers de bêche ne sont pas très nombreux dans les collections archéologiques. L'exemplaire découvert à Villiers le Sec, daté du IXe s., est constitué par deux plaques de fer solidarisées pour constituer l'arc inférieur arrondi destiné à la zone d'attaque dans le sol; leur partie supérieure étant par contre légèrement écartée pour faire une sorte de gorge qui venait s'emboîter sur l'âme de bois de la tête de l'outil. L'objet a été retrouvé au fond d'une tombe, les archéologues-inventeurs ayant supposé qu'il se serait désolidarisé lors d'un travail d'excavation, ce qui est probable. Un fer de bêche, conçu sur le même principe mais dont la forme est nettement plus "en écu", a été retrouvé sur le site de La Grande Paroisse, il daterait du Xe siècle. Ces fers sont caractéristiques des pelles ferrées médiévales, attestées un peu partout en Europe d'ailleurs puisque nous savons que des fers de bêche de conception similaire, datés du Xe s. ont été découverts en Hongrie même[160].

Toutefois, là encore, l'histoire de l'outil trouve un écho intéressant dans la période carolingienne à travers l'existence d'une bêche découverte dans le remblai d'une fosse qui a livré aussi des rebords à feston, sur un site qui fut occupé de la fin du IXe siècle à la fin du Xe siècle. Il s'agit d'un fer à trois dents de section rectangulaire, les deux dents latérales ont un profil faiblement courbé et se rejoignent pour former un épaulement horizontal que surmonte une douille ouverte d'emmanchement. Sous cette douille, la troisième dent, rectiligne, vient se positionner précisément entre les deux autres. La grande qualité de l'objet, sa forme incontestablement bien étudiée et son indéniable esthétique en font un objet qui, si sa datation est bonne[161], constitue une véritable occurrence dans l'histoire de l'outil médiéval. On retiendra en effet qu'il prouve en premier lieu l'existence d'un outil à la tête en métal massif, bien conçu, dont l'iconographie ne semble pas témoigner, et en second lieu qu'il implique de la part de son concepteur la distinction entre les outils à lame pleine et à dents d'une part, mais aussi la *différence de travail obtenu avec de type d'outil par rapport à une houe à dents*, dont l'existence

---

[160] Ivan Balassa, 1973.

[161] A notre demande, les informations de datation de cet outil nous ont été confirmées par les archéologues en fonction des paramètres de la fouille qu'ils ont conduite.

était connue. Si les paramètres d'analyse sont exacts, nous sommes véritablement en présence d'un l'indice concret témoignant d'une évolution qualitative jusque là supposée de l'outil agricole dans la fin du Haut Moyen Age. Pour mémoire, nous noterons que le seul autre exemplaire de bêche à dents découvert (à ce jour) en France est bien plus tardif (Saint-Denis–XIVe s.) et de qualité technique et esthétique largement moindre.

D'autres outils de travail du sol utilisés dans le monde carolingien sont progressivement livrés par les fouilles. S'il n'existe pas, à notre connaissance, d'exemplaire de serfouette il existe par contre une petite lame de sarcloir, attestée dans les fouilles de Colletière (dépt 38), et datée du XIe siècle. Elle est formée d'une courbe régulière, se terminant en pointe, et son emmanchement particulier est assuré par deux rebords latéraux et une patte triangulaire courte dont l'extrémité venait se ficher, par retournement, dans le bois du manche.

Quant aux instruments liés à la viticulture, et plus précisément les outils à lame destinés à la taille, le questionnement qui les concerne ne semble pas satisfaisant; ne devrait-il pas par exemple tenir compte, pour appréhender le phénomène de l'évolution de l'objet, de la nature ou de la résistance de la plante travaillée? Ainsi, par exemple, fort du constat que les instruments utilisés par quelques vignerons œuvrant au début du siècle dans différentes régions françaises rappelaient des formes d'outils déjà utilisés dans la période Gallo-romaine, des observateurs pensaient il y a quelques décennies encore que le Moyen Age n'avait à peu près rien apporté de neuf à l'outil de ces cultivateurs; ainsi on dit de la serpe à talon, dont la forme-mère caractéristique (croc terminal ventral et hachette dorsale) remonte à la période romaine, qu'elle a perduré sans changement jusqu'au début du vingtième siècle. Le plus regrettable est qu'un schéma de pérennité rapidement brossé fut ainsi jugé identique pour la houe et d'autres instruments dont les formes à peu près identiques pouvaient se retrouver d'une période sur une autre.

Cependant, on a oublié bien vite que ces raccourcis hâtifs ont le défaut d'éluder arbitrairement certaines questions qui, paradoxalement, concernent précisément le rapport que l'homme a entretenu avec son environnement par l'intermédiaire de l'outil: penser la pérennité des formes des serpes, des houes et d'autres outils encore sur plus de mille ans et sur l'ensemble du territoire français actuel impliquerait que l'intelligence technique de l'homme par rapport aux travaux agricoles et viticoles n'a jamais évolué, que personne n'a cherché à perfectionner un outil, à l'améliorer par un changement de forme: c'est un raisonnement que nous ne pouvons pas cautionner. Il ne suffit pas de nuancer le propos en suggérant que les quelques changements que l'on constate ne sont que des aléas techniques sans importance: ils le sont au contraire probablement, selon la période et selon la région de localisation, puisque c'est précisément leur existence qui constitue le point d'achèvement d'un raisonnement préalable ayant précédé ou contribué à leur mise au point: l'outil est rarement le fruit du hasard. Il convient par ailleurs de conserver en mémoire que "... la diversité est reine durant les siècles qu'il scrute ...", conseil que rappelle R. Fossier à l'intention du médiéviste[162]. L'outil, comme bien des objets de la culture matérielle, concrétise l'évolution, le changement, l'adaptation[163].

Or, nous savons aujourd'hui, par les découvertes archéologiques, que les serpes à tailler le bois ont déjà des formes différentes vers le Xe siècle ce qui montre déjà des objectifs d'utilisation distincts. Il est probable que, dans certaines régions, les même serpes ont servi à tailler le bois et aussi les vignes, alors que dans d'autres régions on dissociait peut-être déjà les formes des serpes et les types de travaux pour lesquels elles étaient conçues. Mais dans quelles régions de France, et à partir de quel moment la discrimination d'un type d'outil par rapport à un autre s'est-elle opérée? L'outil spécifique à la taille de la vigne a-t-il, dans certains cas et comme nous le supposons[164], suivi les cépages ou adapté à ceux pour lesquels il était fabriqué? Il reste difficile de démontrer, en fonction des différentes régions et par manque d'informations sur la variété des vignes médiévales, à quelle période la serpe à tailler a fait l'objet de perfectionnements par évolution de la forme. Il est en tous les cas légitime de supposer que ces aménagements ce sont développés au Moyen Age, puisque la serpe romaine (forme primaire) a été introduite au IIe siècle en Gaule. Elle est caractérisée par une lame courte et large, à croc terminal et portant une hachette dorsale; un exemplaire approchant est attesté dès le IIIe siècle par les fouilles du site de Sainte Eanne (dépt 79). Si les changements typologiques des serpes ne sont pas véritablement datés, certaines pièces découvertes permettent de

[162] Robert Fossier, 1995, p. 208.

[163] Le fait qu'une forme précise d'outil, jugée efficace pour un certain travail perdure ne saurait masquer les recherches destinées, dans d'autres régions, à faire évoluer d'autres outils destinés à des activités différentes.

[164] Pascal Reigniez (à paraître).

soupçonner les premiers d'entre eux, allant de pair avec la multiplication probable de la quantité d'outils dont on se servait, dans la période des Xe–XIe siècles, époque où l'on note par ailleurs une augmentation notable des vignobles au sein de plusieurs régions. Cette concordance reste floue, c'est vrai, mais elle ne peut plus être passée sous silence. Les grandes serpes à tailler le bois, à lame rectiligne et croc terminal à angle droit, avec ou sans taillant dorsal, sont attestées par les fouilles du site de La Grande Paroisse (dépt. 77) (Xe s.). Une serpe de taille courte, à lame large est attestée sur le site de Saint Denis (dépt. 93), vers le XIe siècle, elle a probablement pu servir aussi à tailler les vignes. D'autres ont une lame plus étroite, verticale et un peu plus longue, portant un croc terminal à angle droit, comme l'outil provenant du site de Baillet-en-France (dépt. 95), datant du Xe s.

L'instrument qu'il nous parait intéressant de signaler, dans le domaine des serpettes, est une lame dont la morphologie semble indiquer une probable finalité agricole. Datant du XIe siècle et découverte sur le site de Grimbosc (dépt. 14), sa lame est longue d'une dizaine de centimètres au grand maximum, large d'à peu près trois, et porte à sa base une sorte de petit décrochement spécifique que l'on retrouvera plus tard sur les lames pliantes d'outils, et qui pouvait précisément servir de point d'arrêt dans un système mobile. Le fer semble porter, à cet endroit, un rivet qui est placé trop haut pour être celui d'un manche, mais qui pourrait tout à fait par contre avoir pu assurer une mobilité à la lame sur laquelle il se trouve, pour lui permette d'entrer dans un manche aménagé à cet effet. Si notre hypothèse est bonne, la lame de Grimbosc constituerait le premier témoignage d'outil agricole pliant médiéval. il convient de souligner d'ailleurs que le même site a permis de retrouver un couteau à lame pliante (inv. D.85.6.36) dont nous n'avons qu'une datation hypothétique mais qui peut laisser supposer que le système était vraisemblablement connu sur zone. Cependant, les couteaux à lame pliante des sites de Frénouville (dépt. 14), découvert dans une sépulture datée du VIe s., ou l'exemplaire provenant des fouilles du site de La Butte Gravois, près de Saint Germain les Corbeil (dépt. 91), datant également du VIe s. prouvent que le système de lames pliantes était déjà connu dans le Haut Moyen Age, fait qui constitue une occurrence technique.

Une autre information d'importance est apparue dans l'histoire de l'outil sous la forme de deux superbes exemplaires de lames de faux, qui ont été mis au jour dans les fouilles de Tournedos-Val-de Reuil (27) dans un contexte des IXe–Xe siècles. Ces lames ont une longueur de 48 cm environ, leur largeur de 10 cm, elles portent un renfort dorsal partant de la pointe jusqu'à la base de l'emmanchement, constitué d'un ergot vertical à piton. Il convient de noter que ces deux objets prouvent qu'il existait, dès cette période, une inclinaison entre le tranchant et l'ergot vertical d'emmanchement (définissant l'inclinaison de la lame par le positionnement du manche), prédisposant à une efficacité optimale de l'outil. L'iconographie du Haut Moyen Age atteste de la faux, mais ne permet pas d'observer l'existence de cette inclinaison que l'on avait pensé, jusqu'à une période récente, avoir pu apparaître plus tardivement. Il conviendra de noter que certaines faux représentées sur un calendrier autrichien du IXe s. ou encore sur le Psautier d'Utrecht, portent un manche légèrement courbe dépourvu de poignée, alors que d'autres faux figurant dans un calendrier anglo-saxon du IXe s. conservé à la British Library portent un manche rectiligne avec une poignée positionnée dans le premier tiers haut. Il existe donc déjà, dans le haut Moyen Age, un cheminement dans l'évolution de la faux dont il faut rappeler que la lame ne s'étudie pas seule, mais toujours par rapport au manche dont la forme a un rôle évident sur l'action d'ensemble. C'est d'ailleurs une limite certaine de l'étude de la découverte archéologique d'une lame de faux, mise à jour le plus souvent à l'état de fragment. En l'état des recherches les lames de Tournedos Val de Reuil sont les deux seuls exemplaires aussi anciens en France dans le Moyen Age et dans un tel état de conservation.

De nombreuses faucilles ont, par contre, été retrouvées. Les outils de la première partie du Haut Moyen Age accusent une forme typique, en "demi-lune", les lames sont larges, parfois un peu épaisses au point que leur section même forme une sorte de fin triangle très allongé. Elles présentent pratiquement toutes un rétrécissement dès le départ de la lame, à la jonction anguleuse d'avec la soie. Les faucilles carolingiennes des sites de Chambly (dépt. 60), de l'Arpent Ferret près de Servon (dépt. 77), d'Ensisheim (dépt. 68), ou certains exemplaires provenant de La Grande Paroisse (dépt. 77) ont des formes approchantes. Cependant, c'est le site de Tournedos-Val-de-Reuil qui permet de localiser la première forme distincte, cette fois dans la seconde partie du Haut Moyen Age (IXe–Xe s.). Cet outil a une lame encore large, mais sa courbe est plus elliptique, plus ouverte, et elle marque ainsi une différenciation probante d'avec les formes carolingiennes type. Une deuxième faucille qui retient notre attention est datée du Xe siècle et provient du site de La Grande Paroisse (supra). Sa lame est d'une largeur constante et se positionne déjà presque à angle droit (par rapport à l'axe du manche donc) dès le départ. Puis elle forme ensuite un coude et remonte en courbe très ouverte à peu près jusque dans le prolongement de l'axe du manche[165]. Cette lame est tout à fait caractéristique. C'est encore sur le site de La Grande Paroisse que l'on trouve les premiers exemplaires de faucilles dont la courbe régulière de la lame est très ouverte, la pointe terminale dépassant très au-delà le prolongement de l'axe du manche. Ce sont des outils que l'on appellera plus tard des "volants "parce qu'ils autorisent un geste à la volée. Un autre type de faucille, découverte sur le site de Colletière (dépt. 38), daté du XIe siècle, possède aussi une courbe très ouverte mais aussi à la forte verticalité, c'est à dire que la courbe formée par la lame n'est pas ronde, comme précédemmet, mais plutôt elliptique. Deux faucilles provenant du dite de Charavines (dépt. 38), datant de la même période, présentent la même caractéristique morphologique. On leur associera la forme de la faucille incomplète découverte sur le site de Grimbosc (dépt. 14) datant du début du XIe siècle. Aucune des lames de faucilles datées du Haut Moyen Age n'a été signalée comme ayant été dentelée. Ce dernier point dénote une caractéristique technique, et ne saurait impliquer que le geste de "sciage "n'existait pas: au contraire, il est clairement sous-entendu par les lames à la courbe "cassée "ou accusant une portion plus ou moins rectiligne, comme nous venons de le voir.

L'outil du haut moyen age: un point d'interactive economique

Comme nous avons pu le comprendre, au cours des trois périodes précédentes, le travail du fer est resté l'une des premières activités ayant prédisposé à l'existence même de l'outil; et si le métal était rare, surtout avant la période carolingienne, on peut peut-être déjà supposer que ce n'était pas le cas partout, ce qui n'est plus la même chose puisque cela laisse en effet une marge permettant la mise en

---

[165] La partie terminale de cette lame ayant disparu, nous ne pouvons qu'évaluer le prolongement du fer.

place de relations commerciales dont l'objectif pouvait être précisément de palier ce problème posé aux régions pauvres en minerai. L'outil était fabriqué, pouvait être mis en circulation, puis utilisé.

Il n'est d'ailleurs pas inutile de rappeler brièvement la longue expérience des peuples, haut dans le temps même, comme en témoignent plusieurs gravures Chalcolithiques du Mont Bégo représentant des araires. Ainsi, ceux d'après les âges du Cuivre et du Bronze, les Gaulois, ont probablement perfectionné quelques savoirs concrets en matière d'agriculture, surtout après l'utilisation du fer aidant à la confection de meilleurs outils. De Hallstatt à La Tène, le travail du métal témoigne non seulement d'une véritable découverte des possibilités offertes par le fer par rapport au bronze, mais peut-être aussi de la mise en pratique de certains savoirs-faire transmis en ce domaine. Même si les formes des outils gaulois ne semblent pas véritablement avoir connu une évolution rapide, quelques vestiges archéologiques semblent montrer une activité agricole réellement productive, par exemple dans le Midi[166].

Des nombreuses empreintes que Rome a durablement laissé dans le paysage, il a existé entre autres le phénomène de multiplication des exploitations rurales qui a assuré le développement de la mise en valeur des sols, et donc sans doute une meilleure attention portée aux outils qui servaient à cela. Pas d'entretien du sol sans de bons outils, pas de bocage sans entretien des haies, pas de prés sans faux . . . A l'évidence, il existe déjà, derrière la présence de ces exploitations, une multitude d'objets qui laissent supposer que le fer a, dans cette période, été l'un des facteurs matériel ayant pu permettre d'accéder à une maîtrise plus importante dans le travail du sol, précédant les grands défrichements qui s'opéreront dans le Haut Moyen Age (et dont les traces sont aujourd'hui le plus souvent révélées par les textes et la toponymie). Or, nous avons vu que l'une des caractéristiques des exploitations rurales gallo-romaines, dans un certain souci d'autonomie, était de posséder -souvent- un atelier de forge, avantage que devaient probablement pouvoir présenter aussi bon nombre de domaines carolingiens, ce qui aurait finalement constitué un suivi logique dans des lieux où le besoin en métal était multiple, et ne concernait d'ailleurs pas seulement que l'outillage ou les objets strictement agricoles. Les inventaires des grands domaines carolingiens, qui ne mentionnent

[166] Michel PY, 1993, p. 60 et s.

que peu d'outils, sans les détailler vraiment, laissent pourtant penser à l'existence d'ateliers d'entretien.

Tout n'est pas si simple, et il n'est bien entendu pas question de mettre le seul rôle de l'outil trop en avant dans ce processus: il n'a été qu'un moyen utilisé pour atteindre un objectif. Mais il convient à l'inverse de ne jamais oublier l'existence d'un rapport étroit et interactif entre le fer, la terre et la forêt, rapport qui commence véritablement avec les métallurgistes.

Ce rapport, on le pressent plus fortement encore à partir de la période carolingienne, où les forges ont semble-t-il toujours suivi les exploitations agricoles ou ne s'en trouvaient jamais bien loin; il semble qu'elles se soient développées dans les zones d'habitat, les hameaux, les villages. Quelques siècles plus tard, on fabriquait même des outils dans les villes comme le signale Georges Duby en ce qui concerne Arras ou Metz au XIIe siècle par exemple[167]. Et c'est à cette période tardive seulement, en Picardie du moins, qu'un déplacement des forges s'effectue depuis les villes vers les campagnes[168], phénomène qui renforce encore le lien d'interdépendance entre forgerons et paysans. En réalité, les forges n'ont sans doute jamais véritablement quitté les campagnes et il ne s'agit probablement pas d'un retour des ateliers depuis les zones urbaines vers les zones rurales, mais plutôt d'une autre vague d'enracinement, constituée d'artisans qui ont bénéficié en ville d'une certaine expérience, celle de l'obtention des matières premières, de la fabrication des outils selon des méthodes peut-être plus économiques, de leur revente (c'est à dire du commerce), et qui est venue recouvrir ou plus exactement compléter le maillage des forgerons installés en zones rurales. On peut supposer que les artisans du fer exerçant dans les villes se sont délibérément tournés vers les campagnes pour offrir à un monde rural alors en plein essor les outils de son développement, au plein sens du terme. Le marché de l'offre et de la demande s'est probablement constitué ici, autour de l'outil, par la complémentarité intelligente des fabricants d'outils venus proposer leurs services à ceux qui devaient en avoir l'usage.

En tout état de cause, les découvertes archéologiques chronologiquement définies comme carolingiennes nous permettent de constater une diversification de plusieurs formes d'outils, que l'archéologie n'a pas révélé (à ce jour du moins) en ce qui concerne les périodes

---

167 Georges DUBY, 1973, p. 220.
168 Source idem.

antérieures. Ceci traduirait le fait que la période carolingienne a connu une mutation technologique tout à fait notable qui a permis de faire naître puis de concrétiser, très en profondeur dans la société rurale, une relation de premier plan entre le forgeron et le paysan, relation à la fois complémentaire et interdépendante. Nous supposons que c'est en grande partie à la suite de ces premiers développements de coopération entre paysans et forgerons qu'ont peut-être véritablement pu commencer à se développer les formes régionales d'outils, en particulier selon les différentes natures de sols, leur taux d'empierrement, de compacité, ou encore les sortes d'instruments aratoires, conçus et forgés d'après les observations des agriculteurs et réalisés avec le savoir faire des charrons et des forgerons.

Cette dernière donnée constitue encore un angle s'approche assez intéressant; P. Bonnassie en effet confirme que l'on peut voir se multiplier les mentions de forgerons et de forges rurales dans les documents des IXe–Xe siècles, et constate avec l'apparition des premiers testaments paysans que certains défunts avaient possédé au moins une faucille, une bêche, une houe et un pic, parfois une hache[169]. L'essentiel, le nécessaire de l'outillage agricole, est ici rassemblé. C'est à dire que les deux facteurs sont associés (le quantitatif et le nécessaire) dès la période carolingienne, le premier dupliquant les avantages présentés par le deuxième.

Par ailleurs, Il convient également de relier les informations livrées par l'existence même des objets découverts en soulignant le fait que, si nous leur reconnaissons une place certaine en aval du processus de production agricole, il faut admettre qu'ils ont indissociablement de cela une signification de témoin, de trace, d'indice, lorsqu'ils sont mis à jour dans une fouille archéologique, et il est légitime de les replacer en tant que tel dans le raisonnement de l'historien. Ainsi R. Fossier, dans un questionnement d'ensemble relevant de la conclusion de son étude sur le peuplement, observe qu'il existe bien, au XIe siècle, un élan subit et une meilleure qualité des outils[170]. Compte tenu des éléments que nous avons présenté, il nous semble pouvoir écrire que l'on serait tenté de constater un indice concret concernant le perfectionnement qualitatif de l'outillage dans la période carolingienne: même s'il est possible que le phénomène n'ait pas encore véritablement connu de généralisation, nous en possédons pour le

---

[169] Pierre Bonnassie, 1988, p. 24.
[170] Robert Fossier, 1979, pp. 59–99.

moins quelques paramètres de chrono-localisation. En ce sens, et pour être plus précis encore, il ne s'agit pas d'utiliser ici le terme de "progrès" sous une acception globale et forcément inexacte, mais de penser plutôt à une variété et une multiplicité d'améliorations apportées çà et là, ponctuellement à un ou à des outils, constituant en réalité une conjonction de micro-phénomènes d'élaboration technique destinés à augmenter quelques performances selon des paramètres présentés par chaque site, utilisateur et objet du travail, suivant une courbe théorique précise[171].

Si l'apparition des ateliers de forges en zones rurales, aux alentours du XIe siècle, semble alors avoir constitué le véritable moteur du progrès technique en milieu agricole, dans le domaine de l'outil comme dans d'autres, encore convient-il évidemment de différencier les régions riches (Picardie, Ile de France) pouvant permettre que ce déplacement puisse avoir lieu (l'aspect économique est sous-jacent ici), et donnant lieu en conséquence à l'utilisation d'outils plus performants (formes nouvelles, manières de forger différentes . . .) alors que dans les régions plus pauvres, généralement celles du Sud, les outils de bois, les araires et les houes ont continué un peu plus longtemps d'être utilisés puisque l'outil de fer ou ferré restait probablement cher. Et c'est donc en grande partie (mais pas exclusivement il est vrai) de l'importance quantitative et du perfectionnement de l'outillage que ". . . s'introduisirent, au XIIe siècle, entre les habitants d'un même village ou entre les provinces voisines, de nouvelles disparités économiques . . ."[172].

On note encore, dès la fin de l'empire carolingien, que le monde rural reprend une certaine cohérence, s'organise, d'abord par la relation de plus en plus forte entre les zones de concentration d'habitat et les zones rurales (l'un des liens de complémentarité, dirons-nous avec prudence, trouve son origine dans le fait que l'une fournit à l'autre ce qu'elle ne peut produire, et réciproquement), ce qui sous-entend le développement de transports, d'artisanats, de commerces et de marchés; puis par la réunion discrète et inéluctable du formidable maillage constitué par les voies de circulation, entre les points

---

[171] Pascal Reigniez (à paraître)—ces travaux pouvant alors apparaître, plusieurs siècles après sous les yeux d'un observateur désengagé, comme une procédure homogène et planifiée d'amélioration quantitative des objets qu'il serait tenté de traduire par le mot de "progrès".

[172] Georges Duby, 1973, p. 222.

de peuplement, les proto-villages (infra) et les villes, chaque entité étant l'aboutissement d'au moins trois ou quatre routes principales desservant les environs géographiques de la région d'implantation. Bien des grands axes de circulation reprennent d'ailleurs les itinéraires des voies romaines, plus faciles à entretenir et donc réutilisées.

Il convient en tous les cas de rappeler que cette indication renforce de fait l'existence quantitative de l'outil, qui constitue l'un des liens indéniables entre cet artisanat du fer et les activités rurales, non seulement dans les strates de la fabrication, mais aussi dans celles de sa diffusion, de son commerce, de sa distribution au sein des exploitations. Et Pierre Toubert souligne d'ailleurs l'intérêt de l'apport diffus d'outils et de produits fabriqués: "... ces livraisons annuelles, sans doute modestes mais régulières, n'avaient rien de négligeable pour une curtis dominica elle-même très pauvrement outillée ..."[173]. Nous avons de cette manière, là encore, le sentiment que les activités commerciales régulaient les carences régionales sur telle ou telle région de production et contribuaient au désenclavement des friches et des essarts. L'importance croissante des ateliers de forge doit être reconnue comme un facteur déterminant de multiplication de l'outil, comme cela a été souligné dans l'exemple de la Catalogne: "... Ces progrès de l'outillage de base me semblent essentiels. Il ne faut donc pas oublier, dans le processus de croissance, le rôle des forgerons: ils sont sûrement parmi les acteurs les plus importants de cette croissance ..."[174].

Antérieurement au Xe siècle, la multiplication de comportements économiques autonomes, soit individuels (famille, exploitation familiale, traduits en certains cas par les défrichements ou les alleux) soit collectifs (regroupement sur un domaine, dans les zones d'habitats), a contraint dans chaque cas à la prise en considération des revenus et des dépenses, à l'acquisition d'un mécanisme nouveau prédisposant à une réflexion d'ensemble qui n'a pas manqué de concerner (de façon logique) les outils et les techniques de travail. Concrètement, nous pensons par exemple ici à l'apparition et à la diffusion du collier d'épaule, fondamental dans l'histoire des techniques. Il existe bien, avant l'an mil, un élan économique notable (défrichements, augmentation démographique, construction de moulins, brasseries, multiplication des productions artisanales) qui n'est évidemment pas le fruit du hasard, mais bien au contraire d'une organisation combinée de

[173] Pierre Toubert, 1988, p. 76.
[174] Daniel Lohrmann, 1988, p. 192.

plusieurs éléments touchant de près ou de loin aux productions et aux techniques qui s'y rapportent, et qui s'est probablement réalisé à des *vitesses* différentes selon les stades de développement qu'ont connu les régions françaises, et qui a permis, au XIe siècle, l'émergence "... d'une forme plus accomplie d'encadrement économique et de contrôle social de la paysannerie: la seigneurie banale ..."[175].

Dans la Catalogne des IXe–Xe siècles encore, on a relevé un travail de défonçage et de défrichement opéré sur des terres souvent vierges par des groupes de paysans et plus souvent même par des familles ou des individus isolés. En Gaule du midi, dans la même période, prédominaient la tenure et l'alleu[176], ce dernier étant par ailleurs signalé comme quantitativement important dans le Bordelais, en Charente ou dans d'autres territoires du Grand Sud-Ouest où il restera ancré.

L'un des autres facteurs notables ayant eu une répercussion favorable sur le développement quantitatif de l'outil a probablement été celui de la multiplication exponentielle de la quantité des propriétés de l'église et des monastères. A partir de la seconde moitié du IVe siècle, on peut dire que l'église a repris en quelque sorte le relais du monde romain pour imprimer sa marque de manière définitive sur toute la période médiévale. Son rôle dans la colonisation des régions, dans le défrichement, la culture et la viticulture est rapidement devenu très important dès les Ve–VIe siècles.

A ce sujet, il est intéressant de rappeler l'analyse d'un historien qui précise que les domaines agricoles de l'église, dans la période carolingienne, ont été spoliés en nombre au profit de propriétés de taille parfois importante conférées à des militaires, ce qui a eu pour effet de répartir les exploitations agricoles en deux groupes puissants schématiquement distincts, les maîtres clercs, et les maîtres laïcs, ces derniers ayant eu pour intention clairement définie d'obtenir une augmentation notable des rendements destinés à financer leur équipement de combat[177]. L'outil agricole, en ce sens, était un véritable moyen d'obtenir des rendements et l'on peut supposer qu'il était l'objet d'attention. Pourrait-on alors penser que, dans certaines exploitations précisément tenues par les militaires, les forgerons aurait pu avoir, dans le cas où ils avaient également en charge la fabrication

---

[175] Pierre Toubert, 1988, p. 16.
[176] Pour ces informations, voir P. Bonnassie, 1988, p. 16.
[177] Guy Fourquin, 1989, p. 48.

des outils, une certaine initiative et leur appliquer un savoir-faire utilisé jusque là pour des armes (durcissement des tranchants, aciérages, trempe . . .) ? Cela ne reste, il est vrai, qu'une hypothèse.

Enfin, c'est par rapport à ce lent et profond enracinement de l'église dans les terroirs que s'est cumulé un autre phénomène, celui de l'apparition des premiers villages[178]. Ce terme, bien entendu, doit être utilisé avec précaution parce que les spécialistes même ne sont pas toujours d'accord sur la période précise qui les voit naître, mais les historiens s'accordent au moins dans le constat que l'habitat devient à cette époque de plus en plus dense, se constitue non loin de points de fixation[179]. De cette conjonction de facteurs s'affirme un redémarrage économique que beaucoup cette fois localisent dans la période carolingienne.

Un autre phénomène encore, lui aussi directement lié à l'utilisation de l'outil, semble avoir repris dans la période carolingienne: celui de la redécouverte des intermédiaires.

Nous savons que les propriétaires des domaines gallo-romains, aristocrates, empereurs romains ou leurs proches, étaient à la tête de superficies variables, parfois de plusieurs hectares à l'exemple des exploitations du Bas-Empire, et chargeaient les régisseurs de les faire prospérer pour eux. En matière d'agriculture, ces propriétaires s'en remettaient à des intermédiaires[180], c'est à dire ". . . à l'empirisme et au bon sens, en hommes qui sont de famille terrienne, et qui depuis l'enfance ont acquis des choses de la terre en expérience suffisante pour qu'il s'estiment dispensés d'approfondir, de préciser et d'enrichir leurs connaissances . . ."[181]. Ce phénomène, qui semble s'estomper dans la fracture du Haut Moyen Age semble reprendre dans la période carolingienne avec la multiplication des moyennes et grandes exploitations où il convient de souligner que la pratique de l'agriculture au quotidien, qui n'est autre finalement que l'expression de savoirs-faire toujours constamment adaptés à l'environnement, est surtout transmise par l'enseignement oral, sur le terrain, de l'accumulation d'expériences incessamment enrichies de réponses apportées aux multiples événements combinés du climat et du milieu.

---

[178] On pourrait trouver, quelques siècles plus tard, la concrétisation de ces ententes dans les contrats de paréage.

[179] Les deux plus importants restent le lieu de culte (église ou église et cimetière) et le château.

[180] On retrouvera ce rôle des intermédiaires constamment dans les époques suivantes.

[181] René Martin, 1971, p. 97.

D'ailleurs, entre les traités de l'Antiquité tardive et ceux qui apparaissent dans le tout début du Bas Moyen Age, il n'existe pas véritablement de livres d'agronomie[182] permettant l'archivage des savoirs et donc une communication à autrui sur le triple facteur de la possibilité de réflexion au sujet de leur contenu, d'une diffusion dans l'espace et d'une conservation dans le temps. L'agriculture du Haut Moyen Age reste donc essentiellement encore celle d'une réponse aux problèmes posés par le milieu, alors qu'elle sera, avec l'apparition des traités d'agronomie médiévaux, doublée d'une réflexion potentielle destinée à obtenir une amélioration en jouant sur plusieurs facteurs dont certains concernent une attention plus précisément destinée au perfectionnement envisagé sur les outils. *C'est à dire que l'écrit introduit, dès le Moyen Age classique, l'option du recul par rapport à l'activité agricole* et ouvre de cette manière, plus encore, la voie à la critique et donc au perfectionnement[183].

Les exploitants du Haut Moyen Age n'ont pas pu véritablement bénéficier de ce mécanisme. Il est donc d'autant plus nécessaire de souligner, avec la redécouverte des intermédiaires dans le Haut Moyen Age, l'ancrage du savoir-faire et de la technicité dans la pratique même des activités agricoles, et sans doute la critique objective apportée par ces techniciens dans le bon ou le mauvais fonctionnement d'un outil, prédisposant probablement à rechercher là encore quelques améliorations ou à faire disparaître certains défauts.

Logiquement consécutive à l'essor économique, la démographie en porte par essence des traces. Il faut, en ce sens, savoir aussi interroger les morts et de nombreuses recherches en ce domaine donnent des indications qui soulignent ce lien. Un historien note par exemple une occupation importante de quelques villages dans le Mäconnais au Xe siècle[184], comme d'autres chercheurs l'ont fait dans certaines régions de France. Il convient bien sûr, de rester prudent sur les calculs et les hypothèses que l'on peut émettre à partir des données de ces travaux -apparentés à la monographie-, parce que rien n'autorise à généraliser des résultats finalement localisés, ni de décrire avec précision l'importance de l'habitat ni son étendue lorsque l'on n'a pas véritablement appréhendé l'occupation du sol sur l'ensemble du territoire étudié, et dans la durée. Mais nous devons convenir que nombre de ces éléments qui sont probants sur une

---

[182] Mis à part quelques traités latins qui ont pu circuler.
[183] Pascal Reigniez, à paraître.
[184] Guy Bois, 1988, p. 37 et s.

petite dimension d'analyse ont théoriquement de fortes probabilités de se vérifier également sur de plus grandes échelles. Pour P. Bonnassie encore, qui présente un tableau intéressant des indices relatifs au peuplement et à son importance, la question se pose de savoir si des indices de démarrage de la croissance agricole ne se décèlent pas dès les VIIe–VIIIe siècles, puisque l'on trouve des traces de l'existence de petites propriétés paysannes, issues du régime de l'aprision[185].

Il est intéressant sur ce point de constater que l'augmentation démographique fait naître, de facto, *la nécessité du Droit*, et l'on trouve dans certains régimes juridiques des raisons majeures ayant permis la stabilisation de l'habitat, l'extension des terroirs et donc, en principe, la logique multiplication de l'outillage. Ainsi, il convient par exemple de retenir, dans le Duché de Normandie, l'existence d'une anecdote reprise dans plusieurs sources, ayant pour thème la narration d'une escroquerie commise par un couple de paysans envers Rollon, qui avait instauré une protection juridique aux instruments agricoles contre les pillards. A travers les variantes de ce récit, M. Arnoux distingue en réalité une emprise concrète du Duc sur l'instrument tracté. Dans le même territoire, un peu plus tard sous le règne de Richard II, avait été rédigée une législation de paix garantissant la sécurité des paysans, de leur maison et de leur outillage, ce qui semble bien confirmer l'analyse de lecture[186].

On retrouve enfin cette attention du pouvoir en place envers les productions agricoles, dans la période carolingienne, avec les directives données à tous les propriétaires de domaines par le Capitulaire de Villis (vers 800) qui semblent vouloir reprendre en partie, dans l'esprit s'entend, les conseils consignés dans les traités antiques d'agriculture; mais les procédés techniques et les mentions d'outils restent inexistantes, un peu comme si les moyens étaient laissés à l'appréciation des destinataires, tant leur utilisation restait évidente pour tous, alors qu'il convenait précisément d'insister sur ce qui l'était le moins, c'est à dire le respect des consignes de gestion et de production.

Pour résumer le fil conducteur de ce chapitre, nous préciserons que certaines découvertes archéologiques datées des Xe–XIe siècles nous permettent de déceler une sensible diversification des formes d'outils que l'archéologie n'avait pas révélées pour les périodes des Ve–VIIIe siècles. Sans entrer profondément dans les détails du domaine

---

[185] Dont l'origine est wisigothique, voir Pierre Bonnassie, 1988, p. 31.
[186] Pour ces deux sources, voir Mathieu Arnoux, 1992, p. 67 et s.

relatif au perfectionnement à proprement parler, puisque les éléments de comparaison manquent en nombre pour s'exprimer à ce sujet, on peut cependant déjà supposer que ces formes nouvelles peuvent traduire un rapport plus étroit avec la spécificité du travail qu'il s'agissait d'accomplir: on pense par exemple (et parmi bien d'autres) aux défrichements, à l'agriculture sur brûlis ou à la déforestation. Il n'est pas illogique alors de supposer que le perfectionnement de certains instruments (formes, poids, manières de les forger . . .) a pu découler directement de l'augmentation quantitative de l'outillage à cette période qui aurait engendré dans certains cas un possible raisonnement par défaut (. . . *tel outil serait plus efficace que tel autre s'il était forgé autrement que lui* . . .). A titre d'exemple, les différents types de faucilles découvertes dans les fouilles de La Grande Paroisse (Xe S.) semblent déjà tendre vers la plausibilité de cette supposition. Dans les faits, on ne conçoit pas une exploitation pensée des terroirs au Haut Moyen-Age, ni leur évolution[187], sans ce type de perfectionnement.

On peut également convenir, comme nous l'avons fait plus haut en évoquant la forge, que l'amélioration des techniques a généralement constitué, davantage que le perfectionnement même de l'outil, un rôle majeur dans le développement agricole. Mais nous pensons aussi que l'un ne va finalement pas sans l'autre, et qu'il n'y a pas véritablement de bon travail sans bons outils. Peut-être pouvons nous lire, dans la pensée de G. Duby à propos du Moyen Age classique, que nous n'avons pas forcément tort: ". . . on a le droit de penser que la hausse de productivité fut provoquée par plus d'assiduité dans le travail que le perfectionnement des instruments rendait plus efficace . . ."[188]. L'évolution qualitative de l'outillage (et l'existence de variantes dans les familles d'outils), marquée par l'archéologie dès les Xe–XIe siècles, implique en tous les cas que l'on suggère déjà le lien.

Enfin, étudier l'outil c'est aussi tenter de ne pas le dissocier de la réalité de son contexte d'existence: sa vie même (sa fabrication, sa durée et sa disparition ou sa réutilisation) est profondément enracinée dans l'histoire du groupe qui fait vivre une exploitation. C'est à dire que, indépendamment des évolutions polymorphes qu'ont connus les regroupements d'habitat, depuis les villas gallo-romaines jusqu'aux villages des XIe siècles[189], l'ensemble de ces connections

[187] Aline Durand, 1995, p. 177 et s.
[188] Georges Duby, 1975 tome I, p. 198.
[189] Robert Fossier, 1979, pp. 59–99.

nous force à supposer l'existence d'un certain rapport théorique (de type ratio) entre un nombre donné d'occupants et le nombre d'outils nécessaires à leur existence même, qui pourrait se traduire par ce que nous appelons: *la constante de l'outil*[190], qui caractérise le fait que, de toutes manières et quelle que soit l'évolution et les phases de développement de l'habitat, l'outil a été fondamentalement indispensable pour assurer la vie du groupe et prédisposer ainsi à son avenir démographique (celui-ci permettant à son tour un essaimage des points de peuplement dans la région).

Or, ce qui apparaît plus distinctement lorsque l'on admet cette constante, c'est un rapport étroit entre le nombre (nombre incluant ici variété) d'outils et la quantité d'individus ayant choisi de travailler un domaine. Même si les données chiffrées nous échappent, elles n'en restent pas moins une évidence matérielle logique qu'il n'est plus possible de passer sous silence. Ainsi, lorsque de plus en plus de recherches tendent à dresser un tableau de l'habitat au fil des périodes, dans certaines régions bien définies, ou dans de plus vastes espaces[191], ou bien lorsque les médiévistes français et européens partagent, à quelques exceptions près, l'idée d'un démarrage de la croissance économique dès la période carolingienne[192], il convient de ne jamais perdre de vue, comme nous l'avons évoqué, non seulement les fluctuations démographiques qui s'y rattachent mais aussi, en arrière plan et entre autres, la quantité d'outillage qui servait à assurer la continuité d'un groupe de petite taille (cellule familiale) ou plus étoffé (grand domaine, hameau, village) et se rapportant au type de culture qui le faisait vivre. C'est aussi tenir compte de l'existence des structures de fabrication et d'échange des outils, des lieux de leur utilisation et de leur stockage, cet ensemble d'éléments ayant précisément permis à ces populations de se fixer et de perdurer.

Cependant, si la logique conduit à ce raisonnement, il nous faut reconnaître qu'il est impossible d'évaluer précisément le nombre d'instruments, leurs formes, la fonction par rapport aux usages et bien évidemment la qualité même de leur fabrication (hormis les analyses ponctuelles effectuées sur certains outils découverts en fouilles).

---

[190] Bien que nous ayons souligné ici la période qui constitue le cadre chronologique de notre étude, cette constante de l'outil est valable dans n'importe quel lieu et pour n'importe quelle époque ou période.

[191] Alain Derville, 1992, p. 81 et s.

[192] Colloque de Flaran, 10, 1988.

C'est une approche qui constitue tout le problème de l'étude de l'outil dans la période médiévale et plus encore dans le Haut Moyen-Age. Nous supposons que le nombre d'objets fluctuait en fonction des disponibilités financières, et l'on sait que certains utilisateurs prévoyants possédaient ainsi un outil de rechange au moins (précaution d'usage qui, on s'en souvient, constituait l'un des conseils des traités d'agriculture latins), alors que d'autres cultivateurs, plus pauvres, n'en possédaient qu'un. Il serait néfaste de multiplier les indications chiffrées livrées dans l'inventaire d'une exploitation par le nombre de domaines estimés dans une région, ou les testaments de quelques individus par le nombre de feux supposés avoir existés dans la même période pour essayer d'estimer le nombre d'outils utilisés par un groupe hypothétiquement restitué. Cela n'aurait aucun fondement.

Il est plus censé de raisonner sur la faible quantité des objets, les confronter les uns par rapport aux autres dans la pertinence d'une analyse critique comparative, comprendre leurs formes, noter leur chrono-localisation. Malgré la pauvreté des sources iconographiques, archéologiques et des textes, c'est pourtant par ce moyen que la problématique est encore la plus perceptible.

Conclusion

Derrière le tableau intéressant que l'historien Robert Delort dresse de la perception de la nature au cours de l'histoire[193], il convient de ne jamais passer sous silence le rôle de l'outil, en tant que moyen véritablement concret ayant pu permettre d'établir un lien fort entre l'environnement et l'homme, ce dernier ayant toujours souhaité y laisser son empreinte même s'il ne parvenait jamais à la maîtriser totalement: la manière de voir la nature et les sentiments qui s'y rapportent existent avant l'intervention humaine au moyen de l'outil, ils existent encore pendant, et après elle.

Ces comportements sont déjà perceptibles dans les textes des écrivains latins tardifs et, dans les siècles qui suivent, nous sont livrés de manière fragmentaire par les vestiges archéologiques relatifs aux outils. Précisément, leur étude dans le Haut Moyen Age semblerait montrer que certains types d'objets n'ont pas pu franchir la barrière de la période mérovingienne ou bien, si certains l'ont fait, nous n'en

[193] Robert Delort, 1995, p. 31 et s.

avons pas de très nombreux exemples. Les constats s'échelonnent dans la difficulté, les comparaisons typologiques restent délicates à établir d'autant que les textes ou l'iconographie n'apportent que très peu d'indications. mais les premiers résultats de ces approches permettent désormais de construire quelques hypothèses de travail. En outre, le monde gallo-romain témoigne d'une maîtrise importante du travail du métal et de la technique de l'outil, dont les périodes postérieures ne semblent pas avoir bénéficié en totalité. De nombreux facteurs d'interférence y ont contribué et ce n'est que vers la période carolingienne que plusieurs éléments archéologiques marquent un changement notable relatif à l'outil, qui évolue en quantité comme en qualité. Or, comme nous l'avons démontré, ces différentes occurrences techniques tendent à prouver que le perfectionnement de l'outil s'est exprimé pleinement dans les nouveaux cadres posés par le Haut Moyen Age et les siècles suivants, évolution dont on sait qu'elle s'exprime essentiellement dans le double cadre d'un principe de fonctionnement et du perfectionnement de ce principe[194].

Par ailleurs, le fait que le Haut Moyen Age reste une période tellement pauvre en indications sur l'outil pourrait nous tenter, pour contourner cette lacune, de prendre les outils gallo-romains comme point de départ d'une étude globale et de supposer qu'ils n'ont pas beaucoup changé depuis, faussement conforté d'ailleurs par le fait que des formes romaines se retrouvent dans celles de certains objets encore utilisés par les paysans de quelques régions de France au siècle dernier. Fort de cette dernière observation, on pourrait suggérer que l'outil contemporain n'a pas véritablement évolué par rapport à celui du monde gallo-romain: ". . . mais finalement l'archéologie confirme surtout ce que l'on savait déjà et notamment que l'outillage a peu évolué depuis l'Antiquité . . ."[195]. Il s'agit d'une vision anamorphique des choses avec laquelle nous sommes en désaccord.

Nous ne pouvons plus souscrire aujourd'hui à ce point de vue qui balayerait à-priori les futures découvertes archéologiques d'outils comme si, péremptoirement, on les supposait déjà inintéressantes alors que nous reconnaissons tous, paradoxalement, ne savoir que bien peu de choses en ce domaine. L'étude de l'outil -et plus encore dans le Haut Moyen Age, certainement pas inféodée à la seule iconographie (qui reste une source comme une autre et bien entendu

---

194 Pascal Reigniez (à paraître).
195 Jean-Marie Pesez, 1998, p. 52.

tout aussi importante) nous encourage à soutenir au contraire que toutes les découvertes archéologiques d'outils, passées ou futures, restent intéressantes, quel que soit le pays ou la période, parce qu'elles assurent ou assureront la multiplicité de la documentation matérielle et technique par l'apport constant de variantes, c'est à dire qu'elles permettront d'établir des contradictions saines, dans les faits et dans les hypothèses qui les concernent, tout en enrichissant par ailleurs et de manière significative, à plus ou moins long terme, le domaine de l'histoire de la culture matérielle et ses chapitres. Souligner ces distinctions, ces régressions et ces évolutions, aussi infimes soient-elles, c'est s'attacher, de la manière la moins facile parfois, à mettre en valeur certains des phénomènes propres de l'existence de l'homme par rapport à son environnement.

Bibliographie

Ardhuin, Michel: *La moissonneuse gauloise (des Remes aux trévires)*, Groupe d'études archéologiques Champagne Ardenne, n° spécial, Reims 1982, 24 p.

Arnoux, Mathieu: Paysans et seigneurs dans le duché de Normandie: quelques témoignages des chroniqueurs (X[e]–XIIIe siècles), in: *Villages et villageois au Moyen Age*, Paris, Publications de la Sorbonne, 1992, p. 67 et s.

Audoin-Rouzeau Frédérique: *La taille du bœuf domestique en Europe de l'antiquité aux temps modernes—fiches d'ostéologie animale pour l'archéologie, série B: mammifères*, C.N.R.S., Centre de Recherches Archéologiques, Sophia-Antipolis, APDCA, Juan les Pins, 1991, 40 p.

Balassa, Ivan: Randbeschlagene holzspaten in mittel osteuropa, in: *Festschift fur Robert Wildhaler*, Basel, 1973.

Barriere-Flavy, Marie-Christine: *Les arts industriels des peuples barbares de la Gaule, du Ve au VIIIe siècle*, Paris-(Picard), Toulouse-(Privat), 1901.

Bois, Guy (1988): La croissance agricole du Haut Moyen-Age: le Mâconnais au Xe siècle, in: *La croissance agricole du Haut Moyen Age, Chronologie, modalités, géographie, Flaran 10*, 1988, p. 37 et s.

Boulaine, Jean: *Histoire de l'agronomie en France*, Lavoisier, Paris, Londres, New-York, 1996 (2e édition).

Bonnassie, Pierre: La croissance agricole du Haut Moyen Age dans la Gaule du Midi et le nord-est de la péninsule Ibérique, chronologie, modalités, limites, in: *La croissance agricole du Haut Moyen Age, Chronologie, modalités, géographie, Flaran 10*, 1988.

Caton: (trad. R. Goujard): *De l'Agriculture*, Paris, Belles Lettres, 1975.

Collectif (catalogue d'exposition): *Childéric—Clovis, roi des Francs, de Tournai à Paris, naissance d'une nation*, Tournai (Belgique), 1983, 160 p.

Columelle, (trad. E. De Saint-Denis): *De L'agriculture*, T. X., Paris, Belles Lettres, 1969

Champion, Bernard: *Inventaire des outils en fer du Musée de Saint Germain en Laye, Revue Archéologique*, Centre de Recherches Archéologiques Médiévales de Caen, III, 1916.

Cournault, Charles: Intruments d'agriculture en fer forgé de l'époque gauloise, Bulletin Archéologique du Comité des Travaux Historiques et Scientifiques, T.VIII, 1890, p. 355.

De Glanville, (L.): Etat de l'agriculture dans l'antiquité, Caen, 1879, 107 p.

Delort, Robert: Percevoir la Nature au Moyen Age, in *Campagnes médiévales, l'homme et son espace*, études offertes à Robert Fossier, Paris, publications de la Sorbonne, 1995, p. 31 et s.

Derville, Alain: Les paysans du Nord, habitat, habitation, société, in: *Villages et villageois au Moyen Age*, Paris, Publications de la Sorbonne, 1992, p. 81 et s.

Doehaerd, Renée: *Le Haut Moyen Age Occidental*, Paris, P.U.F., 1971.

Duby, Georges: *Guerriers et paysans, VIIe–XIIe siècle*, Paris, Gallimard, 1973 (réed).

—— sous la dir. de: *Histoire de la France rurale*, TI, la formation des campagnes françaises, des origines à 1340, Paris, seuil, 1975.

Dyer, C.: Les problèmes de la croissance agricole au Haut Moyen-Age en Angleterre, in: *La croissance agricole du Haut Moyen Age, Chronologie, modalités, géographie, Flaran 10*, 1988.

Durand, Aline: Les systèmes de culture dans les garrigues, in *Campagnes médiévales, l'homme et son espace, études offertes à Robert Fossier*, Paris, publications de la Sorbonne, 1995, p. 177 et suiv.).

Fussell, G. et Kenny, A.: L'Equipement d'une ferme romaine, *Annales E.S.C.*, mars/avril 2, 1966.

Fossier, Robert: Peuplement de la France du nord entre le Xe et le XVe siècles, *Annales de démographie historique*, 1979, pp. 59–99.

——: *Hommes et villages d'occident au Moyen Age*, Paris, Publications de la Sorbonne, 1992.

——: Villages et villageois, in *Campagnes médiévales, l'homme et son espace*, Paris, publications de la Sorbonne, 1995.

Fourquin, Gérard: *Le paysan d'occident au Moyen Age*, Nathan, 1989, 193 p.

Halbout, P. – Pilet, C. – Vaudour, C.: *Corpus des objets et des armes en fer de Normandie, du Ier au XIVe siècle*, Caen, Centre Archéologique de Normandie, Cahier des Annales de Normandie n° 20, 1987, 255 p.

Henning, Joachim: *Südosteuropa zwischen antike und mittelalter*, Berlin, Akademie Verlag, 1987, 232 p.

Hofmann, Bernard: *Inventaire de quincaillerie antique*, Cahier du Centre de Recherches Archéologiques du Vexin Français, n° 5, Guiry en Vexin, Vigny (95), 1985, 100 p.

Kolendo, J: La moissonneuse antique, son emploi en Gaule romaine, *Annales E.S.C.*, 1960.

Lancon, Bernard: *Le monde romain tardif IIIe–VIIe siècle ap. J.C.*, Paris, Armand Colin, 1992, 192 p.

Lohrmann, Dietrich: in: *La croissance agricole du Haut Moyen Age, Chronologie, modalités, géographie, Flaran 10*, 1988.

Martin, René: *Recherche sur les agronomes latins et leurs conceptions économiques et sociales*, Paris, Les Belles lettres, 1971, 418 p.

Palladius: (Trad. R. Martin), *Traité d'Agriculture*, T. I et II, Paris, Belles Lettres, 1976.

Perrin, Franck: Un dépôt d'objets Gaulois à Larina, *Documents d'Archéologie en Rhône Alpes*, Circonscription des Antiquités historiques, n° 4, Lyon, 1990, 175 p.

Pesez, Jean-Marie: *Archéologie du village et de la maison rurale au Moyen Age*, Lyon, C.I.H.A.M., Presses Universitaires, 1998.

Pline L'Ancien: (trad. J. André), *Histoire Naturelle*, T. XVII, Paris, Belles Lettres, 1964

——: (trad. H. Le Bonniec et A. Le Bœuffle), *Histoire Naturelle*, T. XVIII, Paris, Belles Lettres, 1972.

Py, M. *Les Gaulois du Midi de la fin de l'âge du bronze à la conquête romaine*, Paris, Hachette, 1993.

Reigniez, Pascal: La technique du forgeage chez l'un des derniers taillandiers de France, in: *Anthropologies et Sociétés*, vol. 21, n° 2–3, 1997(a), pp. 251–274.

——: L'outil du forgeron à l'utilisateur; fabrication, réparation et transformation, in: *Techniques & Culture*, 30, 1997(b), pp. 117–147.

——: *L'outil agricole en France au Moyen Age*, Paris, Errance, 2002.

Renard, M.: Technique et agriculture en pays Trévire et Rémois, coll. *Latomus*, vol. XXXVIII, Bruxelles-Berchen, 1959.

Salin, Edouard, *La civilisation mérovingienne*, Paris, Picard (1ère éd. 1957), 1988.

——: Le forgeron du Haut Moyen Age, *achéologia*,14, fév. 1967

Simmer, Alain: *Le cimetière mérovingien d'Autun le Tiche (Moselle)*, Paris, Errance, AFAM (1988):

Spruytte, Jean: *Etudes expérimentales sur l'attelage*, Paris, éd. Crépin-Leblond, (1977), 143 pages.

Toubert, Pierre: La part du grand domaine dans le décollage économique de l'Occident (VIIIe–Xe siècles), in: *La croissance agricole du Haut Moyen Age, Chronologie, modalités, géographie, Flaran 10*, 1988.

Varron: (trad. J. André), *Economie rurale*, Livre I, Paris, Belles Lettres, 1978

White, K.D.: *Agricultural implements of the Roman World*, Cambridge, 1967.

FIGURES

Nota: Tous les dessins reproduits ci-dessous sont de l'auteur et proviennent d'objets mis au jour lors de fouilles publiques, localisées géographiquement dans le texte. Nous renvoyons le lecteur aux publications et comptes-rendus de fouilles pour d'éventuels compléments d'information. Le poids des fers, inconnu, n'a pas pu être mentionné. Les dimensions sont précisées (dessins d'origine à 1/3). L'état des objets est variable d'une pièce à l'autre.

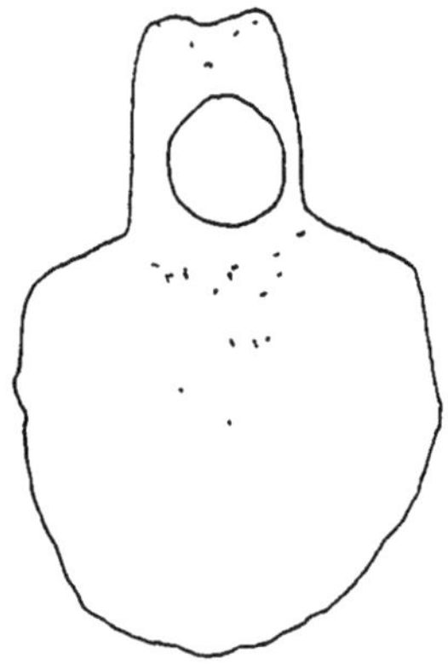

Houe de Arras (Gallo-romain) L: 15.5 cm

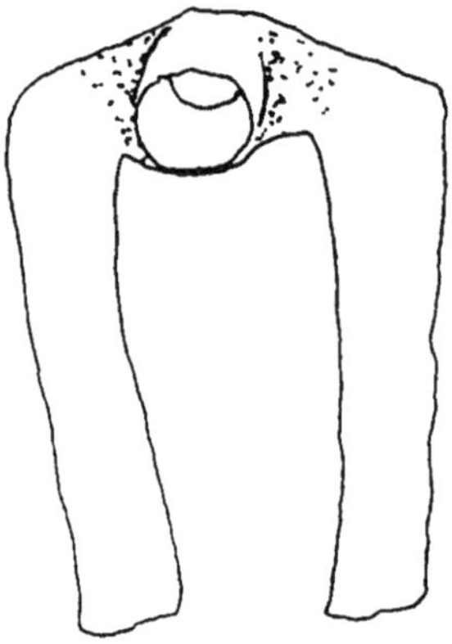

Houe de Agel (Gallo-romain)

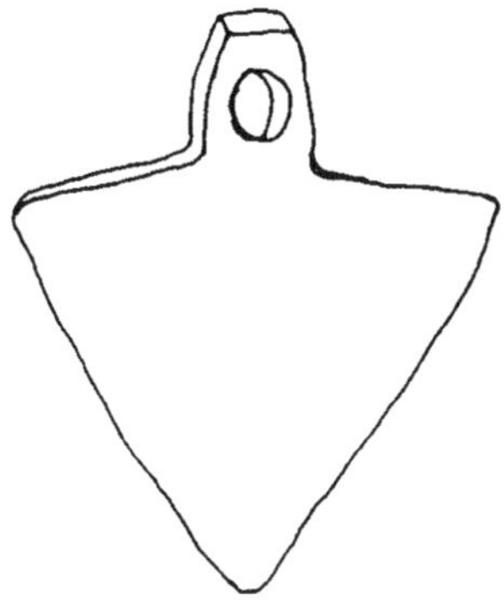

Houe de Gagny (Gallo-romain)

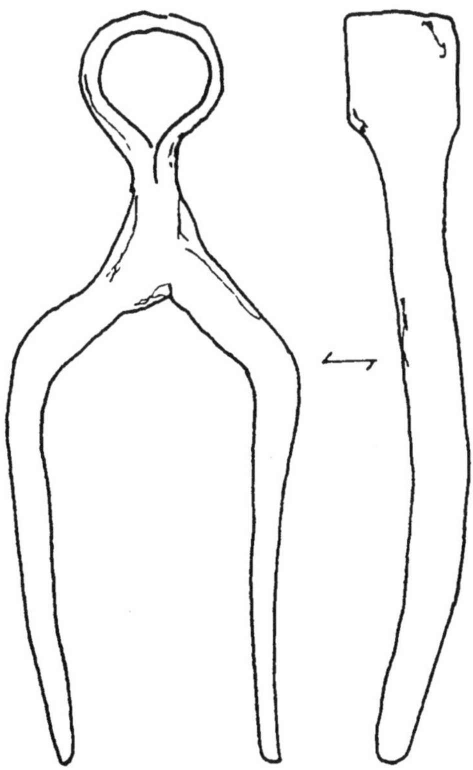

Houe à deux dents de Charavines—XIe siècle (H. 30 cm env.)

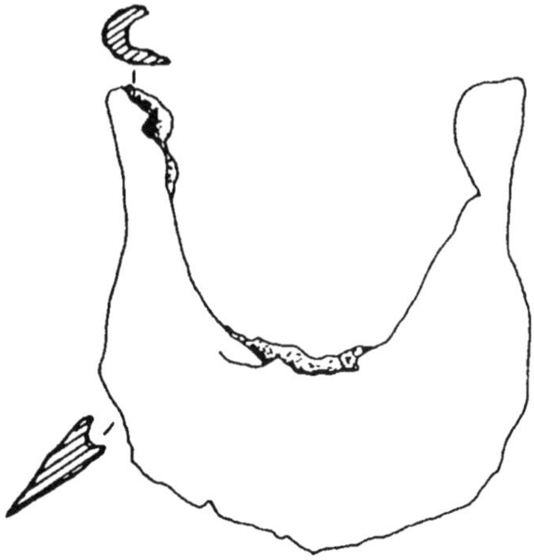

Fer de Bêche—Villiers le Sec—IXe S. (Haut: 11,5 cm–larg.: 11 cm)

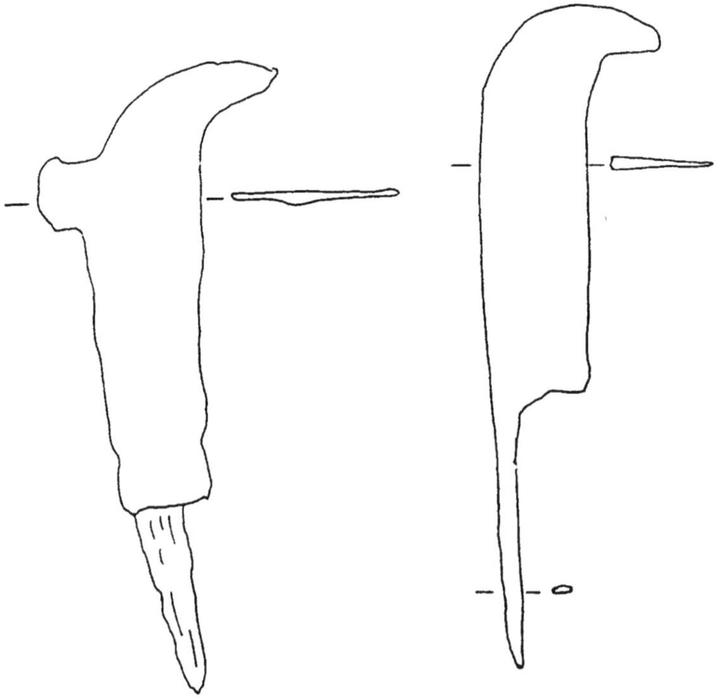

Deux serpes du Xe siècle—site de La Grande Paroisse (H. 30 cm env)

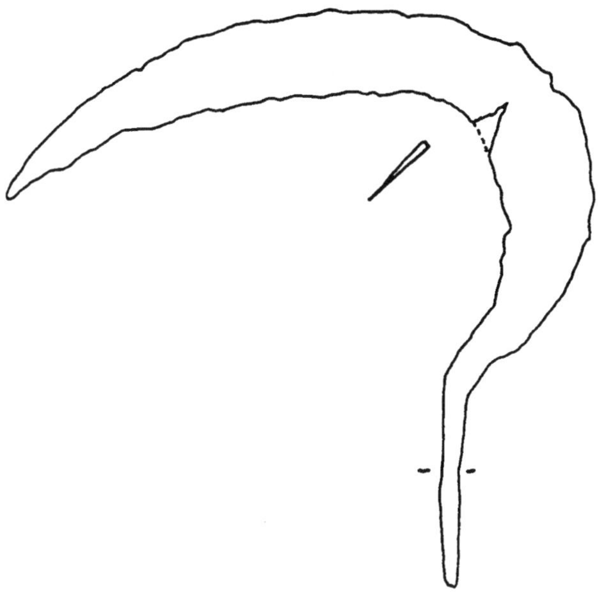

Faucille d'Ensisheim—seconde moitié du VIIIe siècle (H. 27 cm, 1: 28,5 cm)

Psautier d'Utrecht—vers 820

Calendrier Autrichien—IXe S.

Lame de faux—Tournedos-val-de-Reuil—IXe–Xe siècles (Long 48 cm env.)

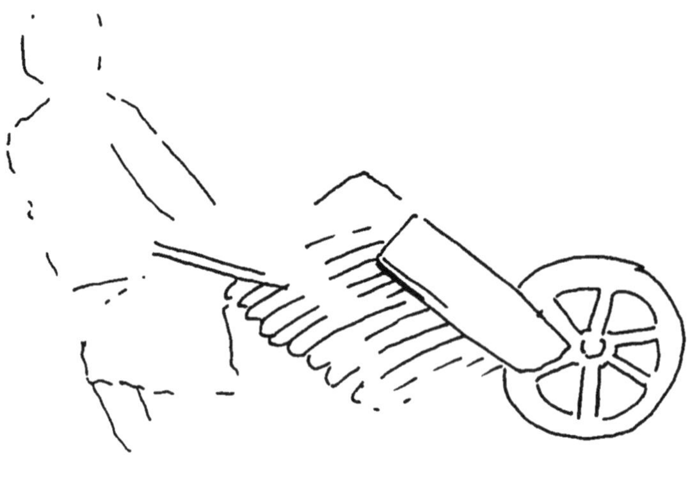

Croquis du Relief de Reims

Croquis du relief de Trèves

Croquis du relief de Coblence

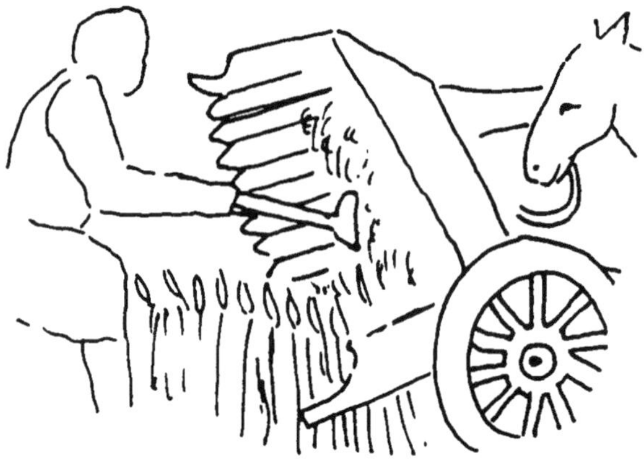

Croquis du relief de Montauban-Buzenols

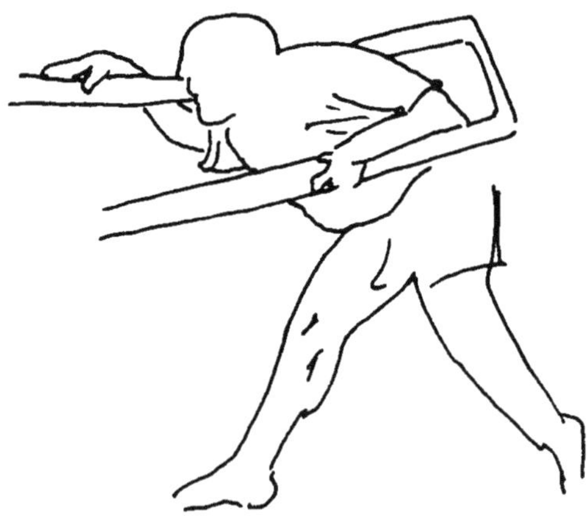

Croquis du relief d'Arlon

LES TECHNIQUES DE TRACTION ANIMALE DE L'ANTIQUITÉ AU MOYEN AGE*

Catherine Rommelaere et Georges Raepsaet

Du point de vue de l'évolution des techniques rurales et plus particulièrement des modes de traction animale et d'attelages, la période qui s'étend du Ve au Xe siècle est quelque peu paradoxale: on peut observer à l'arrivée un saut qualitatif incontestable dans la traction par équidés, qui semble aller de pair avec des avancées intéressantes dans l'équipement aratoire, mais les sources sont trop lacunaires pour apprécier la manière dont s'installent les nouveautés[1]. En effet, la situation technologique de l'attelage et des systèmes de traction à la fin de l'Empire romain est relativement claire dans les provinces occidentales de l'Empire. Elle l'est pas moins à partir du Xe siècle, avec des situations diversifiées géographiquement, mais relativement cohérentes au niveau des systèmes.

C'est précisément entre les deux périodes—objet du présent volume—que la documentation est la plus lacunaire, surtout pour les régions de l'Europe occidentale qui, au Moyen âge central, sont précisément les plus avancées sur le plan des technologies rurales. La situation documentaire paraît plus avantageuse dans les régions centrale et nordique de l'Europe, comme en témoignent les travaux de J. Henning, J. Myrdall, J. Oexle ou P.O. Schovsbo[2]. Mais sont-ce les sources qui manquent, ou l'investissement de recherche?

Les harnais de traction constituent un élément-clef dans la structure d'utilisation des énergies animales. Celles-ci interviennent—peu

* Sur la question de la technologie des transports anciens, voir désormais: Raepsaet, G. (2002), Attelages et techniques de transport dans le monde gréco-romain (Bruxelles: 2002).

[1] Sur la problématique générale de l'évolution des techniques rurales de l'antiquité au moyen âge, voir Raepsaet, G. (1995), "Les prémices de la mécanisation agricole entre Seine et Rhin". *Annales HSS* (1995), 911–942. Raepsaet, G. (1997), "The development of farming implements between the Seine and the Rhine from the second to the twelfth centuries", in G. Astill & J. Langdon ed., *Medieval Farming and Technology. The Impact of Agricultural Change in Northwest Europe.* (Leyde: 1997), 41–68.

[2] En dernier Myrdall, J. (1997), "The agrarian transformation of Sweden AD 1000–1300", in G. Astill & J. Langdon ed., *Medieval Farming and Technology. The Impact of Agricultural Change in Northwest Europe* (Leyde: 1997), 147–151.

ou prou—à tous les niveaux du processus de production rurale: travaux aratoires (labours, hersages, . . .); récolte (le *vallus* gallo-romain); transport. Mais si la mécanique du harnais est essentielle pour une utilisation optimale du potentiel énergétique, elle n'explique pas tout. Tous les éléments d'un attelage ont leur importance, depuis la morphologie de l'animal jusqu'aux techniques d'assemblage du bois, en passant par la rentabilisation économique des investissements consentis[3].

La focalisation d'une recherche sur les modes d'attelages est donc à la fois indispensable, un peu par tradition historiographique, surtout parce que le thème est loin d'être épuisé; mais en même temps, elle doit être d'emblée relativisée par l'appréciation critique de son insertion active ou passive dans les systèmes de production.

En matière d'attelage, les provinces septentrionales de l'Empire romain se caractérisent par certaines particularités ou originalités techniques[4]. A côté des voitures de plus en plus diversifiées et fonctionnelles, à deux ou quatre roues et timon, tirées au joug double, de tête ou de nuque par des bovidés, au joug d'encolure ou au joug dorsal par des asiniens—systèmes universels à l'échelle de l'Antiquité—, il existe un attelage utilitaire "enveloppant", à brancard à crosses relevées, pour un équidé sous jouguet, innovation étonnante et sans parallèle typologique direct. On trouve aussi des chevaux et/ou mules par couple et en file, à la traction lourde, comme sur le relief de Langres. Ce dernier document est unique, mais sans doute pas exceptionnel; les représentations d'attelage au brancard, par contre, sont fréquentes et démontrent le caractère habituel du voiturage utilitaire léger, entre Seine et Rhin. Soulignons le fait car, lorsque le collier d'épaule apparaît au Moyen âge, c'est également sous forme d'un attelage à une tête, c'est-à-dire également un système enveloppant.

La traction à deux au timon sous joug dorsal avec bricole écourtée, habituelle en Méditerranée, est d'une grande simplicité technique et s'employait autant pour le transport des personnes que des choses mais elle convient mieux à la morphologie d'animaux à encolure courte et basse, comme les bovidés, qu'au cheval ou à la mule. Le brancard, quant à lui, implique un harnais spécial, une sorte de jouguet qui joue en même temps le rôle d'attelles, posé sur un four-

---

[3] Raepsaet, G. (1987), "Archéologie et iconographie des attelages dans le monde gréco-romain. La problématique économique", in T. Hackens et P. Marchetti ed., *Histoire économique de l'Antiquité* (Louvain-la-Neuve: 1987), 29–48.

[4] Raepsaet, G. (1982), "Attelages antiques dans le Nord de la Gaule. Les systèmes de traction par équidés", *Trierer Zeitschrift*, 45 (1982), 215–273.

chon matelassé. Lorsque le point de prise de force se situe à mi-hauteur de l'encolure, comme le suggère l'iconographie, la traction qui s'exerce sur le jouguet d'avant en arrière mobilise la sangle de maintien et impose une certaine limite d'application. Mais on constatera que, dans la plupart des cas, il s'agit d'un voiturage léger—qu'on peut évaluer à une demi-tonne de charge au maximum—qui n'engendre pas, normalement, de handicap. Il n'est pas exclu d'ailleurs qu'un dressage et un enrênement adéquats permettent d'adapter l'engagement de l'animal en fonction de l'effort demandé et de l'effet attendu. La configuration technique de ce harnais original et sa structure mécanique de fonctionnement méritent assurément un réexamen[5], peut-être sur des bases expérimentales, au départ du petit joug découvert à Pforzheim et récemment restauré[6]. Il apparaît, en effet, comme l'élément moteur du voiturage léger en Gaule du Nord, offrant aux utilisateurs, à côté du charroi "lourd" à quatre roues et timon, pour bovidés et mules, une intéressante capacité de transport pouvant répondre à des besoins variés, de service et de fret, dans un système économique dont l'ambition commerciale n'est pas absente. Ce harnais au jouguet est aussi, notons-le, celui qui propulse le *vallus* des Trévires[7]. En outre, l'attelage gallo-romain, dans sa spécificité et sa diversité, facteur du développement de la Gaule et des provinces rhénanes à l'époque romaine n'est sans doute pas étranger à l'apparition, à la mise au point et aux progrès réalisés dans d'autres catégories d'outillages de l'agriculture.

Tout porte à croire que ces recherches "prémécaniques" de l'agriculture des provinces romaines occidentales, en particulier de la Gaule Belgique, sont liées à la dynamique de développement que l'on y constate au moins pendant trois siècles et dont le processus s'enclenche à l'époque d'Auguste, sous l'effet d'une convergence assez remarquable de faits[8] qui créent des besoins agro-alimentaires accrus et les conditions et moyens d'une réponse efficace à cette pression: un

[5] Un colloque sur ce thème s'est tenu à Bruxelles et à Treignes les 1er et 2 octobre 1993: G. Raepsaet et C. Rommelaere ed., *Brancards et transport attelé entre Seine et Rhin de l'Antiquité au Moyen âge* (Treignes: 1995).

[6] Kortüm, H. (1995), *Portus-Pforzheim* (Sigmaringen: 1995).

[7] G. Raepsaet et F. Lambeau ed., *La moissonneuse gallo-romaine. Actes de la journée d'études 24 avril 1999* (Bruxelles: 2000). L'expérimentation du vallus et du jouguet, réalisée de 2000 à 2003, est commentée dans Raepsaet G. (2002). Cf. supra n.*

[8] Pour une étude globale de la romanisation du nord de la Gaule, voir Raepsaet-Charlier, M.-Th. (1998), "Les Gaules et les Germanies" in Cl. Lepelley ed., *Rome et l'intégration de l'Empire. 44 av. J-C.–260 ap. J.-C. II. Approches régionales du Haut-Empire romain* (Paris: 1998), 143–195.

acquis et un savoir-faire remarquables des populations indigènes celtes, en particulier dans les métiers du bois, du fer et de la terre[9]; une stabilisation du *limes* sur le Rhin, fixant une population civile et militaire importante; la mise en place, par Auguste et Agrippa, d'une infrastructure et d'un équipement de circulation efficace; une urbanisation imposée ou circonstancielle, rapide; une liberté assez large d'initiatives économiques et commerciales laissées aux populations locales; une progression démographique importante; sans doute aussi des conditions climatiques favorables. S'y ajoutera encore sous Claude la conquête de la Bretagne, dont l'approvisionnement dépendra, en grande partie, du continent, via la "plaque tournante" zélandaise et la base de Boulogne.

Pendant tout le Haut-Empire, mais encore dans une moindre mesure au Bas-Empire, l'archéologie constate un développement rural et urbain conjoint et interactif, dans un contexte d'économie d'échange et non de prélèvement. Le problème est complexe et évidemment impossible à quantifier, mais il faut constater que le réseau commercial dépasse largement le traditionnel polygone régional d'échange bourg-marché/campagne et que les produits agro-alimentaires, via ces marchés routiers ou fluviaux, sont également intégrés dans des circuits à moyenne et longue distance, aux mains des *negotiatores* et *mercatores*[10]. Il est évidemment tentant de mettre les innovations ou les développements techniques constatés, en particulier dans le bassin de la Sarre et de la Moselle—qui tous tendent à une rapidité accrue de travail et de voiturage—en rapport avec l'intensité du développement économique de cette région.

Si nous tentons, dès lors, une première évaluation de la valeur technique et de la qualité d'innovation de l'outillage agricole gallo-romain, il faut sans doute la situer quelque part entre l'appréciation enthousiaste de certains et le jugement négatif de l'école finleyenne. La notion de "blocage", parfois avancée, est en l'occurrence peu défendable. Il y a non seulement volonté d'innovation mais progrès multiples à des niveaux technologiques différents, suffisamment efficaces

---

[9] Audouze, F. et Buchsenschutz, o. (1989), *Villes, villages et campagnes de l'Europe celtique* (Paris: 1989).

[10] Schlippschuh, O. (1974), *Die Händler im römischen Kaiserreich in Gallien, Germanien und den Donauprovinzen Rätien, Noricum und Pannonien.* Amsterdam; Greene, K. (1986), *The Archaeology of the Roman Economy.* Londres; Raepsaet-Charlier, M.-Th. et G. (1988), "Aspects de l'organisation du commerce de la céramique sigillée dans le Nord de la Gaule". *Münstersche Beiträge zur antiken Handelsgeschichte*, 7, 2 (1988), 45–69.

pour se généraliser quand le contexte de développement s'y prête. Y a-t-il pour autant conquête de "mécanismes homogènes et nouveaux" dans le cas de certains instruments agricoles? La réponse dépend des critères adoptés. Suivant que l'on considère—ou non—que l'assemblage instrumental doit avoir un effet démultiplicateur pour constituer en réel progrès, on définira le *vallus*, l'énigmatique *plaumoratum* et l'attelage au brancard comme des instruments passifs—ou originaux. Et selon que l'on est réceptif ou non, dans la longue durée, à la première apparition d'un élément technique intéressant, comme les *rotulae* du *plaumoratum* ou les brancards à crosses relevées dans l'attelage, on appréciera dans des sens différents, positifs ou négatifs, les inventions ou originalités de la Gaule du Nord.

Si nous faisons provisoirement l'impasse sur la période dite de Transition et envisageons les siècles centraux du Moyen âge, les sources disponibles pour les régions concernées—écrites, archéologiques et iconographiques—laissent entrevoir des éléments et systèmes nouveaux ou améliorés dans le domaine de l'outillage[11] et des techniques instrumentales[12]. Cependant, les miniatures, vitraux, bas-reliefs ou tapisseries qui constituent les principaux supports de l'iconographie à cette période présentent des figurations trop souvent imprécises, lacunaires, ignorantes des lois de la perspective, peu soucieuses de réalisme et donc apparemment peu fiables. La principale difficulté consiste alors à distinguer les éléments correspondant à une réalité concrète de ceux qui ne procèdent que de l'imagination de l'artiste, de sa méconnaissance de certains détails techniques ou de canons iconographiques préétablis. De nombreuses représentations mêlent, manifestement sans souci de véracité technologique, des éléments hérités de l'antiquité à d'autres plus modernes. La juxtaposition anarchique de ces éléments qui, dans certains cas, ne peuvent fonctionner ensemble, tend à prouver, d'une part, que la plus extrême prudence s'impose quant à l'interprétation des images et d'autre part, que la prétendue "révolution du collier d'épaule" est loin de s'être faite en un jour. On constate plutôt une lente progression, faite d'améliorations successives, dont les premiers exemples apparaissent dans la première moitié du Xe siècle, avec les figurations du *Traité des Vices et des*

[11] Pesez, J.M. (1991), "Outils et techniques agricoles du monde médiéval". *Pour une archéologie agraire*, ed. J. Guilaine (Paris: 1991), 131–164.

[12] Rommelaere, C. (1995), "L'attelage médiéval. Les documents figurés". *Brancards et transport attelé entre Seine et Rhin de l'Antiquité au Moyen âge*, ed. G. Raepsaet et C. Rommelaere (Treignes: 1995), 75–111.

Vertus de Prudence de Troyes (Paris, BN, Ms 8085). Mais il faut attendre le début du XIIIe siècle pour voir enfin en place tous les éléments du harnais moderne, dont certains semblent d'ailleurs avoir été empruntés au harnachement des chevaux de selle. La selle à piquer servit, en effet, longtemps comme support de dossière tandis que l'avaloire et la croupière ne sont sans doute pas étrangères à l'invention et à la mise en place du reculement. Ces diverses pièces de harnais ont en tout cas manifestement été créées pour s'adapter spécifiquement à la morphologie du cheval. Plus tard, des boeufs, des ânes et des mulets seront également attelés au collier ou à la bricole mais le phénomène est ici inversé par rapport à l'Antiquité, période durant laquelle la majorité des systèmes de harnachement—à joug—furent d'abord conçus pour les bovidés ou asiniens, et adaptés avec plus ou moins de bonheur aux équidés.

En ce qui concerne les énergies disponibles, il semble, en tout cas, qu'à côté des ressources hydrauliques et éoliennes[13], aux intéressants développements mécaniques, les équidés retrouvent pour la première fois, semble-t-il, depuis l'époque romaine, entre Seine et Rhin, une faveur particulière non plus seulement dans le transport mais aussi au labour, faveur qui augmentera tout au long du Moyen âge central, avec toutefois de grandes diversités régionales[14].

L'utilisation attestée du cheval dans l'économie[15] implique des modifications sensibles du harnais et la mise au point du collier d'épaule, avec ses corollaires, telles la sellette, la dossière et la sous-ventrière[16]. L'importance de ce nouvel appareil de traction équine appelle un commentaire. On peut aujourd'hui, une vingtaine d'années après les premières critiques émises l'encontre de la théorie de Lefèbvre des Noëttes et de la fracture historique conséquente à la "révolution

---

[13] Sigaut, Fr. (1985), *L'évolution technique des agricultures européennes avant l'époque industrielle.* Paris, 1985. Comet, G. (1992), *Le paysan et son outil.* Rome, 1992.

[14] La généralisation du cheval attelé à la charrue ne se ferait pas avant le XIVe siècle dans le Nord selon Slicher Van Bath B.H. (1960), *De agrarische geschiedenis van Westeuropa (500–1850).* Utrecht, 1960. Sur le rôle précoce du cheval dans le développement économique, voir notamment Astill G. (1997), "An Archaeological Approach to the Development of Agricultural Technologies in Medieval England", *Medieval Farming and Technology. The Impact of Agricultural Change in Northwest Europe.* Ed. G. Astill & Langdon, J. (Leyde, 1997), 193–223.

[15] Clutton-Brock, J. (1992), *Horse Power. A History of the Horse and the Donkey in Human Societies.* Cambridge Mass., 1992.

[16] Sur la typologie des transports routiers au moyen âge en France, voir Girault, M., *Attelages et charrois au Moyen âge.* Nimes, 1992.

du collier d'épaule", repenser la question de manière moins tranchée et dans un esprit moins polémique. Le collier d'épaule, en soi, est finalement accessoire, même du point de vue technologique; mais le nouvel assemblage mécanique réalisé—collier, traits, ensuite volée ou palonnier—constitue bien une innovation remarquable dont il ne conviendrait pas d'occulter l'intérêt. En effet, le petit joug "à l'antique" associé au brancard, en avant du garrot ou au bas de l'encolure, s'adapte bien à la morphologie des bovidés et asiniens, et permet de transférer dans les limons la force développée et transmise par l'épaule et le dos. L'encolure du cheval est plus longue et joue un rôle important dans l'équilibre de l'animal en mouvement. Pour que le jouguet antique donne sa pleine efficacité, il faut faire en sorte que le point de prise de force soit le plus bas possible, comme cela se voit sur certains reliefs gallo-romains. Cela peut s'obtenir, comme nous avons tenté de le démontrer par ailleurs, par l'enrênement, le dressage et l'équilibre des limons. Mais tant que l'on reste lié au système du jouguet et son association rigide avec un brancard à crosses relevées, il est impossible de descendre la prise de force suffisamment bas pour capter le maximum du potentiel énergétique du poitrail du cheval. Pour ce faire, il faut non seulement un harnais qui enveloppe l'épaule, mais des traits (souples) attachés au "collier", à mi-hauteur du poitrail, à des crochets de tirage. La convergence des forces disponibles à la pointe de l'épaule et la transmission de celles-ci offrent alors la meilleure résultante possible au parallélogramme des forces. Du point de vue typologique, le jouguet gallo-romain entre Seine et Rhin est parfois étonnamment proche du collier, avec une matelassure épaisse, mais le progrès fonctionnel réside dans l'abaissement de la prise de force, les traits et le palonnier. Somme toute le collier d'épaule associe dans un appareil de traction deux harnais antiques, la bricole écourtée qui prend appui au poitrail et le jouguet avec fourchon rigide appuyé sur l'épaule. On passe d'une traction haute à une traction basse ou mixte.

En Europe occidentale, il semble en tout cas que le collier ait connu un bien plus grand succès que la bricole, celle-ci n'apparaissant que très rarement dans l'iconographie. La prépondérance du premier sur la seconde, pour tous les travaux lourds, s'accentuera d'ailleurs avec l'amélioration progressive de la structure des colliers, de mieux en mieux adaptés à la morphologie des chevaux et littéralement faits "sur mesure" pour chaque animal. Les traits, d'abord embryonnaires dans le cas des attelages à brancards, vont s'allonger peu à peu vers le millieu du XIIIe siècle. C'est notamment le cas dans *Le voyage de Jacob en Égypte* extrait de la *Chronique universelle* de Rudolf von Ems (1250–1254, Saint-Gall, Bibliothèque Vadiana), mais de grandes disparités continueront à exister selon les régions et les époques. Dans la France du XVIIIe siècle, les traits courts étaient encore largement utilisés comme l'attestent les planches de l'*Encyclopédie* d'Alembert et Diderot consacrées au harnachement des chevaux de travail. Quant à la dossière et à la sellette, soutenant les brancards ou les traits, elles sont souvent avantageusement remplacées par la selle de type "à piquer", pommeau et troussequin très élevés. La conduite de l'attelage se faisait de ce fait la plupart du temps en selle, du moins sur le continent. L'Angleterre en effet semble avoir préféré un menage par cocher, depuis un siège aménagé à l'avant de la voiture. Munis du nouveau harnais, les chevaux sont désormais à même de remplacer le boeuf[17]. Mais jamais la progression ne sera systématique et continue[18]. Une étude récente de J.J. Liebowitz[19] tend même à montrer que, dans le pays industrialisés, le véritable remplacement du boeuf par le cheval au labour, ne date que de quelques décades avant que le cheval ne soit lui-même remplacé par les tracteurs automobiles. John Langdon qui a effectué la recherche pour la Grande-Bretagne de 1066 à 1500, propose un modèle intéressant[20]. L'augmentation nette de l'utilisation du cheval, pour la période envisagée et constatée surtout en Angleterre proprement dite, est en relation avec le charroi plus qu'avec le labour, mais les proportions sont très variables de région à région, selon le sol, le relief,

[17] Il est possible que les Francs aient pu jouer un rôle dans l'arrivée de chevaux plus lourds: Nobis, G. (1973), "Die Pferde aus dem Frankische Gräberfeld von Rübenach", *Die Frankische Gräberfeld von Rübenach*, ed. R. Pirling (Krefeld: 1973), 275–282.

[18] Cheval et boeuf ont des qualités propres qui, du point de vue de la gestion d'un domaine, peuvent se compenser. Le remplacement de l'un par l'autre ne s'impose pas nécessairement. On trouve des traces de ce vieux débat sur les qualités respectives du cheval, de la mule et du boeuf de trait dans toute la littérature agronomique, depuis l'époque romaine jusqu'aux dernières éditions de *La Maison rustique* et, aujourd'hui encore, dans les manuels et guides d'agriculture destinés aux pays tropicaux: par exemple, *Techniques rurales en Afrique* (Paris: 1971), 25–28.

[19] Liebowitz, J.J. (1990), "The Persistence of Draft Oxen in the West". Paper presented for the Xth International Economic History Congress Louvain 1990 (inédit); sur la généralisation du cheval comme force motrice au XIX siècle, on verra Lizet B. (1982), *Le cheval dans la vie quotidienne* (Paris: 1982).

[20] Langdon, J. (1986), *Horses, Oxen en Technological Innovation* (Cambridge: 1986). Langdon, J. (1984), "Horse Hauling: A Revolution in Vehicle Transport in XIIth–XIIIth Century England", *Past and Present*, 103 (1984), 37–66.

l'organisation de la production et du faire-valoir. L'apport majeur du cheval attelé serait lié à la "sophistication croissante des transactions de marché" et au développement des communautés urbaines. L'effet le plus important se ferait sentir dans l'efficacité du transport, au niveau des échanges ville-campagne, mais l'apport global à l'économie est impossible à quantifier, et même difficile à prouver. L'attelage amélioré du cheval est-il la—ou une—cause du développement de la commercialisation agricole, ou la croissance de l'économie de marché est-elle responsable de l'augmentation des attelages à cheval. . .? Et peut-on avec Br. Campbell[21] considérer—même *cum grano salis*—que le cheval est "technologically the most active member of medieval society"?

Que dire enfin de la période de Transition? Si nous admettons que la traction au collier d'épaules existe bel et bien au Xe siècle, ce qu'un faisceau d'indices tend à montrer, l'appareil de traction peut très bien exister avant, mais les sources sont actuellement faibles. Nous avons jusqu'ici eu plutôt tendance à défendre l'idée que le développement du nouveau système de traction devait se comprendre dans le contexte de la coissance économique sensible surtout au Moyen âge central, selon un schéma un peu analogue à celui du Haut Empire romain. Mais ce n'est là qu'une hypothèse de travail.

La dynamique économique carolingienne n'est pas à sous-estimer. Le potentiel de traction lourde y existe inconstestablement, comme J.-P. Devroey[22] l'a clairement montré, mais plutôt lié au joug de boeufs. L'efficacité ou non est alors un problème de morphologie, de poids, de bonne santé et de dressage.

A cet égard, on manque toujours de données archéozoologiques suffisantes. L'impression dominante, à la lecture des rapports de J. Boessneck[23], N. Benecke[24], S. Lepetz[25], est que le bétail perd en poids, en taille, en diversité au haut Moyen âge, sauf le cheval, ce qui amène Boessneck à supposer un lien causal entre la mise au point

---

[21] Campbell, Br. (1988), "Towards and Agricultural Geography of Medieval England", *Agricultural History Review*, 36 (1988), 87–98.

[22] Devroey, J.P. (1979), "Un service de transport à l'abbaye de Prüm au IXe siècle", *Revue du Nord*, 61 (1979), 543–569.

[23] Boessneck, J. (1958), *Zur Entwicklung vor- und frühgeschichtlicher Haus- und Wildtiere Bayerns im Rahmen der gleichzeitigen Tierwelt Mitteleuropas* (Munich: 1958).

[24] Benecke, N. (1994), *Archeozoologishe Studien zur Entwicklung der Haustierhaltung* (Berlin: 1994).

[25] Lepetz, S. (1996), *L'animal dans la société gallo-romaine de la France du Nord* (Amiens: 1996).

du nouvel appareil de traction et le cheval dans "la deuxième moitié du Ier millénaire". En fait le cheval garde simplement sa taille élevée acquise à la fin de l'époque romaine. Par contre le boeuf baisse sensiblement de taille. Serait-ce dû à l'abandon progressif d'une catégorie de boeufs? A viande par exemple? Ou est-ce un problème de perte de connaissane et de savoir-faire dans la technologie de la reproduction? Le problème du cheval est complexe. Un bon cheval de trait ne doit pas être grand. La taille au garrot est avantageuse pour le cheval sellé, mais ne l'est pas pour la traction.

L'iconographie, bien que peu exploitable à cet égard avant le XIIIe siècle, ne semble pas faire de notables différences entre chevaux de selle, d'attelage ou même de labour. Tous paraissent être de taille relativement petite, assez trapus, avoir l'encolure massive, les jambes courtes et offrir une allure générale de poneys rustiques. En fait, de l'époque romaine jusqu'au bas Moyen âge, il ne semble pas y avoir eu un accroissement de taille, et donc de poids, suffisamment spectaculaire pour permettre de sensibles améliorations du rendement par rapport aux charges tractées. Cette constatation tirée de l'iconographie rejoint celle énoncée par d'autres auteurs sur base de découvertes archéologiques. Les travaux récents de Ann Hyland[26] ont pu démontrer, suite à l'étude comparative de différents fers découverts lors de fouilles, que les chevaux ne devaient, dans l'ensemble, pas dépasser la taille d'une jument arabe actuelle, pour un poids de 360 à 455 Kg. Cette taille et ce poids, bien sûr très réduits par rapport aux "gros traits" qui seront produits au XIXe siècle, ne sont pourtant pas incompatibles avec des capacités considérables de traction. Si la taille et le poids peuvent jouer un rôle non négligeable, ils ne constituent qe'un des facteurs de rendement. Mais c'est surtout le caractère compact et "près de terre" qui font le bon laboureur ou le bon cheval d'attelage. Les petits chevaux développent une énergie, une endurance et une sobriété souvent supérieures à leurs homologues plus lourds et ces qualités ont certainement dû jouer en leur faveur, comme semble l'indiquer leur incontestable émergence comme animaux de travail, dès les premiers siècles du Moyen âge.

[26] Hyland, A. (1996), *The Medieval Warhorse from Byzantium to the Crusades* (Phoenix Mill: 1996). Pour l'actualisation de la problématique, voir Raepsaet G. (2002). Cf. supra n.*

LES CÉRÉALES DU BAS-EMPIRE AU MOYEN AGE

Georges Comet

Que produisait-on, que consommait-on comme graine alimentaire pendant le Haut Moyen Age occidental ? Nous avons volontiers tendance à penser que, s'agissant de produits de base comme les farines, les pains, la stabilité a régné pendant des siècles. Mais, s'il est vrai que les mutations sont lentes, elles existent et sont parfois nettes. C'est, d'une part, que les régimes alimentaires ont pu évoluer (plus ou moins de viande et de gibier par exemple), que les genres ou espèces de grains que l'on a appréciés ont pu changer en fonction de divers critères, que les espèces et leurs diverses variétés ont évolué. Ces évolutions ne sont pas le fait de choix et de décisions politiques, mais se sont imposées par une mutation parfois écologique, parfois sociale ou même combinée.

Cependant nous savons encore peu de choses sur cette question en ce qui concerne l'aspect concret des produits obtenus car les sources de documentation sont défaillantes. Les textes évoquent surtout les aspects économiques, commerciaux, voire juridiques et l'iconographie ne peut rendre aucun service, car pour distinguer vraiment le blé de l'épeautre par exemple, sur des dessins, il faut attendre au moins d'avoir ceux des botanistes du XVIe siècle. La seule source qui depuis quelques années ait apporté du nouveau est l'archéologie et plus particulièrement la carpologie[1] et la palynologie. Ces deux secteurs de l'archéologie, bien que connus depuis la fin du XIXe s. (pour la carpologie) et le début du XXe (pour la palynologie) n'ont vécu un véritable essor que depuis un tiers de siècle; cela va de pair avec le véritable engouement actuel pour une archéologie de l'environnement[2]. En recherchant et en analysant les grains et les pollens

[1] Sur la carpologie en général:
Philippe Marinval & Marie-Pierre Ruas, La paléocarpologie en archéologie, *Nouvelles de l'Archéologie* 18, 1984–1985, pp. 27–32.
Philippe Marinval, Recherches expérimentales sur l'acquisition des données en paleocarpologie, *Revue d'archéométrie* 10, 1986, pp. 57–68.

[2] On lira avec profit sur ces questions la bonne mise au point de Philippe Jockey, *L'archéologie*, Paris, Belin, 1999.

retrouvés dans les fouilles (à l'inverse de ce qu'on pense souvent, ils ne sont pas rares) et que l'on avait pendant longtemps négligés, on a pu repérer quels grains étaient cultivés, quand et où. On a même procédé à de l'expérimentation en palynologie, ainsi que des comparaisons de type ethnobotanique, ce qui a pu permettre de préciser les apports de cette discipline[3]. Néanmoins si les promesses sont belles, les résultats sont encore limités car les problèmes d'identification (entre autres) sont importants. Le brouillard est parfois moins dense, mais on est encore loin de pouvoir dresser des cartes complètes.

Comment parler des grains

Nous allons nous intéresser aux céréales. Le terme lui-même n'est pas un terme de botanistes mais d'agronomes; il recouvre "toutes les plantes de la famille des graminées dont le grain possède une amande amylacée susceptible d'être utilisée dans l'alimentation des hommes ou des animaux"[4]. Cela inclut dans notre étude le blé, l'orge, le seigle, l'avoine, le sorgho, le millet. En sont exclus pour des raisons évidentes de chronologie le riz et le maïs. Il se pose cependant quelques problèmes. Ainsi celui du sarrasin. Sa dénomination de "blé noir" comme son utilisation le feraient ranger dans les céréales, pourtant, ce n'est pas une graminée mais une polygonacée. On a longtemps pensé, en se fondant sur les textes qui en parlent, que la plante n'était apparue en Europe qu'au XVe siècle, peut-être apportée par les Mongols. Pourtant, la palynologie et la carpologie le font remonter, dans le sud de la France, au XIIIe s. et en Armorique à l'âge du fer[5]. Aux Pays-Bas on en trouve des pollens et des graines dès le XIIe s., en Bretagne seulement des pollens, comme en Languedoc, et qui remontent bien plus haut dans le temps[6]. Mais

[3] On se reportera par exemple à Karen Lundström-Baudais et alii, "Les millets: recherche ethno-botanique et culture expérimentale. Brig-Glis "Waldmatte", Valais, CH, 1992–94.

[4] Henri Gondé *et alii*, *Cours d'agriculture moderne*, Paris, La maison rustique, 1968.

[5] Lionel Visset, Palynologie des sites préhistoriques et protohistoriques dans le district phytogéographique de Basse-Loire (Massif armoricain-France), in Renault-Miskovsky Josette, Bui-Thi (M.) et Girard (M.) (éds). *Palynologie archéologique, Actes des journées de Valbonne*, 25–27 janvier 1984, Paris, Ed. du CNRS, 1985, *Notes et monographies techniques* n° 17, pp. 443–461. Cf. aussi Emilie Gauthier, *Evolution de l'impact de l'homme sur la végétation du massif jurassien au cours des quatre derniers millénaires*. Thèse, Besançon, 2001.

[6] Cf. note n° 3.

nous n'en parlerons pas davantage, car il est encore difficile de dresser une géographie de la plante.

Les graminées sont des plantes à fleur et à fruit dont l'ovule est renfermé dans un ovaire clos. On distingue les autogames dont l'ovaire de la fleur est fécondé par le pollen de la même fleur. D'autres sont allogames: c'est le pollen d'une autre plante qui féconde l'ovaire. Sont autogames le blé et l'orge; sont allogames le seigle et l'avoine. Pour l'évolution des variétés, la qualité d'autogame ou d'allogame a son importance. Ainsi le blé, se fécondant lui-même, garde tous ses caractères génétiques de manière remarquablement constante, et même, au contraire, il est difficile d'assurer des croisements de variétés[7]. On peut ainsi admettre l'hypothèse d'une certaine constance des variétés, en ce qui concerne le blé et l'orge: sans intervention délibérée de l'homme, ces plantes n'évoluent que fort lentement.

Les distinctions contemporaines que nous établissons entre les plantes sont fondées sur des critères botaniques, de forme en grande partie, et pas sur des critères agronomiques. Les textes médiévaux pouvaient établir des distinctions très fortes entre l'épeautre et le blé tendre[8], alors que nous les plaçons dans le même genre (*Triticum*), et les praticiens pouvaient fort bien utiliser des genres de grains différents si le besoin s'en faisait sentir.

Des mots pour les dire

Avant d'étudier les diverses céréales et l'évolution de leur culture il convient de bien s'entendre sur le sens des mots à leur égard. On sait bien que longtemps, et encore au XVIIIe siècle, le mot "blé" est employé pour désigner toute céréale: froment, épeautre, mais encore millet, sarrasin, voire même maïs.... Ce n'est qu'avec le XIXe siècle que peu à peu s'individualise le mot de froment qui finit par se restreindre au *triticum vulgare* des botanistes. La véritable précision n'est atteinte que par la nomenclature botanique en latin. Mais les choses sont plus complexes encore en latin. Les mots pour dire ces plantes manquent, et l'on ne peut remplir avec des termes latins les distinctions que nous établissons maintenant soit dans le vocabulaire soit dans la réalité des carpologues.

---

[7] M. Clément-Grancourt, *Les céréales*, Paris, 1971.

[8] Thomas D'Aquin, *Summa theologica*, III, est formel: on ne saurait confectionner le pain de l'eucharistie avec de l'épeautre.

Déjà les Romains n'étaient pas très rigoureux: le *far* désignait le blé vêtu en général, et *siligo* ou *triticum*, puis tardivement *frumentum*, le blé nu. Mais *triticum* peut désigner plus précisément le blé dur ou le blé poulard; quant à siligo, c'est le blé tendre et *frumentum* signifie le grain alimentaire avant de glisser au sens de froment. Pour la période médiévale l'imprécision des termes semble de règle[9]. A l'intérieur de la seule Italie, il convient de distinguer au moins deux domaines, le continental et le péninsulaire[10]. Toute l'Italie des VIIIe et IXe siècles connaît un *granum* polysémique, employé à la fois pour froment et pour céréale. Mais à la même époque, la cour royale puis impériale des carolingiens utilise *frumentum* pour désigner le froment (Concile de Francfort, 794; capitulaire de Nimègue, 806 . . .). C'est le sens qui est donné par la suite à ce mot, comme on le voit chez Jean de Garlande.

Frumentum n'apparaît en Italie qu'à la fin du IXe siècle; c'est alors un mot savant, employé par la langue notariale et dont le succès est important dans le nord. C'était une région où l'on éprouvait le besoin de distinguer, dans les mots, la notion de céréale de celle de froment. Localement cependant des variations dans un sens inverse ont pu se produire si l'on regarde les langues vernaculaires: c'est le cas du Piémont qui ne connaît qu'un seul mot, *grano*, pour les deux notions. Au cours du IXe siècle on rencontre aussi d'autres mots, en particulier *triticum*, *far* et *annona*.

Triticum. Le terme est utilisé depuis longtemps, mais il n'a pas au VIe, ni même encore au VIIIe siècle, le sens précis de froment quand il n'est pas compris dans une énumération. On écrit: "*jamque triticum deerat*"[11], "*Tritici mensuram pistoribus dedit*"[12]. Ce sont là des emplois du mot au sens de céréale, à la rigueur de céréale panifiable, or on fait du pain avec beaucoup de grains . . . Au IXe siècle pourtant, *triticum* a bien un sens de céréale quand les *Annales regni francorum* l'opposent à *legumina*: "*frumenta quoque et legumina imbrium adsiduitate corrupta vel col-*

---

[9] Elle le demeure à l'époque moderne, ainsi que l'a montré Hugues Neveux, *Les grains du Cambrésis, fin du XIVe–début du XVIIe siècle*, Lille, 1974.
– Nous avons déjà abordé cette question, dans Georges Comet, A propos de diverses céréales au moyen âge, *Les techniques de conservation des grains à long terme*, Paris, C.N.R.S., 1979, pp. 139–143.

[10] Paul Aebischer, Les termes qui rendent les idées de blé et les idées affines dans le latin médiéval d'Italie, *Mélanges de linguistique et de littérature romanes offerts à Mario Roques*, t. III, Paris, 1952.

[11] *Vie de Saint Benoît*, in *Patrologie Latine*, Migne, LXVI, 172.

[12] *Vie de Saint Grégoire le Grand* par Jean, diacre, *Patrologie Latine*, Migne, LXXV, 240. *Triticum* traduit ici le grec σιτος.

ligi non poterant vel collecta computrescebant". Parfois encore, on peut donner a *triticum* le sens plus précis d'un blé particulier, ainsi le blé rouge: "*grana cerulei Aquitaniae tritici nostri*"[13] Cette dénomination de blé rouge recouvre un froment de printemps, répandu en Italie et dans les pays chauds de l'Europe méditerranéenne. Au XIe siècle au plus tard, *triticum* se rencontre avec le sens de froment: "*panis triticei . . . nulla erat mentio; siligo etiam omnino deerat; sola avena . . . molebatur*" Au XIIIe siècle, c'en est fait, la langue des savants a définitivement admis *triticum* dans le sens de blé-froment.

Far. Couramment utilisé par la langue des archives pendant la période carolingienne, ce mot ne se voit plus guère au-delà. On l'emploie comme le vieux mot de Pline (XVIII, 81): un blé vêtu. Ce n'est pas forcément l'amidonnier (*triticum dicoccum*). Le terme n'a subsisté de nos jours qu'en portugais, catalan et italien, avec des sens variés: respectivement orge mondé, farine d'orge, épeautre[14].

Annona est par contre un mot fréquent et d'un emploi nouveau dans le monde médiéval Dans l'Antiquité c'était la récolte de l'année, et plus encore l'approvisionnement en nourriture. Mais dès Grégoire de Tours, le sens de céréale est présent[15]. Les exemples carolingiens sont nombreux. Citons simplement le capitulaire de Francfort: "*Ut nullus homo . . . carius vendat annonam*", suivi de l'énumération des composantes de l'annone: avoine, orge, seigle, froment. Dans ce même texte, outre ce sens de céréale, *annona* signifie les grains vendus par le roi en provenance du surplus de ses *villae: "annona domni regis"*.

Le Capitulaire *de Villis* (c. 62) parle du millet et du panic, mais ils ne font pas partie de l'annone. Ils sont placés après les légumes, avant la laine, bien loin de l'annone nouvelle et de l'ancienne[16]. Mais par contre, le terme englobe vraisemblablement les fèves et les pois

---

[13] Eldefonsus, *Revelatio* . . . [Traité sur la fabrication des hosties], IXe siècle. Le texte est publié dans *Patrologie latine*, Migne, CVI, 889, suivant une ancienne lecture de Mabillon. La citation rapportée ci-dessus est la lecture par Guérard du Ms. lat. 2855 de la Bibliothèque Nationale de Paris, publié dans *Polyptyque de Saint Germain*, t. I, Paris, 1857.

[14] Paul Aebischer, Les dénominations des céréales, du blé et du froment d'après les données du latin médiéval, *Essais de Philologie moderne*, Bibliothèque de la Faculté de Philosophie et Lettres de l'Université de Liège, CXXIX, 1953, repris ensuite dans les *Miscelanea Paul Aebischer*, San-Cugat-del-Vallés, 1963.

[15] M. Bonnet, *Le latin de Grégoire de Tours*, Paris, 1890. Chez Isidore le mot existe, mais l'auteur n'en donne pas le sens: *"Annona tractum est a tempore quo Romani veteres ad cibos advocabantur, sic Martialis: "Imperat excelsos frangere nota toros".*

[16] *Monumenta Germaniae Historica, Capitularia*, t. 1, 1883: *"Et unusquisque judex . . . quid de leguminibus, quid de milio et panigo, quid de lana, lino vel canava . . . quid de cervisa, de vino novo et vetere, de annona nova et vetere . . . nobis notum faciant".*

que l'inventaire du fisc d'Annapes range à la suite des autres céréales, comme on le fait encore volontiers au XVIIIe siècle. C'est en effet devant le terme de *bladum, blat, blé,* que semble le céder peu à peu *annona. Bladum* apparaît dans les textes au Xe siècle, avec le sens de céréale.

Siligo et secale. Deux mots qui posent bien des questions[17]. Pline connaît *siligo* dans le sens générique de blé nu ou, plus particulièrement, de froment (*triticum vulgare*). En Gaule le mot disparaît à la fin de l'Empire, et ni Grégoire de Tours ni les auteurs mérovingiens ou carolingiens ne l'emploient, alors que l'Italie et l'Allemagne l'utilisent, au IXe, au Xe siècle encore, avec le sens de froment de bonne qualité. Dans l'Espagne du VIIe siècle, Isidore de Séville en fait toujours une sorte de blé tendre: "*siligo enim genus est tritici*" (*Etymologies*, XX). A partir au plus tard du XIIe siècle, le mot n'a plus le même sens. *Siligo* recouvre désormais le seigle, en Italie comme en Allemagne[18]. Peut-être même en certains endroits comme la Lorraine faut-il faire remonter ce glissement sémantique au XIe siècle.

Secale est employé par Pline dans le sens de seigle, mais il est le seul auteur classique à le faire, car cette céréale est pratiquement inconnue des Romains. On le trouve ensuite une fois chez saint Jérôme et une fois chez Isidore de Séville. Il reparaît vraiment avec les carolingiens. Les capitulaires en font un bon emploi sous les formes *sigilis, sigalo* . . . Il est probable que *siligo* soit devenu *sigilis* par métathèse et ait alors été absorbé, quant au sens, par *secale.* C'est fait à partir de l'an mille.

Pour en finir avec cette revue des termes, disons qu'*avena* et *ordeum* ne posent aucun problème de vocabulaire, sinon que la graphie est flottante pour *hordeum/ordeum.* Le sens fut toujours net et n'a pas varié: avoine, orge. Sans difficulté non plus, pour la période médiévale, *spelta,* l'épeautre, un grain vêtu que les carolingiens mentionnent très souvent. Enfin *panicum, milium,* sont toujours panic, millet. Probablement parce qu'elles sont moins courantes, ces graines sont bien précisées par le vocabulaire.

---

[17] Paul Aebischer, Le seigle dans le latin médiéval, *Zeitschrift für Romanische Philologie,* 1953, vol. 69, pp. 392–402.
– P.J. Jones, L'Italia agraria nell'alto medioevo: problemi di cronologia e di continuità, *Settimane di studio del centro italiano di studi sull'alto medioevo,* Spolète, XIII, 1965, pp. 57–92.

[18] Ainsi Hildegarde de Bingen, dans sa *Physica,* à la fin du XIIe siècle, emploie *siligo* dans le sens de seigle. *Patrologie latine,* Migne, CXCVII, 1129.

Les études linguistiques menées sur ces termes, conduisent à constater une grande variété dans le signifié des termes les plus fréquents, en fonction des régions, des époques aussi. Notre propos d'historien n'est pas d'élaborer une chronologie et une géographie de l'emploi des mots. Constatons seulement que les regroupements de diverses plantes sous un même mot générique correspond à une certaine préhension de la réalité. L'évolution sémantique des mots signifie que les notions de base concernant ces plantes alimentaires ont changé, que ce soit par le résultat d'une expérience ou par le désir de classer et dire le réel.

Des catégories pour classer

Les praticiens de l'agronomie ont longtemps fondé la distinction entre les grains sur un critère important dans la transformation de la plante. Il s'agit de la différence entre "blé nus" et "blés vêtus". Déjà Théophraste et Pline[19] connaissaient cette opposition, fondée sur certaines des caractéristiques mécaniques de ces plantes. L'épi des céréales comporte un axe central, le rachis, sur lequel sont fixés les épillets qui contiennent les grains entourés de leurs enveloppes, glume et glumelles. Dans certaines espèces, le rachis est très fragile; lorsqu'on bat le grain, il se brise au niveau de l'épillet et le grain se détache en demeurant entouré de ses enveloppes. On parle alors d'un grain vêtu. Si, par contre, le rachis résiste, le grain tombe alors nu, sans enveloppe. Sont des blés vêtus: l'engrain, l'amidonnier, l'épeautre, toutes espèces qui appartiennent au genre *triticum*, comme le froment qui est, lui, un blé nu. Les orges et les avoines connaissent aussi des espèces nues et d'autres vêtues, mais ici les vêtues l'emportent nettement sur les nues.

La différence est d'importance. En effet, les grains nus peuvent être moulus dès leur sortie du battage: un simple passage au moulin permet d'en obtenir une farine comestible. Par contre, concernant les grains vêtus, il faut d'abord leur enlever les glumes avant de pouvoir moudre: c'est l'opération du mondage qui représente un travail supplémentaire avant la consommation. Dans le mouvement séculaire qui a fait décliner l'épeautre face au froment, l'un des atouts du froment est qu'il ne nécessite aucun mondage et que sa consommation permet un appréciable gain de temps et de coût de main-d'oeuvre lors de la transformation en farine.

---

[19] Theophraste, *Historia plantarum, IV, 6*; Pline, *Histoire Naturelle*, XVIII, 112.

Derrière les mots . . .
Ces appellations anciennes ressortissent d'une approche fondée sur l'expérience ou sur les qualités nutritionnelles que ces plantes représentent pour l'homme et non sur la forme qu'elles revêtent. Le vocabulaire a toujours bien individualisé l'orge, l'avoine, le seigle, le millet, l'épeautre, le sorgho. Ce qui pose question ce sont les notions de céréale et de froment. Il y a là deux concepts bien différents: l'un, celui de céréale, concerne ce qui sert de base à l'alimentation quotidienne de l'homme, plus spécialement sous forme de bouillie ou de pain. L'autre, celui de froment, c'est celui du grain le meilleur, le plus noble, l'idéal de l'abondance. Les termes les plus vastes et les plus flous correspondent aux temps où l'objectif essentiel était de produire la quantité de nourriture indispensable pour assouvir les besoins indispensables Ainsi réunit-on sous un même vocable grains et légumineuses. Certes, Pline les distinguait nettement, opposant les *frumenta* (blé, orge . . .) aux *legumina* (fèves, chiches . . .) (XVIII, 48). C'était un discours scientifique; par la suite les textes de la pratique, eux, n'entrent pas dans cette distinction. Une fois ce premier objectif de nourriture atteint, on a pu préciser quel était le meilleur parmi les grains, celui qui avait la faveur de l'aristocratie, celui aussi qui était suffisamment digne d'être consacré à Dieu dans l'hostie. Ce n'est qu'après qu'on a séparé ce qui convient à l'homme de ce qu'on réserve aux animaux, et qu'on a distingué blés d'hiver et de printemps.

Les nuances dans le vocabulaire sont bien fragiles; d'un auteur l'autre elles varient et il convient de toujours demeurer prudent dans l'interprétation des termes, surtout des plus anciens. Cette instabilité du sens vient de l'usage très fréquent de ces mots et aussi de ce que ces notions traduisent parfois davantage des aspirations que des réalités. Il suffit d'une disette pour que l'avoine devienne un mauvais pain, et que les farines de fèves ou les vesces redeviennent l'essentiel de la nourriture quotidienne.

Les deux grands: froment et seigle

C'est essentiellement autour de ces deux-là que se passent les variations entre l'Antiquité et le Moyen Age. Le froment qui avant le IIIe siècle était un produit de qualité destiné aux marchés urbains[20], tend

[20] Cf. Massimo Montanari, *Alimentazione e cultura nel Medioevo*, Laterza, Roma-Bari, 1989.

à devenir maintenant, avec le Haut Moyen Age, l'apanage des classes supérieures. L'Antiquité tardive a commencé à préférer au blé des produits plus résistants, aux rendements mieux assurés. Ainsi le seigle, que Pline (XVIII, XL) qualifiait de *deterrimum*, arrive-t-il sur le devant de la scène et en certaines régions devient la céréale la plus cultivée.

Le froment

Le meilleur est le plus dense

Une des façon d'apprécier la qualité d'une céréale est d'en connaître la "masse volumique". C'est son poids par unité de volume autrement dit, sa densité. Elle dépend de la variété du grain, de la récolte, du degré d'humidité etc . . . Cependant, l'avis des agronomes est unanime: les meilleurs grains sont les plus denses. Les médecins confirmaient le fait: le *Tacuinum sanitatis* indique à l'article *frumentum: "melior ex eo: pingue, ponderosum"*. Ces grains les plus denses donnent la farine ayant la meilleure valeur boulangère, ils donnent aussi la plus grande quantité de farine[21]. Nos blés actuels pèsent environ 75 kg à l'hl. ce qui fait une densité de 0,75. Déterminer la densité des blés anciens n'est pas facile. Au delà du problème bien connu de la valeur des mesures, il y a d'autres variables inconnues comme l'humidité, les impuretés. Un blé humide est moins dense, car il gonfle et occupe ainsi un plus grand volume. Un blé contenant de petites impuretés est plus lourd.

Dans le monde médiéval lorsqu'il s'avérait nécessaire de fixer de nouveaux prix du pain, les autorités procédaient à des "essais du pain" mais ces relevés ne remontent pas au delà du XVe s. Néanmoins on constate alors que cette densité semble osciller autour de 0,645, soit 17% de moins que la situation actuelle. On est tenté de penser qu'il a pu y avoir changement des espèces, par sélection progressive et que cela a entraîné un accroissement de la densité des blés . . . Les choses paraissent toutefois plus complexes. Nous disposons pour l'Antiquité romaine des données de Pline. Selon lui, le blé de Gaule a une densité qui ne dépasse pas 0,75, mais c'est le blé le plus léger.

Massimo Montanari, *La faim et l'abondance, histoire de l'alimentation en Europe*, Paris, Seuil, 1995.

[21] On considère qu'on obtient une farine blanche de bonne qualité en extrayant du grain un pourcentage de farine égal à la densité du grain. Plus cette dernière est faible, moins on obtiendra de farine de qualité.

Celui de Sardaigne atteint 0,768, celui de Sicile: 0,78, celui de Bétique: 0,787, et celui d'Afrique: 0,815 (il s'agit là d'un blé dur). Ces calculs ont été refaits plusieurs fois[22], ils indiquent des valeurs tout à fait similaires à celles de nos blés actuels. On ne peut donc pas envisager une évolution du genre *Triticum*, de l'Antiquité à nos jours, conduisant de façon linéaire vers une densité plus élevée.

Il est peu probable qu'un mouvement séculaire ait fait diminuer la densité pendant un millénaire pour ensuite la faire remonter[23]. Rien ne permet d'aller sérieusement dans ce sens. Par contre, les conditions économiques et alimentaires dans lesquelles furent effectués ces essais médiévaux se ressemblent toutes. Chaque fois c'est au cours d'une période de cherté et de rareté des grains; on a procédé à ces essais lorsqu'il y avait crise frumentaire, donc à la suite de mauvaises récoltes. Le blé de ces années de crise avait une densité plus faible que les blés d'abondance. Ce sont probablement des raisons conjoncturelles, de faible ou moyenne durée, pouvant cependant s'étendre sur un ou deux siècles, qui font que l'on rencontre alors un grain dont la faible densité est bien le signe d'une médiocre qualité.

Identifier les variétés

Nous définissons actuellement les grains par le nombre des chromosomes et leur donnons des noms de variétés bien distinctes; c'est chose récente. Dès l'Antiquité cependant, les agronomes ou Pline, classaient les grains suivant divers critères. Certains, agronomiques: céréale d'hiver, de printemps, résistance aux intempéries . . . D'autres, de finalité: grains plus ou moins bien adaptés à tel usage. Enfin on se servait aussi de critères de forme: épi barbu ou non, taille et couleur de l'épi, du grain, de l'endosperme . . . Malheureusement il n'existe pas de Pline médiéval et les informations textuelles sont minces, or, la carpologie ne peut encore pas préciser par exemple si elle se trouve face à un grain de blé tendre ou de blé dur[24].

---

[22] Naum Jasny, *The wheats ot classical antiquity*, Baltimore, The John Hopkins Press, 1944.
– Jacques André, *L'alimentation et la cuisine à Rome*, Paris, 1961.
– Auguste Jardé, *Les céréales dans l'antiquité grecque*, Paris, 1925.

[23] On songe à cela, bien sûr, en pensant à l'évolution de la taille des boeufs, telle que les archéozoologues l'ont mise en relief. Cf. Audouin-Rouzeau, Frédérique, livres et articles, dont le récent: Cheptel antique, cheptel médiéval: mutations ou innovations, *L'innovation technique au Moyen age*, Paris, Errance 1998, 30–34.

[24] Cf. Marie-Pierre Ruas, Semences archéologiques, miroir des productions agraires en France méridionale du VIe au XVIe siècle, *Castrum 5, archéologie des espaces agraires méditerranéens au Moyen Age*, Madrid, Rome, Murcie, 1999, 301–316.

Isaac le Juif, aux confins des IXe et Xe s., admet cinq manières de différencier les blés et il est entièrement repris au XIIIe s. par Vincent de Beauvais. Il différencie d'abord selon la forme: il y a un blé lourd et épais, difficile à rompre, d'aspect doux et brillant, et un autre, plus rare, à l'aspect doux mais très facile à rompre. Le premier convient très bien à faire la fleur de farine et donne une bonne nourriture au corps, mais convient moins bien pour la santé. Le second contient beaucoup plus de son que d'amande. et, s'il est moins bon pour la nourriture, il est meilleur pour la santé. La distinction est originale qui ajoute à la forme l'apport énergétique des deux grains et leurs qualités diététiques[25]. Une autre distinction se fonde sur la qualité du sol où pousse le grain: une terre grasse et épaisse donne un bon grain, gros, lourd, nourrissant. Une terre sèche et maigre, un grain léger, petit, peu nutritif. Suivant le climat aussi le blés seront différents: le Midi, chaud et sec, connaît des blés peu nourrissants car il contiennent peu d'humeurs. L'Orient, chaud et humide, porte des blés rares et légers; l'Occident, froid et humide donne des blés contenant peu d'amande et beaucoup de son. Ce sont les régions du septentrion qui recèlent le meilleur grain: neige et glace font que le son y est peu important et ce blé "*perfecte nutrit et cito digeretur*". Autre critère encore, la qualité de l'air: les gros grains à l'amande copieuse viennent sous des airs dont la chaleur et l'humidité sont égales; les mauvais grains sont le fruit d'un air *immoderatum*. Enfin Isaac distingue le grain vieux et sec qui nourrit peu car son humidité a disparu, le grain récent, trop frais, qui donne des ventosités, et le grain ni trop récent ni trop vieux, qui est le meilleur.

Sur le plan agronomique, tout cela fournit d'intéressants renseignements: le meilleur grain vient des terres grasses, enneigées, en des régions au degré hygrométrique satisfaisant, et doit être conservé quelque temps avant d'être consommé. Sur le plan botanique par contre, la distinction des espèces est sommaire: il n'y en a que deux. La meilleure est celle dont le grain est le plus dur. On le voit, ce qui compte pour Isaac, comme pour les Anciens dont il s'inspire, ce n'est pas de nommer et d'élaborer une typologie normative, mais bien de ramener la nature à l'homme et de préciser quels sont les éléments qui lui sont le plus favorables. La "botanique" du temps n'est pas connaissance abstraite et normative, elle est diététique au quotidien.

---

[25] Isaac, cité par Vincent de Beauvais, *Speculum naturale*, XI, CVII, col. 855. Vincent déclare ce texte inspiré des Anciens et surtout des pythagoriciens.

Il faut ensuite attendre Pierre de Crescent, bien tard, vers 1300, pour avoir d'autres distinctions qui peut-être commencent à différencier des variétés: son meilleur froment a un grain moyennement long et blanc ou vermei à l'écorce subtile et déliée qui donne une farine très blanche. Un deuxième type a un grain gros et rond, blanc, rouge ou claret, et les épis en sont rouges, longs et nobles; moins bon que le précédent, la pâte qu'on en obtient ne lève pas aussi bien à la cuisson. Il existe enfin un froment caché sous son épi court; il est plus fragile et plus sensible à la nielle[26], mais il a un rendement meilleur parce qu'il multiplie les épis, à la différence des autres froments et surtout du blé rouge. Il est possible que ce blé rouge de Crescent corresponde à celui que nous avons déjà rencontré en Aquitaine à l'époque carolingienne[27] et qui était probablement un blé d'hiver. Ces blés rouges d'Aquitaine et d'Italie sont difficiles à identifier. Enfin, le public, lui, marquait la différence par les prix du marché. Les essais du pain montrent bien que l'on achète des blés nettement différenciées, à des prix différents: blés de France, de Beauce, de Neubourg. On distingue aussi les blés moyens et le "meilleur grain".

Dur ou tendre ?

Il faut cependant mettre à part le blé dur qui n'est pas une variété mais une espèce particulière, le *triticum durum*. Jasny le considérait comme répandu dans toute la Méditerranée à l'époque classique. Pour Watson, ce que Jasny a pris pour du blé dur était de l'amidonnier, et il faudrait retarder au XIIIe siècle l'arrivée massive du blé dur en Occident[28]. La démonstration de Watson n'est pas convaincante, dans la mesure ou il se fonde surtout sur les utilisations culinaires du blé dur. Il considère en effet que le blé dur n'est vraiment répandu que lorsqu'on en consomme une grande quantité sous forme de semoule, dans le couscous ou les pâtes alimentaires; et pour lui le couscous ne se répand en Tunisie qu'avec le XIIIe siècle. Pourtant des textes tunisiens des VIIIe et IXe siècles le donnent déjà comme

[26] Maladie dont on attribuait l'origine au brouillard.

[27] Cf. note n° 11.

[28] Andrew M. Watson, Toward denser and more continuous settlement: new crops and farming techniques in the early middle ages, *Pathways to medieval peasants*, Papers on medieval studies, 2, edited by J.A. Raftis, Pontifical institute of Medieval studies, Toronto, 1981, pp. 65–82.

un aliment populaire[29] et déjà au XIIe siècle l'Italie exporte des pâtes sèches.[30] Mais que les pâtes ou même le couscous n'arrivent qu'au XIIIe siècle ne signifie pas que le blé dur n'était pas déjà cultivé.

Pline donnait une recette pour faire la "fausse semoule" (*alica adulterina*, XVIII, 116) qui ressemble fort à l'actuel "borghûl". Il y a donc bien d'autres utilisations du blé dur que le couscous ou les macaronis et l'on sait qu'en Afrique, les Berbères de Massinissa connaissaient et cultivaient le blé dur deux siècles avant notre ère[31]. Les qualités botaniques du blé dur en font un grain très méridional: il peut pousser dans les steppes et la faible humidité que contiennent ses grains en rend aisé le stockage sur de longues périodes. Il est probablement apparu dans les pays du Sud comme un concurrent de l'amidonnier qu'il a remplacé parce qu'en pays chaud il était encore plus rustique que lui, et qu'il était mieux adapté à certaines formes de consommation. Au nord de la Méditerranée, il ne s'est répandu qu'assez tard dans le Moyen Age, et n'a que très peu pénétré en France sinon pas du tout; nous n'en avons pas trouvé de mention médiévale.

Quant à la carpologie, elle hésite à les distinguer. L'étude des semences ne permet pas de trancher sur la présence ou non du blé dur. On ne peut pas vraiment distinguer entre le *Triticum aestivum* et le Triticum *durum* à l'examen des seules graines. Il faudrait pouvoir observer le rachis de la plante, qui est absent. C'est la raisons pour laquelle les paléobotanistes emploient le terme de "blé tendre/dur (*triticum aestivum/durum*)" qui laisse entier, pour l'instant encore, le problème de l'extension ancienne du blé dur[32]; par contre en Suisse les études sur des palafittes ont conclu que les grains retrouvés "sont

[29] Textes cités par Annie Hubert, *Le pain et l'olive, aspects de l'alimentation en Tunisie*, C.N.R.S., Paris, 1984.

[30] Odile Redon, Bruno Laurioux, L'apparition et la diffusion des pâtes sèches en Italie (XIIIe–XVIe s.), *Techniques et économie antiques et médiévale. Le temps de l'innovation*, colloque d'Aix-en-Provence (éd. Dimitri Meeks, et Dominique Garcia), Paris, Errance, 1997, 240 pp. 101–108.

[31] Gabriel Camps, *Massinissa ou les débuts de l'histoire*, n° spécial de *Libyca*, Alger, ler semestre 1960. L'auteur pense que le blé d'Afrique, dont Pline dit qu'il est le plus dense des blés importés à Rome, est un blé dur; cela semble logique avec les chiffres de Pline qui lui donne une densité de 0,81.

[32] Marijke van der Veen, An early medieval hilltop settlement in Molise: the plant remains from D 85, *Papers of the British School at Rome*, 1985, vol. LIII, pp. 211–224.

plus proches" du blé tendre (froment), alors que les articles de rachis, eux, sont attribuables au blé dur[33].

Des froments de printemps?

Parmi les froments il existe des froments dits de printemps ou froments de mars. Ils ont un cycle végétatif plus court et les conditions de culture en sont par là rendues particulières. On connaît de nos jours des blés de printemps semés exclusivement au printemps, encore qu'il puisse y avoir des nuances, et des blés dits "alternatifs" qui peuvent se semer à l'automne ou au printemps. Les blés de printemps anciens étaient-ils alternatifs? Certains agronomes du XIXe s., comme Mathieu de Dombasle les déclarent tous alternatifs:

> Le blé de printemps n'est pas une variété particulière, c'est simplement le même blé qu'on sème à l'automne et qui, par une culture continuée pendant quelques années, s'est habitué a une végétation plus prompte[34].

Il reprend là une idée assez répandue alors selon laquelle on aurait pu, après quelques années de désaisonnement, transformer un blé en un autre. Cela ne signifie certes pas que ces blés sont vraiment alternatifs, mais laisse entendre qu'on pourrait les utiliser comme tels.

Aucun agronomes médiéval ne parle de ces blés-là. Pourtant on sait que des froments trémois existent. Isidore de Séville en parle explicitement: "Le blé trémois *(trimestre triticum)* est ainsi nommé parce qu'il se récolte trois mois après avoir été semé; on recourt à lui lorsque, à cause des pluies ou pour une autre raison les semailles n'ont pas été faites à temps" (*Étymologies*, XVII). La seconde partie de sa phrase est empruntée, mot pour mot à Columelle (2, 6) qui considère plutôt que toute espèce de grain peut être semée aussi bien en hiver qu'au printemps. Pline n'était pas de cet avis. A. Jardé[35] se range à l'avis de Columelle et reprend Dombasle, pensant qu'il suffit de changer progressivement les dates des semailles pour passer d'un grain d'hiver a un grain de printemps. Les rares mentions que nous ayons de nouvelles semailles au printemps, probablement avec les mêmes variétés que l'on avait semées en hiver, concernent des périodes de calamités climatiques. Le mauvais temps a fait geler ou pourrir les graines. Dans ce cas, pourquoi ne pas tenter de nouvelles semailles?

---

[33] Cf. note n° 22.

[34] Mathieu de Dombasle, Christophe, *Calendrier du bon cultivateur ou manuel de l'agriculteur praticien*, Paris, 1824.

[35] Cf. note n° 22.

Mais il ne s'agit que de solutions de fortune pour faire face à une disette qui s'annonce. C'est une culture de rattrapage pratiquée quand on n'a pu semer en hiver ou que les froments d'hiver se sont gâtés.

Pourtant ces froments de printemps ne sont pas des céréales de second ordre: leur place dans l'assolement est la même que celle des blés d'hiver. Ce ne sont pas des *mars*, même si c'est à ce moment là qu'on les sème. Ils sont les premiers des grains semés au printemps: en mars, et parfois dès la première quinzaine. Au total il nous paraît que ces variétés semées au printemps étaient peu employées, car elles donnaient un rendement faible et irrégulier alors qu'elles occupaient la sole d'hiver et avaient demandé les mêmes travaux préparatoires (labours) que le blé d'hiver. Le paysan les utilise quand il ne peut faire autrement: le travail préalable ayant déjà été accompli, le coût marginal en travail de ces blés, le printemps venu, si on n'a pas pu semer en automne, est faible. Dès lors le rendement importe peu: mieux valent quelques grains que pas du tout . . .

Le seigle

Dans l'histoire de l'alimentation humaine un demi-millénaire compte peu[36]. Or c'est sur moins de deux millénaires que se déroule toute l'histoire du seigle en Europe occidentale. Les textes de l'Antiquité n'en parlent pas avant que Pline ne le mentionne au Ier siècle ap. J.-C. et la France de l'an 2000 n'en cultive presque plus. C'est donc une histoire relativement brève que celle du seigle.

Les raisons d'un succès

Ses besoins pédologiques et climatiques en font une plante que les agronomes appellent "rustique". Peu exigeant sur la qualité des sols, il vient bien dans les sols sableux, calcaires, marneux ou bien aussi dans les sols acides, (son pH optimum étant 5,5). En fait tout sol qui n'a pas d'humidité excessive lui va. Grâce à ses longues racines il supporte très bien la sécheresse et comme il est précoce, il recouvre vite le sol; aussi après le printemps il n'a plus besoin de beaucoup d'humidité pour arriver à maturité. Il craint plutôt les excès d'humidité qui peuvent le faire pourrir. Surtout, il supporte très bien le froid, résiste à des gels de—20 à—22° C. C'est une plante allogame

[36] Adam Maurizio, *Histoire de l'alimentation végétale depuis la préhistoire jusqu'à nos jours*, Paris, 1932.

dont les fleurs ne sont fécondées que par des pollens d'autres plantes. Il est dès lors impossible de conserver la pureté du grain lorsque d'autres variétés sont cultivées à proximité. Les travaux d'entretien sont limités: roulage et hersage au printemps, sarclage et échardonnage; par contre il convient de travailler la terre en profondeur à l'avance (comme pour le blé) ainsi qu'en surface (comme pour l'avoine). Les dates des travaux varient évidemment en fonction des climats, mais sont plus précoces que pour le froment: les semailles sont souvent terminées pour la Saint Michel (29 septembre), ou la Toussaint dans le Midi. Elles se font sur une terre tassée et non pas un labour frais; on sème par beau temps, plus tôt sur sol humide que sec et sur sol pauvre que riche.

Tout cela en fait un grain qui peut venir très haut en altitude (jusqu'à 1850 m), ainsi était-il cultivé à Saint-Véran, le plus haut village d'Europe. Il peut aussi aller très au nord en latitude, jusqu'aux confins du cercle polaire. On est simplement conduit, dans ces climats très froids, à le semer dès septembre, parfois fin août, afin qu'il ait tallé suffisamment avant les gels. C'est aussi la céréale des terres pauvres, et nous savons bien l'origine du toponyme de Ségala.

Il existe un seigle d'automne et un de printemps. Celui d'automne a une végétation plus forte, des grains plus gros et plus pesants; c'est le plus cultivé. Celui de mars ou "trémois" a une paille plus longue et plus fine, un grain plus menu. Il existe aussi une troisième sorte de seigle: le "seigle de la Saint-Jean", semé à la fin juin, fauché en vert ou bien utilisé comme pâture pour les animaux à l'automne. Mais cette variété uniquement fourragère n'apparaît qu'au XVIIIe siècle.

Comment l'appeler ?

La première mention sous la plume d'un agronome remonte à Pline (XVIII, XL). Il signale la culture du seigle en Italie du Nord, par les Taurini, dans région de Turin, mais quelle description !

> Les Taurini au pied des Alpes appellent le seigle "asia". C'est la pire des céréales, bonne seulement en cas de disette. Le seigle est productif, mais il a le chaume grêle; il est sombre, noirâtre et exceptionnellement lourd. On y mélange de l'amidonnier pour en adoucir l'amertume; pourtant malgré ce mélange il est très mauvais à l'estomac. Il pousse dans n'importe quel sol, avec un rendement de cent pour un; il sert lui-même d'engrais.

Le mon latin employé par Pline pour le seigle est *secale*. Il existe un autre mot, *centenum*, qui évoque le formidable rendement de 100 pour un dont parle Pline, que l'on rencontre au IVe siècle dans l'édit de Dioclétien[37] et qu'emploie aussi Isidore de Séville au VIIIe siècle. La culture cependant n'est encore cantonnée semble-t-il qu'au nord des Alpes, dans le sud de l'Allemagne, en Suisse, car la plante n'y craint pas le froid et c'est avec le Haut Moyen Age que la culture commence à s'en diffuser, peut-être au moment des premiers essais d'assolement triennal. C'est aussi le moment où s'amorce une conversion de l'agriculture vers la céréaliculture qui devient essentielle en Europe autour de l'an mil.[38]

Parallèlement à l'expansion rapide du grain on constate un curieux phénomène linguistique entre le Ier et le XIIe siècle au plus tard. Un mot, *siligo*, désignait un froment de bonne qualité et était employé par Pline dans ce sens. C'est le sens du mot en Italie et en Allemagne au Xe siècle encore. Puis, à partir du XIIe siècle au plus tard, le mot signifie seigle, et se retrouve sous deux graphies: *siligo* ou *sigilis*, tandis que *secale* continue aussi d'exister. Il faut être prudent dans l'interprétation des phénomènes linguistiques, car le sens des mots d'usage très fréquent est volontiers instable et l'emploi qui en est fait dans nos textes reflète la difficulté des écrivains normatifs à préciser des notions ou des réalités qui ne sont pas encore définies scientifiquement mais que l'empirisme des ruraux ne confond certainement pas. On peut cependant supposer que le seigle, au XIIe siècle, a cessé d'être mal vu puisqu'il porte maintenant un nom qu'auparavant on réservait à un grain de bonne qualité[39].

L'analyse des textes d'une part, celle des trouvailles archéologiques de l'autre, conduisent à admettre une culture effective du seigle en France à partir du Ve, peut-être IVe siècle ap. J.-C. Mais avec le Haut Moyen Age l'expansion est spectaculaire: la fréquence de la présence de seigle dans les sites archéologiques quadruple entre le Bas-Empire et l'époque carolingienne.

---

[37] En 301, l'empereur Dioclétien promulgue un édit appelé aussi "édit du maximum" qui fixe le prix des denrées les plus usuelles.

[38] Georges Comet, *Le paysan et son outil, essai d'histoire technique des céréales (France VIIIe–XVe siècle)*, Rome, École Française de Rome, coll. de l'EFR n° 165, 1992.

[39] Les contestations sur les "noms du seigle" ne cessent pas pour autant. Cf.: Corinne Beutler, Identification et culture du seigle dans le sud de l'Europe au XVIe siècle, in *Le Seigle (secale cereale), histoire et ethnologie*, (J.-P. Devroey, J.-J. van Mol, C. Billen éd.) Treignes, ULB, 1995, pp. 147–174.

Expansion et nuances
Cette céréale semble avoir été domestiquée et cultivée d'abord en Anatolie au néolithique ancien (5300–3800 av. J.-C.). En Europe, les plus anciens grains ont été retrouvés en Tchécoslovaquie et remontent à l'âge du bronze (1800–1500 avant J.-C.). En France, on a retrouvé des pollens en Isère au néolithique final (2700–2200 av. J.-C.), mais s'agit-il de seigle cultivé ou sauvage, ce qui est le plus probable ? Il faut attendre l'âge du fer (500–50 av. J.-C.) pour trouver du seigle cultivé dans la France du nord-est. En Gaule septentrionale et en Germanie, à partir du IVe s., on constate un changement lent mais profond dans la géographie des céréales et qui se poursuit dans le Haut Moyen Age[40]. Ce mouvement est celui de la progression du seigle. Là encore, l'archéologie, bien plus sûre que les textes, fait défaut après le VIe s. et les textes sont rares. Le Poitou voit, au cours du VIIIe s., le seigle progresser face à l'orge. Dans le centre et l'est de la Gaule il dépasse l'orge entre le VIIIe et le Xe siècles et, dans le nord et l'est, il surclasse l'épeautre; en Ile de France il vient en tête des céréales cultivées entre le VIe et le XIe s. Tout cela va dans le sens d'un certain recul des céréales vêtues face aux nues.

Dans la France méridionale les premiers restes archéologiques assurés datent seulement du Bas-Empire romain (IIIe–Ve siècle après J.-C.). Comme des grains bien antérieurs ont été relevés en Espagne, on suppose que le grain de seigle sauvage a été toléré comme plante adventice dans les cultures de céréales depuis l'âge du bronze jusqu'à l'age du fer ou à l'époque romaine, selon les régions, quand on a commencé à le cultiver pour lui-même[41]. L'archéologie a retrouvé moins de seigle dans la France méridionale que dans la France septentrionale et plus tardivement[42]. Mais au XIVe siècle il se partage avec l'avoine des terres languedociennes comme la Montagne Noire, et à la fin du XVe siècle il est intégré dans le nouveau système

[40] Pour cette région et cette époque, il faut se référer à la mise au point fondamentale de Jean-Pierre Devroey, La céréaliculture dans le monde franc, *L'ambiente vegetale nell'alto medioevo*, Spoleto 1990 (Settimane di studio del Centro italiano di studi sull'alto medioevo, XXXVII, pp. 221–253). Nous lui empruntons beaucoup de ses remarques.

[41] Marie-Pierre Ruas, *Production agricoles, stockage et finage en Montagne Noire médiévale—le grenier castral de Durfort (Tarn)*, Paris, MSH, 2002.

[42] Marie-Pierre Ruas, et Philippe Marinval, Alimentation végétale et agriculture d'après les semences archéologiques (de 9000 avant J.-C. au XVe siècle), *Pour une archéologie agraire* (sous la dir. de Jean Guilaine), p. 409–439, Paris, Colin, 1991.

agraire du Bas-Languedoc qui l'a emporté au cours du XVIe siècle. En Bretagne, pays de sols acides, dès le Xe siècle il est très répandu; dans tout le Massif armoricain il est devenu, au Moyen Age, la culture principale et au XIVe siècle les seigneurs ont spéculé sur ce grain[43].

En fait, on ne sait pas beaucoup de choses sur le seigle médiéval[44]. Certes il est cultivé dans les grands domaines royaux des carolingiens. Au IXe siècle, la villa d'Annapes avait récolté autant de seigle que de blé (mais 13 fois moins que d'orge). A Brescia, en Italie du Nord, à la même époque, la récolte de seigle représente le double de celle du froment et 40% de celle de toutes les céréales. Quelques siècles plus tard, les agronomes anglais du XIIIe siècle attestent que le seigle est bien cultivé en Angleterre et même qu'on en attend usuellement un fort bon rendement: alors que l'on compte pour le blé sur un rendement de 5 pour 1, c'est 7 pour 1 que l'on espère en ce qui concerne le seigle[45].

A Charavines, dans l'Isère, au tout début du XIe siècle, l'archéologie atteste qu'il est la première céréale cultivée, avant le froment et l'avoine. La prédominance est nette: le seigle compte pour 42% dans les restes retrouvés, le froment pour 23%, l'avoine pour 21% (orge et millet suivent avec 7% chacun)[46]. Dans l'Italie septentrionale, région de Cuneo, le seigle l'emporte dans un rapport de 2 pour un par rapport aux restes de toutes les variétés de froment, sur un site du IIIe au VIe s[47]. Tout cela a conduit certains à faire du seigle la grande céréale médiévale des régions montagneuses ou des régions de l'Europe septentrionale[48].

---

[43] Marie-Pierre Ruas, *Recherches carpologiques dans le massif armoricain du mésolithique au bas Moyen Age*; Paris, EHESS, Diplôme d'Etudes Approfondies, 1990.

[44] B. Barrière, P. Conte, G. Comet, J. Devalette, *La peste de feu. Le miracle des Ardents et l'ergotisme en Limousin au Moyen Age*, Limoges, éditions Archea, 1994.

[45] Jusqu'au XIXe siècle on a mesuré les rendements par le rapport entre le nombre de grains récoltés et celui des grains semés, et non pas par une quantité obtenue par unité de surface. C'est la marque de sociétés où la nourriture quotidienne demeure rare.

[46] Michel Colardelle, et Eric Verdel, (sous la dir. de), *Les habitats du lac de Paladru (Isère) dans leur environnement. La formation d'un terroir au XIe siècle*, Paris, Éditions de la Maison des Sciences de l'Homme, 1993. ill., tabl., cartes. (Documents d'archéologie française, n° 40).

[47] Sila Motella de Carlo, Sui cereali nel constesto agroforestale subalpino nei secoli III–XIII: nuovi dati dalle ricerche archeobotaniche, *Il seme, l'aratro, la messe*, a cura di Rinaldo Comba e Francesco Panero, Cuneo, 1996, 23–36

[48] "La segale è il cereale dominante del Medioevo, soprattutto nel Nord-Europa e sui terreni elevati e aridi, in zone sabbiose, alle alte quote dei paesi montani" L. Castelletti & E. Castiglione, Resti vegetali, *Archeologia a Monte Barro. Il grande edificio e le torri*, a cura di G.P. Brogiolo – L. Castelletti, Lecco, 1991, 169–203.

Le seigle des savants

Dans la littérature scientifique le seigle arrive nettement plus tard que dans l'archéologie. Il y a toujours un décalage entre l'apparition d'un fait et la verbalisation du concept, mais notre grain rustique est, dès le début de son histoire européenne, l'objet d'une consommation populaire et pas d'un discours de lettré. Il a fallu du temps pour que le monde de l'écrit s'y intéresse ne serait-ce que par ou-dire.

L'abbesse Hildegarde de Bingen, qui écrit une encyclopédie pour ses moniales au XIIe siècle, traite du seigle aussitôt après le froment dans son chapitre sur les céréales.

> Le seigle est chaud, mais pourtant plus froid que le blé, et il a beaucoup de propriétés. Le pain qu'on en fait est bon pour les gens en bonne santé et les rend vigoureux. Pour ceux dont la chair est grasse, il est bon également car il diminue leur graisse, tout en les rendant vigoureux. Mais pour ceux qui ont l'estomac froid et en souffrent beaucoup, il n'est pas indiqué parce que leur faiblesse n'est pas capable de le dominer pour le digérer. S'il provoque en eux une abondante fermentation, c'est qu'ils ont grand peine à le digérer.[49]

Les termes de chaud et de froid renvoient ici à des principes de la médecine galénique. On retiendra surtout que le seigle peut être difficile à digérer pour certains, ce qui est en lien avec les vertus laxatives qu'on s'accorde à lui reconnaître, et qu'il est employé en cataplasme contre les affections de la peau.

Notre même Hildegarde indique les emplois thérapeutiques et recettes médicales suivants:

> Si l'on a sur le corps des grosseurs de quelque nature qu'elles soient, placer sur elles du pain de seigle réchauffé ou apporté tout chaud du fournil: la chaleur de ses forces consume les grosseurs et les réduit jusqu'à totale disparition . . . Si on souffre de démangeaisons sur la tête, réduire en poudre de la croûte de pain de seigle et la mettre là-dessus car elle enlève ce mal. Au bout de trois jours, frotter ce même endroit avec de l'huile d'olive parce qu'elle est chaude et qu'elle assainit. Continuer ainsi jusqu'à guérison. Et si de la vermine, c'est à dire des petits vers très minces, rongent les chairs, mettre par dessus des miettes de pain et répéter souvent: leur chaleur fera périr les vers.

Dans nos pays d'Occident, le seigle a donc eu jusqu'à présent une histoire brève. Tard venu dans l'alimentation, à la fin de l'Antiquité

---

[49] Hildegarde de Bingen, *Le livre des subtilités des créatures divines (Physique)*, édité et traduit par Claude Mettra, Grenoble, Jérôme Millon, 1988.

et pendant le Haut Moyen Age, il s'étend rapidement et participe à la céréalisation générale de l'Europe du Moyen Age en diffusant le pain chez les plus humbles. Il est parvenu à une place très importante, parfois même prédominante, pendant l'époque moderne.

Mais la rapidité de son expansion varie selon les lieux. Si en pays montagneux (Charavines), en Italie du nord, la partie semble gagnée dès les carolingiens, il n'en est pas partout de même. Dans le sud de la France par exemple le seigle demeure moins important que le froment, ne vient qu'en 3e position dans les cultures de céréales (après froment et orge) et manque parfois[50]. Dans le nord de la France non montagneux le froment reste souvent dominant mais parfois le seigle le supplante. Le tableau est donc nuancé et ne permet guère des affirmations trop absolues.

Ce succès est dû à la rusticité de la plante qui s'accommode de sols médiocres et de climats rudes. Il est dû aussi aux rendements moyens généralement plus élevés de 1/6 que ceux du blé[51] dans une agriculture qui n'emploie guère d'amendements. Enfin son pain se conserve mieux que celui du froment. Mais tous les auteurs, des lettrés, accordent à ce pain une qualité moindre, et le marché économique maintient sa valeur marchande aux 2/3 de celle du froment avec une remarquable régularité sur quinze siècles.

Les autres

La documentation médiévale concernant les autres céréales est encore plus restreinte que pour le froment qui est le "grain noble . . . gloire des fruits de la terre"[52]. Ces autres céréales sont là encore difficile à ordonner: prendre le critère de la panification est affaire d'époque, de pénurie ou non, prendre la classification botanique actuelle est affaire normative sans grand rapport avec la réalité historique de notre époque. Nous suivrons un compromis: d'abord les autres espèces du genre *Triticum*, ensuite nous irons des céréales les plus fréquemment panifiées aux moins panifiables: orge, avoine puis menus

---

[50] Cf. note n° 22.

[51] Qualité encore mise en avant par le *Grand Larousse encyclopédique du XIX*^e^ *siècle.* (article *seigle*)

[52] Alexandre Neckam, *De laudibus divinae sapientiae*, ed. Thomas Wright, London, 1963: *"Ad terrae fructus, colestis munera Regis, gratanter mentis lumina flecto meae. Triticeum granum praecedat, gloria frugum, . . . nobile granum"*.

grains. Cet ordre, les espèces du genre *Triticum* mises à part, correspond à celui des prix de marché décroissant des céréales pendant la période médiévale.

L'épeautre

Triticum spelta est un grain vêtu caractérisé par une enveloppe dure. Les conséquences de ce fait sont importantes, d'abord sous l'aspect économique: pour pouvoir consommer ce grain, avant de le cuire ou le moudre il faut le monder et c'est une opération coûteuse en temps et/ou argent. Mais une autre conséquence importante concerne les techniques d'investigation de l'historien: quand on rencontre des indications en volume ou en masse concernant l'épeautre, concernent-elles le grain simplement battu ou bien le grain mondé ? La différence est de taille: en poids, la balle du grain représente environ 1/3 du grain battu[53]. En volume, l'épeautre égrugé n'occupe que la moitié sinon moins de l'espace pris par le grain entier. Il faut donc le plus souvent calculer de nouveau les volumes dont on nous parle pour cette céréale, car elle est conservée avec sa balle. En effet l'épeautre se stocke très longtemps sans danger, s'il est gardé dans sa balle. Une fois mondé, les insectes l'attaquent très vite. Par ailleurs, on le sème avec son enveloppe, aussi les grains conservées pour la semence ne sont-ils pas mondés.

Le terme de *spelta* est connu de l'Antiquité romaine, mais seulement à l'époque tardive. Pline l'ignore[54] et les agronomes anciens, même Palladius, font de même. Longtemps on a assimilé l'épeautre et le *far* antique, de même *zea* et *olyra*. Nous savons maintenant que zea et *olyra* sont les noms de variétés de *far* qui est un amidonnier[55]. C'est dans l'édit de Dioclétien en 301 que se rencontre la première

[53] F.A. Körnicke et Hugo Werner, *Handbucb des Getreidebaues*, Berlin, 1885. Selon les échantillons, l'enveloppe représente de 20 à 36,5%, du poids total. La paille d'épeautre était encore célèbre au XIXe siècle pour sa capacité à absorber l'humidité. On l'employait de préférence aux autres pour la confection des berceaux.

[54] La céréale qu'il signale, connue en Gaule sous le nom de *bracis*, et en Italie de *scandala*, est une variété de *far*, amidonnier.

[55] Jacques André, *Lexique des termes de botanique en latin*, Paris, 1956, et du même auteur, plus récent: *Les noms des plantes dans la Rome antique*, Paris, 1985.

– Voir aussi, Marie-Claire Amouretti, *Le pain et l'huile dans la Grèce antique*, Annales littérraires de l'Université de Besançon, Paris, Les Belles Lettres, 1986.

– A l'inverse, en 1950, Roger Grand et Raymond Delatouche, *L'agriculture au moyen âge de la fin de l'empire romain au XVIe siècle*, Paris, 1950, assimilaient encore le *far* à l'épeautre.

mention de *spelta*. Le mot n'a pas alors le sens d'épeautre, mais bien d'amidonnier et saint Jérôme[56] indique qu'il s'agit là d'un autre mot pour dire *far*. Dans l'édit on ne parle que de deux blés: *triticum* et *spelta*. Ainsi donc à la fin de l'Antiquité, *spelta* n'est pas employé dans le sens d'épeautre, mais bien d'amidonnier.

Il n'est pas possible de dire quand ni comment le mot a pris le sens d'épeautre. En suivant Jasny, on peut admettre que l'amidonnier, dont la culture avait diminué d'importance dès la fin de la Rome classique, n'est plus cultivé en Italie, sous le Bas Empire, que de façon locale. Par contre, l'épeautre est, à ce moment là, cultivé dans l'Allemagne du sud-ouest, la Suisse, une partie de la Gaule et la Belgique; il est vendu sur les marchés, et par là le mot de *spelta* a fini par devenir éponyme de tout blé vêtu.

Bien connu des carolingiens

Sous les carolingiens, *spelta* s'applique bien à cette céréale non méditerranéenne qu'est l'épeautre (on se souviendra que l'Égypte ne l'avait pas connue). C'est bien lui qu'enregistrent les enquêteurs d'Annapes et qu'Adalhard prévoit pour le pain de ses moines. On le destine aussi à la préparation de la cervoise, puisqu'on parle de la "*spelta . . . ad cervesa faciendam*"[57]. Il semble bien dès lors que cette plante, qui n'est pas d'origine méditerranéenne, se répand fortement à l'époque carolingienne où elle concurrence le froment, du moins dans la Gaule du Nord. Mais elle commence a disparaître dès après le XIe siècle. Elle n'a jamais beaucoup pénétré dans le Sud. Sous les carolingiens, alors que l'épeautre représente beaucoup à Annapes et dans toute la France du Nord, il est à peine présent dans les domaines italiens[58], et ne fournit que 1 à 2% de la production des grains de Brescia au IXe siècle. Par la suite, le grain s'est confiné dans les régions froides, montagneuses ou peu fertiles, ou encore sur des terres très riches mais où l'on pouvait craindre que le froment ne verse.

Il est cependant surprenant que l'on n'ait jusqu'à présent trouvé aucun vestige carpologique de *Triticum spelta* dans les sites carolingiens. M.-P. Ruas constate une culture de l'épeautre en France dès

---

[56] Hieronymus (Saint Jérôme), *Commentarium in Ezechielem, I, IV*, in Migne, *Patrologie latine, XXV*.

[57] Diplôme de 862, in *Actes de Charles le Chauve*, éd. M. Prou, R. Lot, G. Tessier, Paris, 1943, no. 247.

[58] Massimo Montanari, Cereali e legumi nell'alto medioevo, Italia del nord, secoli IX-X, *Rivista storica italiana*, LXXXVII, fasc. III, 1975, pp. 439–492.

l'âge du bronze final qui semble s'étendre à l'âge du fer, mais "s'amoindrit spectaculairement à l'époque gallo-romaine pour ne plus jamais être repérée à partir des grains fossiles au Moyen Age".[59]

A partir du moment où les textes en parlent quelque peu on constate que les avis sont laudatifs: Hildegarde de Bingen consacre tout un chapitre à l'épeautre qu'elle nomme *optimum granum* et qu'elle trouve plus doux que les autres, *suavior*. Elle le dit excellent aliment, qu'on le consomme sous forme de pain ou autrement. Pour les malades il est un très bon reconstituant, et si quelqu'un est trop affaibli pour pouvoir en manger, qu'il en absorbe une décoction battue avec un jaune d'oeuf et l'effet sera immédiat[60]. Cette affirmation que l'on a volontiers réitérée jusqu'au XIXe s. sur la qualité de la farine et du pain d'épeautre ne laisse pas de surprendre quelque peu. Comment un grain de cette qualité a-t-il pu disparaître si facilement, au point de n'être plus cultivé en France que par quelques écologistes à l'allure nostalgique? La réponse est-elle à trouver dans les techniques de transformation? L'épeautre est un grain vêtu, et nécessitait un mondage avant d'être moulu. Les moulins à émonder ont disparu parce qu'ils grevaient le prix de revient de la farine par un travail supplémentaire. La culture de la plante a suivi. Ce seraient alors les problèmes de la transformation (son coût élevé: deux opérations au lieu d'une) qui auraient nettement influencé la culture de la plante.

Pourtant il y a peut-être aussi d'autres explications. Les grains nus avaient joué, semble-t-il, un rôle marginal en Allemagne avant la conquête romaine qui a fait s'étendre les blés tendres au nord des Alpes. Or, l'épeautre, vêtu, joue un rôle important dans le nord et l'est de la Gaule et en Germanie. Ce sont des régions récemment conquises où les cultures sont en partie tournées vers les besoins des armées. On pourrait émettre l'hypothèse que l'extension de l'épeautre (comme de l'amidonnier et de l'engrain) serait liée au stockage des installations militaires romaines. Les grains vêtus peuvent, en

[59] Marie-Pierre Ruas, The archaeobotanical record of cultivated and collected plants of economic importance from medieval sites in France, *Review of Palaeobotany and Palynology*, 73 (1992), 301–304, Festschrift for Pr. Van Zeist (J.P. Pals, J. Buurman, M. van der Veen eds.). Quant aux textes, ils indiquent une disparition à partir du XIe siècle, comme l'ont constaté R. Fossier en Picardie et H. Neveux en Cambrésis.

Robert Fossier, *La terre et les hommes en Picardie jusqu'à la fin du XIIIe siècle*, Paris-Louvain, Nauwelaerts, 1968.

Hugues Neveux, cf. note n° 9.

[60] Hildegarde de Bingen, *Physica, I, V, in* Migne, P.L., CXCVII, 1131.

effet, grâce à leur enveloppe, se conserver plusieurs années à l'abri des insectes[61]. On le voit, toutes les tentatives d'explication lient fortement l'histoire des plantes à celle de la société.

L'amidonnier, le far, l'engrain

Cette rubrique est par certains aspects peu cohérente, puisque amidonnier et engrain sont deux céréales bien distinctes et que *far* est le nom latin de l'amidonnier. Mais, le mot *far*, dans son acception médiévale est flou, et a été souvent compris par les modernes dans le sens d'épeautre. Il est peu d'auteurs du Moyen Age qui emploient ce mot: Isidore de Séville, Neckam, Crescent, et quelques textes officiels (statuts)[62]. Ces diverses notions correspondent à des grains vêtus, qui sont peu cultivés à l'époque médiévale, car ils l'ont cédé en tant que grains vêtus face à l'épeautre, et c'est là l'origine de la confusion des modernes sur le sens de *far*.

L'amidonnier, *Triticum dicoccum*, est le blé le plus anciennement cultivé en Égypte, le seul que pendant trois siècles les Romains aient connu et dont ils utilisaient diverses variétés: *semen, zea, olyra, scandala, bracis, arinca, ador, adoreum*. C'est de far que vient le mot farina, ce qui suffit à attester de son importance ancienne qui ne diminue qu'avec le premier siècle de l'ère chrétienne. Selon Isidore de Séville, *far* tire son origine du fait qu'on l'avait d'abord écrasé au pilon: *frangere*... l'étymologie ne manque pas de fantaisie. Plus loin il indique que *farina* vient de *far*, comme aussi *furfures*: "*farina et furfures a farre dictae, cujus sunt purgamenta*". Il affirme bien par là que *far* est un grain vêtu. A son époque, on le panifie encore usuellement quoique de façon particulière, puisque lorsqu'il énumère les qualités de pain, il écrit: "*Placentae sunt quae fiunt de farre, quas alii liba dicunt... et placeant*". Il y a donc des galettes spéciales de *far*.

L'engrain, *Triticum monococcum*, n'a jamais eu de bien grande extension, ni dans l'Antiquité, ni par la suite. Il semble venir d'Asie Mineure; Pline en parle sous le nom de *tiphe* comme d'une espèce non italienne. Les travaux de Jasny puis d'André ont bien clarifié les choses concer-

---

[61] C'est l'hypothèse formulée par J.P. Devroey: cf. note n° 43, cf. Jean-Pierre Devroey, Entre Loire et Rhin: les fluctuations du terroir de l'épeautre au Moyen Age, *L'épeautre (triticum spelta), Histoire et ethnologie*, Treignes, ed. Dire, 1989. 89–105.

[62] Neckam "*Si forte castrum obsideatur, ne defensores nostri opidi ad dedicionem cogantur, muniantur etiam farre et blado*".

nant ces céréales pour l'Antiquité. Au Moyen Age on a pendant longtemps appelé *spelta* toute céréale panifiable vêtue. Cela probablement parce que sous les carolingiens l'épeautre l'avait emporté sur les autres blés vêtus, et le terme est en partie devenu générique.

Au IXe siècle, en Italie du Nord, a Brescia[63] on rencontre parmi les céréales *far, spelta, alega, junicla.* Il est difficile de les identifier avec précision. Toutefois, leur juxtaposition les distingue l'un de l'autre. Le *far* est l'amidonnier; *spelta* est l'épeautre; *junicla* est inconnu dans les divers dictionnaires, ce pourrait être un nom local. Enfin *alega* (une autre graphie pour *alica?*) est connu comme un grain qui "*videtur esse idem quod ab Italis dicitur spelta*"[64], *Alega*, ou *alica* était pour les Anciens la semoule de blé. Il est probable que le mot ait pris le sens d'épeautre dès le VIIe siècle, du moins en Espagne où Isidore l'emploie avec ce sens-là. Mais ici, en Italie du Nord, ce ne peut pas être exactement de l'épeautre, puisqu'il est nettement distingué de *spelta.* C'est certainement une céréale vêtue, peut être une variété d'amidonnier ou bien d'engrain?

Discours d'agronome

Un homme comme Pierre de Crescent établit une nette distinction entre *far* et *spelta* et leur consacre deux chapitres différents, même si celui du far est très court et que les chapitres sont fort éloignés. De plus, il demeure vague: le *far* est une plante "semblable à l'épeautre, mais plus grosse en herbe et en grain". Cette indication correspond bien à l'amidonnier. Pour le reste, il se contente de dire que semences, travaux, moissons, battage, sont identiques à ceux du froment; ainsi le sème-t-on à raison d'une corbeille par journée de boeufs, soit autant que le froment et moitié moins que l'épeautre. Ce grain nourrit "assez bien" et il est plus astreignant que relâchant. Il est difficile de trancher avec ces seules indications. Le fait qu'on sème ce *far* à la même quantité que le froment laisse entendre un blé nu, comme de dire qu'on le "nettoye" à la façon du froment. Pline, reprenant Théophraste, affirme que *zea* et *tiphe*, deux variétés de *far*, peuvent, si on les sème mondées, revenir à l'état de blé ordinaire (*frumentum*). Cela signifie que, dans certains cas, on pouvait les semer mondées et non dans leur balle. En était-il de même au temps de Crescent?

---

[63] Cf. note n° 55.

[64] Forcellini, *Lexicon totius latinitatis*, Padova, 1827.

Si le fait que ce soit un grain vêtu est à la rigueur inclus dans sa ressemblance avec l'épeautre, le fait de le "nettoyer" comme le froment est contradictoire. Les indications qu'il donne sur les qualités alimentaires du grain signifient qu'il est utilisé pour l'alimentation humaine, et non réservé aux animaux pour lesquels il ne serait pas nécessaire de le monder. Ce mondage n'est pas une petite affaire puisque l'enveloppe représente 23,5% de l'amidonnier d'hiver, 21,5% de celui de printemps, 28% de l'engrain. Les chiffres sont du même ordre que ceux de l'épeautre, comme le sont les densités qui vont de 0,46 pour l'amidonnier à 0,45 pour l'engrain (grains non mondés). On peut alors supposer que Crescent n'a pas observé de *far* par lui-même; on a d'ailleurs déjà cette impression pour l'épeautre. Cela pourrait signifier que ces grains ne sont plus connus, vers 1300 en Italie, qu'à l'état résiduel et que notre agronome en a parlé pour être exhaustif, mais pas d'expérience[65].

Il est vraisemblable que l'amidonnier était consommé dans l'Antiquité essentiellement en bouillies et en semoules. Le changement de nourriture, qui a conduit à consommer davantage les céréales sous forme de pain, a réduit l'importance des grains vêtus, et cela dès la basse Antiquité pour l'engrain et l'amidonnier. Ici encore, on voit apparaître les problèmes de la transformation derrière ceux de la culture proprement dite.

L'orge

C'est celle des céréales dont la culture est géographiquement la plus étendue: depuis l'Égypte jusqu'au nord de la Suède, plus au nord donc que le seigle, et depuis le niveau de la mer jusqu'à 4000 m d'altitude dans l'Himalaya. S'agissant de la céréale par excellence de l'Antiquité grecque, elle nous est mieux connue que d'autres pour les périodes anciennes. On sait[66] que les espèces a deux rangs, nues ou vêtues, sont les plus anciennement cultivées, dès le néolithique, et que par la suite la variété dominante en Grèce est celle vêtue à

[65] On donne encore actuellement en Italie la recette d'un *farro*: c'est une soupe épaisse, dite aussi *polentina*, faite à partir de *farina di farro*: "il farro, cioè un tipo di frumento che in Italia dominava nell'età romana". C'est, nous dit-on, un grain vêtu que l'on trouve encore en Ligurie, Latium et dans le Sud. La farine en est grise car on y laisse le son. Recette et définition du *farro*, in Vincenzo Buonassisi, *Piccolo codice della pasta*, Rizzoli Editore, Milano, 1977.

[66] Cf. M.-C. Amouretti, note n° 55.

6 rangs. En Italie c'est sans doute la première céréale à avoir été cultivée et le plus ancien pain élaboré l'a peut-être été à partir de farine d'orge, en Grèce comme en Italie; il est certain en tous cas que la *maza* grecque, le plat essentiel des Anciens, était faite d'orge et les pains que le Christ multiplie en Palestine sont des pains d'orge (*Panes hordeaceos*, Jean, 6, 9). Il demeure pourtant, malgré ces connaissances, des interrogations quant aux origines botaniques et historiques de cette plante[67].

L'avis d'Isidore

Isidore de Séville connaît bien l'orge, même si, comme il le fait souvent, il avance une étymologie farfelue faisant venir *hordeum* de *aristum* (sec) ou de *ordines* (les rangs de l'épi). Une fois cela dit, il distingue d'abord une orge à 6 rangs, *exaticum*, de bonne nourriture pour les hommes comme pour les animaux, et il reprend Columelle (2, 9) en assurant que l'orge est meilleure pour l'homme qu'un mauvais froment. Ensuite il connaît celle à deux rangs, *disticum*, ou orge de Galatie. Il signale enfin une troisième variété, de trémois, hâtive et semée au printemps, laissant entendre par là que les orges précédentes, à 2 comme à 6 rangs sont des orges d'hiver, alors que Columelle admettait que celle à 2 rangs pouvait se semer au printemps si besoin était.

Les textes qui nous parlent d'orge par la suite ne nous disent rien sur son espèce. A Annapes l'orge est recensée comme la céréale la plus importante du temps, mais nous ne savons pas de laquelle il s'agit. On peut seulement penser raisonnablement que c'est une orge d'hiver car l'enquête a lieu après les semailles d'automne et avant celles de printemps[68]. Même chose pour l'Italie carolingienne. Seul indice cette fois, à côté de nombreuses mentions d'orge seule, il y en a fréquemment d'orge et d'avoine, et une aussi de *scandela*, ce qui distingue bien orge et *scandela*. Mais ce dernier mot n'est pas très clair; chez Pline et encore chez Isidore, c'est un amidonnier, une espèce de *far*, donc du genre *Triticum*. Mais le mot a déjà probablement changé de sens sous les carolingiens et il s'agit alors vraisemblablement d'une orge à deux rangs, vêtue. C'est le sens qu'a

---

[67] Helena H. Clark, The origin and early history of the cultivated barleys, *The agricultural history review*, vol XV, 1, 1967, pp. 1–18.

[68] Georges, Duby, *L'économie rurale et la vie des campagnes dans l'occident médiéval*, Paris, Aubier, 1962.

gardé l'italien *scandella* en plein XIXe siècle. Peu de temps après, Crescent établit lui aussi des distinctions dans l'orge, mais à les lire, nous avons surtout l'impression que notre homme ignorait beaucoup de l'orge et son texte des années 1300 est ici encore davantage une compilation que le fait d'une expérience réelle.

Les historiens qui ont étudié l'orge au travers de leurs recherches médiévales l'ont rencontré comme céréale d'hiver exclusivement. C'est le cas de R. Fossier en Picardie, de H. Neveux en Cambrésis (jusqu'à la fin du XVe siècle), de E. Le Roy Ladurie en Languedoc, de P. Toubert dans le Latium . . . et puis, Thierry d'Hireçon semait aussi une orge d'hiver. Dans les contrées méridionales, l'orge semble davantage liée à l'avoine.

Escourgeons et paumelles

Chez tous les agronomes postérieurs deux orges sont bien connues: celle d'hiver ou escourgeon, celle de printemps ou paumelle. Toutes deux ont le même nombre de chromosomes (2n = 14), mais il y a entre elles une importante différence de forme cependant. Sur chaque coussinet du rachis de l'épi sont implantés trois épillets. Sur certaines orges un seul est fertile et porte grain, sur d'autres au contraire, les trois portent un grain. Dès lors, vu en coupe on a l'impression d'avoir deux ou bien six rangs de grains, d'où le nom d'orge à deux rangs, dite aussi orge plate, car les deux rangs sont en opposition, et d'orge à 6 rangs. On a souvent parlé d'une orge à 4 rangs ou orge carrée. En fait c'est une variété d'orge à 6 rangs (type *pallidum*) dans laquelle les épillets latéraux se chevauchent à leur base donnant l'allure d'une section carrée.

Une question a longtemps été objet de controverse chez les historiens de l'origine des plantes: les deux grands types, à 2 et 6 rangs, avaient-ils pour origine une seule ou bien deux plantes sauvages différentes? On considère actuellement que la mutation d'un seul gène du caractère dominant au caractère récessif peut suffire à faire passer une orge de 6 à 2 rangs. Ce changement aurait pu être lié au changement écologique qu'à connu la plante en passant des montagnes humides où elle aurait ses origines à des plaines chaudes où on l'a irriguée[69]. Quoi qu'il en soit de ce dernier point, l'accord se

[69] Hans Helbaek, Ecological Effects of Irrigation in Ancient Mesopotamia, *Iraq*, XXII, 1960, London.

fait pour admettre comme unique ancêtre de toutes nos orges cultivées la forme sauvage de *l'hordeum spontaneum* a deux rangs[70].

Dans l'Europe préhistorique on connaissait deux formes d'orge à 6 rangs: la nue et la vêtue. Ce fut au début la forme nue qui était la plus commune, puis ce fut la vêtue. Dans les tourbières danoises on a retrouvé des corps humains des premiers siècles de notre ère: celui de l'homme de Tollund (conservé au musée de Copenhague), celui de l'homme de Grauballe (conservé au musée d'Arhus). Ils portaient encore en eux des traces de leur dernier repas. C'est de l'orge vêtue à 6 rangs et cultivée qu'ils avaient principalement consommée, mêlée cependant, dans le cas de Grauballe, à un brouet fait de 66 sortes de plantes dont 5 seulement étaient cultivées[71]. L'archéologie n'a retrouvé jusqu'à présent dans l'Europe préhistorique que des orges à 6 rangs et jamais avec certitude de l'orge à 2 rangs; ce qui a fait avancer l'hypothèse que cette dernière n'a atteint l'Europe qu'à l'époque de l'Antiquité classique et ne s'est étendue sur le nord de l'Europe qu'avec le second millénaire de notre ère.

Pour tenter à la fois d'être rationnel et simple, nous distinguerons donc parmi les orges, une orge à 6 rangs *(hordeum vulgare)*, une orge plate *(hordeum distichum)* auxquelles on pourra ajouter, bien que très rare, une orge irrégulière *(hordeum irregulare)* dans laquelle on peut sur chaque épi, rencontrer des aspects à 2 et des aspects à 6 rangs; c'est une forme que l'on a longtemps appelée orge à 4 rangs. Dans chacune de ces deux grandes formes on distinguera plusieurs variétés, dont toujours, au moins une nue et une vêtue. Ces orges sont cultivées pour certaines en céréale d'hiver, pour d'autres en grain de printemps.

Alimentaire et fourragère

Pendant longtemps l'orge fut utilisée pour l'alimentation humaine. Un mot pour dire que l'archéologie a trouvé des marques d'orge germée pour la brasserie, datées avec certitude du VIe siècle, en

[70] Jane M. Renfrew, *Palaeoethnobotany, the prehistoric plants on the Near East and Europe*, London, 1973.

[71] Hans Helbaek, Tollund mandens sidste maaltid, *Aarboeger for Nordisk Oldkyndighed go historie Historie*, Copenhagen, 1950, 311–344.
– *Idem*, Grauballemandens Sidste Maltid, *Kuml*, 1958, Aarhus, pp. 83–116.

Suède, et probablement du Ier siècle en Jutland[72]. Mais ce n'a jamais été qu'un emploi secondaire. L'orge donne du pain. L'agriculture tournée vers le marché, à toutes les époques, a volontiers abandonné l'orge comme céréale alimentaire. Crescent ne semble déjà plus l'utiliser à cette fin, et les agronomes anglais ne disent rien à ce propos. On peut supposer qu'elle n'est plus consommée par l'homme de ces manoirs et que le pain d'orge, qui a subsisté et subsiste encore, est un plat occasionnel et en tous cas un plat de pauvres. Pourtant la place de l'orge dans les produits des domaines est parfois considérable. A Saint Martin de Tours aux VIIe et VIIIe s., l'orge tient la première place dans les céréales, avec 38% des récoltes, devant le froment (27%), l'avoine (18%), le seigle (15%). Cette prédominance de l'orge semble le cas dans tout le Poitou qui voit le seigle l'emporter sur l'orge au Xe s.[73]

Dix siècles plut tôt, Pline l'affirmait déjà . . . Huit siècles plus tard l'orge est encore un pain quotidien dans certains lieux d'Italie, de Bretagne, de Normandie. Pendant ces dix-huit siècles, certains ont mangé de l'orge, d'autres non; ce n'est là que banale constatation d'historien. Mais certains de ceux qui n'en ont pas mangé ont dit que ce n'était pas une nourriture pour l'homme. On pourrait mettre en doute leur bonne foi? Ce serait être inutilement hypercritique. Ils ont dit ce qu'ils ont vu dans le monde qui les entourait. Même sur ces aspects matériels et concrets des plantes cultivées et consommées, la réalité a été multiforme et se réduit difficilement à un schéma évolutif linéaire.

L'avoine

Les avoines sont un genre botanique complexe dans lequel on distingue plusieurs espèces différenciées par le nombre de leurs chromosomes, comme pour les *Triticum*. Il y a un groupe diploïde (2n = 14 chromosomes), un groupe tétraploïde (4n = 28 chromosomes) et hexaploïde (6n = 42 chromosomes). L'évolution dans la culture et dans les formes appréciées s'est faite, là comme ailleurs, vers un nombre accru de chromosomes. On constate en effet dans le règne

[72] Hans Helbaek, Vendeltime farming products at Eketorp on Oeland, Sweden, *Acta Archaeologica*, 37, Copenhagen, 1966. pp. 216–221.
[73] Cf. note 38.

végétal que les polyploïdes (à 4 ou, mieux, 6n chromosomes) sont de taille plus grande, de tige plus forte, de feuilles, fleurs, fruits, plus volumineux. Si de nos jours les avoines cultivées sont toutes à 42 chromosomes, on a cultivé des avoines tétraploïdes, comme l'*Avena abyssinica*, à 28 chromosomes, très peu diffusée sauf en Égypte et Abyssinie. On a semé aussi des diploïdes comme l'avoine courte, *Avena brevis*, et l'avoine courte nue, *Avena nudibrevis*, mais avec une bien moins grande extension encore. Quant à la folle avoine, c'est une plante adventice que nous connaissons bien pour ses aspects décoratifs; elle a aussi 42 chromosomes, mais est nuisible aux cultures. On l'a longtemps considérée comme l'ancêtre de nos avoines cultivées; cette hypothèse est abandonnée au profit de l'avoine rouge sauvage, *Avena sterilis*. Nous retiendrons seulement l'avoine blanche commune *(Avena sativa)*, l'avoine nue *(Avena nuda)*, à 42 chromosomes, ainsi que l'avoine courte *(Avena brevis)* et l'avoine unilatérale *(Avena orientalis)*, à 14 chromosomes. Ce sont les seules a avoir été cultivées avec une extension notable.

Une culture récente

Chacune de ces espèces cultivées connaît de nombreuses variétés. On dit couramment que l'avoine est une céréale vêtue, et c'est vrai dans l'ensemble, pourtant certaines avoines sont nues. On connaît le port des panicules de l'avoine blanche, la plus répandue, caractéristique avec son allure de cône symétrique par rapport à la tige. Mais certaines avoines se présentent en grappes disposées d'un seul côté de la tige. On parle enfin habituellement de l'avoine comme d'une céréale de printemps. Elle l'est par excellence, mais il arrive, dans une proportion non négligeable que l'on sème les avoines en hiver.

L'avoine est avec le seigle la céréale qui a donné son aspect nouveau au Moyen Age. En effet les Anciens ne lui accordaient que peu de place. Caton voit en elle une mauvaise herbe qu'il convient d'extirper; peut-être ne connaissait-il que la folle avoine, car chez Columelle (2, 10) c'est une des plantes fourragères cultivées. Pour Pline c'est une dégénérescence du blé (XVIII, 149), ce que Vincent de Beauvais répète dans son *Speculum*. Par une théorie qu'il est le seul à exposer, Pline fait naître l'avoine de blés ou d'orges que l'on a semés gâtés ou qui ont été retenus trop longtemps en terre, ou qui sont simplement venus dans des sols et sous des climats trop humides, comme ceux de la Germanie dont les peuples ne connaîtraient pas d'autre bouillie que celle d'avoine. Pourtant, au tout début du IVe siècle dans l'édit de Dioclétien, l'avoine apparaît rangée avec les céréales et les légumineuses, taxée à 30 deniers le muid, c'est-à-dire à moitié prix du seigle, mais au même prix que l'amidonnier non mondé[74].

Encore au VIIe siècle, l'avoine est bien mal connue, puisqu'Isidore n'en parle pas dans le chapitre qu'il consacre aux céréales (XVII, 2), et prévoyait d'en parler dans celui des plantes sauvages, à côté de l'ivraie (XVII, 9). Il pensait certainement à la folle avoine et autres plantes adventices. Sous les carolingiens, par contre, l'avoine est cultivée, et nous savons qu'elle l'est en grain de printemps (du moins dans les régions septentrionales), puisqu'à Annapes, les enquêteurs, passant l'hiver, n'ont pas pu savoir combien on en avait semé. De même en Italie du Nord lorsqu'à Brescia on distingue les cultures d'orge seule de celles d'orge et d'avoine, cela indique qu'il y a une orge d'hiver semée seule et une de printemps semée en alternance, en juxtaposition ou en méteil avec l'avoine qui est donc bien une céréale de printemps.

Nous savons, par les taxations carolingiennes, que l'avoine était éventuellement alimentaire et pouvait être panifiée. Hildegarde nous confirme au XIIe siècle la panification de l'avoine qui "*sanus cibus est sanis hominibus*" auxquels elle donne l'esprit pur, l'intelligence claire et un bon teint. Pour ceux qui sont un peu malades, il est bon d'en manger, "*tam in pane quam in farina*". Pour les grands malades, ce n'est plus le cas, car l'avoine demande de la chaleur et ne convient pas à ceux qui sont froids de maladie.

La raison essentielle du choix du printemps pour la semer est que la plante craint le froid. Si on la sème en automne il faut que l'hiver ne soit pas trop rigoureux. L'avoine d'hiver supporte mal des températures inférieures à −10°. A la crainte du froid, l'avoine ajoute une autre exigence, celle d'avoir de l'humidité entre le tallage et la floraison, en gros en mai et juin. Les climats secs, à ce moment de l'année, ne donneront que des avoines courtes et peu chargées en grain, sauf à y employer l'*Avena byzantina* qui supporte bien la sécheresse. Enfin l'avoine craint aussi la chaleur, et au delà de 28° C. il y a des risques d'échaudage, c'est-à-dire de coups de chaleur.

Tout cela fait que la plante se concentre dans les régions tempérées humides, ne monte pas très haut en altitude, et s'utilise surtout

[74] Marta Giacchero, ed., *Edictum Diocletiani et collegarum de pretiis rerum venalium*, Genova, 1974.

Hordei, Kastrensem modium unum, den. 30
Centenum sive secale, K. m. unum, den. 60
Speltae mundae, K. m. unum, den. 100
Scandulae sive speltae, K. m. unum, den. 30
Avenae, K. m. unum, den. 30 . . .

en grain de printemps, mais cependant semé tôt, comme l'atteste le proverbe: "Avoine de février rempli le grenier". On la sème quand on n'a plus à craindre de gelées, et le plus tôt possible, car alors elle sera plus belle et plus précoce. Elle vient donc mieux dans les terres septentrionales; les méridionales préférant l'orge. C'est du moins ce que disent certains agronomes.

Variétés vêtues, variétés nues

La plupart des avoines sont vêtues, et l'amande représente environ 75% du grain. Il existe une avoine nue, actuellement utilisée dans la préparation des avoines alimentaires, car elle économise les frais de décorticage. Mais dans les cas d'une culture fourragère l'intérêt du grain nu est bien moindre. Ajoutons, pour compléter le tableau des raisons de son succès, que c'est la moins difficile des céréales pour les exigences pédologiques: à peu près n'importe quel sol lui convient. Les rendements énoncés pour l'avoine (4 chez Walter de Henley) sont bien au-dessous de ceux de l'orge (8 chez le même auteur). Pour quelles raisons alors cultiver de l'avoine? Il faut tenir compte du fait que l'exigence de l'avoine en sol est faible et que ce ne sont pas sur les mêmes parcelles que l'on choisit de faire venir avoine ou froment ou orge. D'autre part l'avoine a surtout été destinée au bétail et a suivi en partie l'histoire de l'animal comme force motrice, et surtout du cheval dont on connaît bien l'histoire médiévale[75].

Les menus grains

A côté de ces céréales essentielles, suivant les régions, d'autres, plus discrètes et moins prisées ont constitué une arrière-troupe qui aidait en cas de difficulté. Ce sont celles-ci qui sont les véritables céréales secondaires. On les a parfois appelées les menus grains. Pour certaines nous n'avons que des noms; d'autres sont importantes, ainsi en est-il du millet.

Le millet et le panic

Le langage usuel associe souvent sous le vocable de millet deux céréales différentes: le millet et le panic. Le millet, *Panicum miliaceum*, a

[75] On se souviendra de White, Lynn, Jr., *Medieval technology and social change*, Oxford, Clarendon Press, 1962.

des panicules très lâches et largement ouvertes. Très différent d'allure, une fois mûr, est le panic, *Setarica italica*, dit aussi millet à grappes, millet des oiseaux, millet d'Italie; chez lui, pas de panicule, mais les graines sont regroupées en un seul grand épi ou grappe épaisse[76].

Antiquité

L'origine du grain est peu sûre; Vavilov pensait qu'il venait d'Extrême-Orient[77], Renfrew plutôt d'Abyssinie. C'est une graine diploïde à 42 chromosomes. Le panic est aussi diploïde, mais n'a que 18 chromosomes. Son origine est la *Setaria viridis*, une herbe sauvage répartie en Méditerranée et Asie occidentale[78]. Les deux plantes sont en Europe dès la préhistoire, mais le millet paraît plus ancien (néolithique) et venant plus au Nord; il est aussi plus répandu que le panic qu'on ne cultive qu'à partir de l'âge du bronze.

Si les Grecs connaissaient les millets, Athènes cependant les méprisait; par contre, en Laconie, en Thrace, sur les bords de la mer Noire, on les cultivait. Ce n'est donc pas un simple objet de curiosité, une culture de barbares, mais c'est bien une plante cultivée par les Grecs, même si c'est de façon complémentaire et c'est la nourriture préférée des habitants du Pont-Euxin, encore à l'époque de Pline. Ce dernier nous dit aussi que ce sont des céréales vêtues qu'il faut torréfier comme l'amidonnier, mais le fait d'être vêtu en permet une très bonne conservation. Le millet, selon lui, est répandu en Campanie, chez les Sarmates; le panic, en Gaule, surtout en Aquitaine et dans l'Italie du Pô. Si l'on fait du pain de millet, on en fait rarement de panic, mais les deux se consomment en bouillies, et avec du millet on prépare du levain quand on le pétrit avec du moût. En Gaule, selon Strabon, les Gascons cultivent du millet et s'en nourrissent abondamment, et Marseille a subsisté, pendant le siège de César, en se nourrissant d'orge moisi et de vieux millet[79]. Dioclétien, dans son édit, taxe les deux céréales à 50 d. le muid

---

[76] Maurizio [1932] parle longuement du millet sanguin, ou *Panicum sanguinale*, d'introduction peut-être médiévale, Il est connu en Europe centrale, en Italie aussi, où Mattioli est le premier à en parler au milieu du XVIe siècle, in *Commentarii . . . Pedacii Dioscoridii Anazarbei de medica materia*, Venetiis, 1565. Il semble inconnu pour notre période.

[77] N. I. Vavilov, The origins, varieties, immunity and breeding of cultivated plants, trad. K. Starr Chester, *Chronica botanica*, 15, 1949–50.

[78] On en a retrouvé aussi dans l'estomac de l'homme de Grauballe.

[79] Cf. note 3, Karen Lundström-Baudais, et Cesar, *Bellum civile*, II 22: "*panico enim vetere atque hordeo corrupto omnes alebantur*".

pour le panic et le millet non mondé, soit plus cher que l'avoine et l'amidonnier (30 d.), et la taxe est de 100 d. pour le millet mondé, au même taux que l'amidonnier mondé. Cela montre que ces grains sont appréciés au IVe siècle. Isidore de Séville les distingue évidemment par leur étymologie: le millet vient de *mille*, car il a des rendements très élevés, et le panic tire son nom du fait que l'homme s'en nourrit en guise de pain . . .

Occident médiéval

Avec le *Capitulaire de villis* nous avons quelques surprises. Par deux fois on y parle de nos deux cousins. Au c. 44, ils sont rangés parmi les aliments maigres de carême et sont alors les seules céréales citées; au c. 62, ils sont mis au début de l'énumération, en dehors donc de *l'annona* dont ils ne font pas partie. Ce dernier chapitre ne fait pas de distinction entre les céréales: il réclame les comptes de l'annone vieille et de la récente et par ailleurs du millet et du panic. Aucune taxation de grains de cette époque n'en fait mention, ainsi peut-on supposer qu'ils n'étaient pas panifiés. Pour ce qui est des capitulaires ou conciles taxant les céréales on pourrait envisager que les rédacteurs connaissaient mal ces plantes plutôt méridionales; mais ce n'est pas le cas pour le *Capitulaire de villis* d'origine probablement aquitaine.

A la même époque carolingienne, l'Italie du Nord cultive le millet abondamment: à Brescia 16% des ressources en grain, proviennent du millet qui vient au troisième rang derrière le seigle (40%), le froment (20%), et avant l'orge. Le panic, lui, vient loin derrière avec moins de 1% de la production totale. Cette culture n'est pas égale partout, et il est fort possible que ce soit l'orge qui ait progressivement avancé sur les terres à millet/panic, jusqu'à le remplacer. Toujours en Italie, en Molise, sur un site habité du IXe siècle, le millet est présent parmi d'autres céréales dans 50% des sondages où l'on a retrouvé des céréales. D'une façon générale, les plus récentes observations carpologiques montrent sur les sites médiévaux étudiés une présence plus importante du millet que celle que les textes laissaient supposer[80]. En Germanie, ces grains sont connus mais peu utilisés. A en croire Hildegarde de Bingen (*Physica*, X et XI), le millet

[80] Cf. notes n° 30, 38, 55 et Philippe Marinval, Données carpologiques françaises sur les millets (*Panicum miliaceum* et *Setaria italica*) de la protohistoire au Moyen Age, *Review of Palaeobotany and Palynology*, 73 (1992), Festchrift for Pr. Van Zeist (J.P. Pals, J. Buurman, M. van der Veen eds.).

peut remplir le ventre de l'homme, mais ne lui est d'aucun apport nutritionnel; c'est presque une plante sauvage, *unkrut*, et il n'est pas sain d'en manger car cela amène de mauvaises humeurs et perturbe la santé. Le panic est différent. S'il donne peu de forces à l'homme qui le mange, du moins ne donne-t-il pas naissance à de mauvaises humeurs comme le millet, et, en décoction dans du vin, il est même un bon remède contre les fièvres.

Ces graines se sèment normalement d'avril à juin. On peut dans certains cas semer en mars, dès lors le millet sera mûr en juin, et, si la terre est bonne, on peut alors faire de nouvelles semailles de millet sur cette même terre, qui ainsi aura fourni deux récoltes. Certes le millet est le moins nourrissant de tous les grains avec lesquels on fait du pain, mais, s'il est bien séché, une première fois après la moisson et avant le battage, une seconde après le vannage, on pourra le conserver longtemps, ce qui représente une sécurité dans les réserves très appréciable. Si les pains de millet sont bien connus, ce n'est cependant qu'avec le XIVe s. qu'on les rencontre et, avant cette époque, nous devons reconnaître un manque d'information complet à ce sujet.

Un grain méridional

Le millet ne peut bien venir que si l'été est chaud et humide, ce qui correspond à une zone bien limitée: océanique ou continentale de préférence, semi-aride à la rigueur. Le plus souvent dans ces régions, la moisson est trop tardive pour qu'on puisse y faire du millet une culture dérobée; il faut alors lui consacrer une sole, et, malgré son bon rendement en quantité, la qualité paraît alors insuffisante[81]. L'espace géographique où le millet est intéressant à cultiver s'avère ainsi restreint, et c'est bien dans les terres méridionales que nous trouvons le plus de mentions de ces grains, davantage en Latium qu'en Picardie. L'extension dans le temps fut limitée aussi. L'Antiquité connaît le grain et l'apprécie, Pline lui consacre de longs chapitres; mais après les temps carolingiens, où les précisions font défaut, le millet s'estompe sauf en Italie et en Gascogne.

[81] Pline n'en faisait pas une culture dérobée, mais à part entière: il la faisait semer avant le lever des Pléiades, soit avant le 10 mai. Il n'est d'ailleurs pas d'accord avec Crescent sur la quantité à semer. Il sème aux 2/3 de la densité de l'orge, alors que Crescent sème au 1/20. Même en tenant compte d'éventuelles différences entre grain mondé ou non, on est loin du compte car tous deux comptent bien en volume.

On le retrouve en France à l'époque moderne, mais il disparaît très tôt des terres où il ne fut jamais bien à l'aise sauf dans le Midi qui pouvait le cultiver de façon dérobée.

Le Sorgho

Pline (XVIII, 55) date l'arrivée en Occident du *Sorghum vulgare* vers les années 70 de notre ère où, selon lui, on a rapporté d'Inde en Italie "un millet de couleur noire, à gros grains, dont la tige ressemble à un roseau; il atteint la hauteur de 7 pieds, il a une très longue chevelure". Ce grain, c'était le sorgho, la description en a bien été identifiée comme telle par les botanistes[82].

Peu de traces anciennes
L'information est intéressante, mais après, que de lacunes! Nous ne le retrouvons pas avant le IXe siècle où on le cite en 813 à Modène[83], puis au Xe à Brescia dont il fournit 1,3% des revenus en grain. C'est peu, mais cela suffit pour infirmer l'hypothèse de Grand-Delatouche selon laquelle le sorgho ne serait arrivé en Occident qu'avec le XIIe siècle. Selon Pline il venait d'Inde; on l'a dit transmis par les Arabes; mais comme à cette époque c'est le peuple qui migre d'est en ouest, ils en sont forcément les transmetteurs. Son origine est peut être africaine ou plus précisément soudanaise[84]; il aurait de là atteint l'Asie pour revenir avec les "syriens". C'est qu'en effet on le rencontre en Italie sous plusieurs appellations: *melica, melega* . . ., surtout employées en Lombardie et qui dérivent du mot *milium (miliacum)*, ce qui nous ramène à Pline et son millet d'Inde[85].

Mais il porte aussi le nom de *saggina*, surtout en Toscane, peut-être parce qu'il sert à engraisser les animaux *(saginare)*. Partout ailleurs c'est le mot *sorgo* qui le désigne. C'est la forme italienne du *suricum, surgum*, ou *surcum*[86], dérivé de *syriacum*. Le nom porte donc bien en

---

[82] André Piédallu, *Le sorgho, son histoire, ses applications*, Paris, 1923.

[83] Paul Aebischer, Les noms du sorgho dans les dialectes modernes et le latin médiéval d'Italie, *Zeitschrift für romanische Philologie*, LXV, 1949.

[84] Luigi Messedaglia, Le piante alimentari del *Tacuinum sanitatis*, manoscritto miniato della Biblioteca Nazionale di Parigi, *Atti del reale istituto veneto di scienza lettere ed arte*, 1937, XCVI, p. 571–581. André Haudricourt et Hedin, L., *L'homme et les plantes cultivées*, Paris, 1943. Rééd. 1987. Le sorgho contient 2n = 20 chromosomes.

[85] C'est sous le vocable de *melica* que le connaît, au XIIIe siècle, Innocent IV: *"Tam in frumento, hordeo, faba melica et alia blava et leguminibus"*, in Du Cange.

[86] Lorsqu'il traduit, Du Cange confond le sarrasin et le sorgho, puisqu'il donne: "blé sarazin". L'introduction du sarrasin était généralement considérée comme plus récente, au milieu du XVe siècle.

lui-même l'origine sinon de la plante du moins de ceux qui l'ont fait connaître en Occident. C'est l'idée que transmettait le français quand il disait "blé de Turquie". La date avancée par Pline pour l'introduction du sorgho est corroborée par des arguments linguistiques: tous les dérivés populaires de *syriacum* se terminent en -a ou en -o, type sorgho, ce qui indique une arrivée relativement ancienne antérieure à la transcription du grec par un son et une graphie en -i et -y. Les mentions médiévales que l'on rencontre du sorgho sont concentrées en Italie. Pas partout encore: le Sud n'en révèle presque pas. Le Latium ne connaît ce grain qu'au milieu du XIIIe siècle, et le voit ensuite fortement progresser au XIVe[87].

Disons enfin que le grain est d'abord fourrager, mais, comme toutes ces plantes, il devient alimentaire si la nécessité fait loi.

Des (mauvaises ?) herbes

Des plantes diverses qui ont pu, ici ou là, être cultivées pour leurs graines alimentaires: paturin, zizanie, houlque, alpiste, sésame . . . Beaucoup sont actuellement devenues des aliments du bétail, ou encore de nos "mauvaises herbes", après avoir pu servir à l'alimentation humaine; toutes ne sont pas rangées parmi les graminées.

L'ivraie

Pline l'appelle *lolium* ou bien *aira*, de l'un de ses noms grecs, celui que lui donnait Théophraste. Il ne la connaît que comme herbe nuisible, comme "un fléau de la terre elle-même" (XVIII, 153). C'est Pline qu'utilise Vincent de Beauvais quand il traite de l'ivraie: il en retient que mélangée au pain elle donne des vertiges, et il cite l'anecdote des maîtres de bain qui en font brûler sur des braises pour éloigner les clients trop nombreux. Il emploie le terme *era*. Mais, après l'évangéliste Matthieu, qui utilise dans son récit de la parabole le terme de *zizanion* (13, 24), on a abandonné *lolium* au profit de *zizania*. Ainsi Isidore parle de la "zizanie que les poètes nomment l'ivraie stérile parce qu'elle est inutile et improductive". Le français l'a parfois appelée d'un terme gaulois, *droë*.

On rencontre cependant encore *lolium* chez Neckam, et il s'agit bien alors d'un grain consommé par l'homme comme par l'animal:

> "*in granario . . . sit . . . modius . . . frumenti sive tritici, ordei sive sigali sive siliginis vel avene vel lolii. Assint etiam usui avium cortis palee, silique, lolium, avena*

---

[87] Pierre Toubert, *Les structures du latium médiéval*, Rome,1973.

> *sterilis"*. Ailleurs il déclare: "*Saepe triticum degenerat in lolium, sicut et lolium in triticum nobilitatur*"[88]

L'ivraie est donc bien consommée: les graines, par la volaille, la plante en fourrage vert. Mais les graines sont aussi consommées par l'homme, sinon pourquoi les stocker dans le grenier? Il est certain que les hommes n'ont pas toujours procédé à la façon du propriétaire de la parabole qui élimine l'ivraie lors de la moisson . . .

Le sésame

Pline en faisait un *frumentum*, mais ce n'est pas une graminée; il a été cultivé en Occident, bien que de façon très limitée. On ne trouve aucune trace de sa culture avant le XIVe s. Pline le disait venir d'Inde (les botanistes appellent d'ailleurs le sésame, *Sesamum indicum*) et le rangeait dans un même groupe avec le millet et le panic, celui des blés d'été. Isidore le cite, mais n'avance aucune étymologie, hormis l'origine grecque du mot.

Jauger et juger

Les modifications les plus voyantes dans le domaine céréalier pendant le moyen âge ont trait à l'importance relative des diverses céréales cultivées. Dans l'ensemble, malgré des variations locales, le froment est devenu la première céréale cultivée, éclipsant l'orge qui avait encore une place de choix aux temps carolingiens. Le seigle accroît aussi considérablement sa place dans certaines régions où même il passe devant le froment. L'épeautre, a de beaux succès aux IXe et Xe siècles et perd du terrain ensuite. La chronologie de cette évolution varie localement, et des études régionales ont pu la préciser ici ou là.

Il faut cependant considérer maintenant une autre donnée: la valeur marchande des céréales. Elle est une des données de l'écosystème qu'il faut prendre en compte au même titre que le climat ou la qualité du sol. Elle est aussi un signe, celui de la valeur que les hommes accordent à un objet, par rapport aux autres. Le coût marchand des graines peut ainsi inciter à la culture de certaines espèces, pour ceux du moins qui peuvent choisir de produire davan-

[88] *De naturis rerum*, LVIII, *De lolio et lapa.*

tage que pour leur propre subsistance. Il sert aussi de révélateur sur le goût des hommes, si l'on admet, avec le marché, que l'objet le plus cher est le plus apprécié . . .

Le jugement par le prix

Au commencement de notre histoire des prix il y a l'édit de Dioclétien. Le froment y est taxé à 100 d, l'orge à 60, le seigle à 60, le panic à 50, et l'avoine à 30. C'est déjà le froment qui est le plus cher, et les rapports entre les prix sont proches de ceux du IXe siècle. Cet édit n'est certes pas une mercuriale et n'a probablement été qu'indicatif; il en est de même des capitulaires carolingiens, mais ils dénotent la valeur accordée aux diverses nourritures.

Sous les carolingiens, quelques capitulaires célèbres taxent les grains. Le concile de Francfort en 794 fixe ainsi les prix: le muid d'avoine vaut 1 d; celui d'orge, 2; de seigle, 3; et le muid de froment 4 d. A Nimègue en 806, une nouvelle disette amène une autre taxation: avoine: 2, orge: 3, seigle: 4 et froment: 6 deniers. Le rapport de l'orge au froment est resté le même: de 1 à 2. Par contre, l'avoine est devenu plus cher et le seigle a baissé en valeur relative. En effet à Francfort, avoine, orge, seigle, froment valent respectivement: 0,25—0,50–0,75—et 1, alors qu'à Nimègue, c'est: 0,33–0,50–0,66—et 1.

L'historien a du mal à suivre ce rapport entre les prix car il faudrait connaître les prix de plusieurs graines au même endroit et au même moment. On ne peut comparer d'une année sur l'autre car les lieux et les monnaies sont trop différents, mais le rapport des prix, indépendant de la monnaie, peut se comparer. De 794 à 1288 nous avons relevé 44 mentions de prix comparés, sans que toutes les céréales soient présentes à chaque fois: (l'avoine est noté 12 fois, l'orge 21, le seigle, 42, le froment 15, l'épeautre, 28). Ces textes proviennent de l'Europe germanique, et l'association la plus fréquente est celle du seigle et de l'épeautre: 21 fois[89]. La constatation qui s'impose, au vu de ces données, c'est la relative permanence des rapports de valeur. Les écarts à la moyenne ne sont pas très importants et ne sont que de courte durée: l'éventail des prix est plus fermé en période d'abondance, il s'ouvre en cas de disette, car alors le seigle et surtout le froment s'envolent beaucoup plus haut.

L'évolution de la place de l'avoine varie avec les lieux. Parfois elle a rejoint celle du froment: en Angleterre, en Picardie, ailleurs, comme

---

[89] Fritz Curschman, *Ungersnöte im Mittelalter*, Leipzig, *Leipziger studien*, VI, 1, 1900.

en Cambrésis, l'avoine a reculé. Ces fluctuations sont à mettre en rapport, région par région, avec la place de l'élevage et avec celle de l'orge dont la valeur fourragère est meilleure. L'exemple du seigle est marquant de la permanence. Fixé par Dioclétien à 0,6 par rapport au froment, on le trouve dans les textes carolingiens à 0,75 et 0,66. Les relevés du IXe au XIIIe s. le situent autour de 0,67. Au début du XIXe s., en Provence, il est encore à 0,6.

Il y a là une étonnante constante qui donne au seigle un prix marchand situé aux 2/3 de celui du froment et les écarts par rapport à cette moyenne sont faibles et de courte durée. Le prix des grains est, en valeur absolue très variable, suivant la période de l'année, suivant les résultats de la campagne, suivant la région. Mais le rapport entre eux est relativement constant[90].

L'appréciation par le jugement

La céréalisation du nord de la Méditerranée est un fait acquis sous les carolingiens. Si les finages continuent de consacrer beaucoup d'espace au pacage, ce n'est pas que les hommes soient davantage mangeurs de viande que de grains, mais c'est que les rendements qu'ils obtiennent ne leur permettent pas de nourrir les bêtes dont ils ont besoin comme force motrice avec les seules céréales[91]. C'est donc bien des grains que vient l'essentiel de la nourriture, et tout un ensemble de symboles les a bientôt entourés; l'imagerie s'est concentrée sur le blé. Il est déjà présent dans les mystères d'Eleusis, où, à travers lui, on honore Déméter et les mystères de la vie dans la cérémonie de la contemplation (l'époptie). Il était aussi le signe de la mort et de la résurrection d'Osiris avant de devenir le grain qui, s'il ne meurt, ne porte pas de fruits (Jean 12, 24).

C'est alors l'aventure chrétienne du blé comme matériau de l'eucharistie. Le choix du pain de blé et non d'orge fait en Italie dès l'Antiquité a rejailli sur l'importance donné au pain. Non seulement

---

[90] Actuellement, les choses semblent avoir totalement changé: les prix d'intervention de l'Union Européenne placent le seigle à 0,91 par rapport au froment. Mais il est à 0,6 de celui du blé dur. C'est que seul surnage au dessus du lot des céréales le blé dur, exclusivement réservé aux hommes, et le rapport seigle/blé dur est de 0,6, très proche de l'ancienne constante des 2/3 du rapport seigle/blé tendre. Il semble que ce qui fait la différence dans le jugement porté par le marché sur les grains c'est que le grain soit réservé aux hommes ou soit aussi donné à l'animal.

[91] Le fait qu'il faille de 1,5 à 1,75 fois autant d'espace en pature qu'en terre arable dans certains finages, ainsi que l'indique Bernard H. Slicher van Bath, *The agrarian history of Western Europe, (A.D. 500–1850)*, Londres, 1963, ne signifie nullement que l'on ne soit pas en pays d'alimentation céréalière, comme semble l'admettre Watson, mais bien plutôt que les rendements céréaliers demeurent faibles.

nourriture de base, mais mémorial de la divinité, le pain et le blé sont devenus des mythes de notre société, et le sont restés même lorsque nous avons oublié les techniques qui étaient à la base de leur production. Nous ne parlerons pas davantage de l'aspect religieux du blé mais nous allons tenter de préciser les qualités que les connaissances du temps se plaisaient à reconnaître aux grains, les vertus dont on les parait. Crescent et les médecins permettent de savoir comment les érudits du monde scientifique se représentaient les blés. Parlant des amendements, Crescent compare les soins qu'il faut apporter au sol à ceux dont on entoure l'être humain (11, 17–18). Les termes utilisés sont ceux de la médecine: le "colérique" et le "sec" seront "digérés", le sol devient "flegmatique et sanguin". Ainsi:

> comme les sages physiciens font par leur art et science que les corps humains acquièrent bonnes dispositions et qu'ils convertissent la viande en bonne complexion, ainsi fait le bon laboureur.

Mais, la terre est femme, et Crescent conduit alors une comparaison qui remonte en Occident à la Terre-Mère:

> Il y a une même opération entre le mari de la femme et l'enfant comme entre la terre et la plante. Et combien que ès femmes, l'ouvrier si est la semence de l'homme qui meut et forme le fruit en la marriz (matrice), toutefois le sang du corps de la femme si est transporté à la nourriture du fruit en son ventre, et de nécessité il ensuit la disposition de la marriz. Mais ès plantes il n'y a pas masle et femelle et n'y a que la plante et la terre et l'ouvrier.

Le monde est bien centré autour de l'homme et la graine porte fruit à la façon de la femme. Le besoin de finalité de la science du temps, sa téléologie, fait surgir la matrice de la nécessité, mais il n'y a pas possibilité de démontrer une correspondance entre terre et femme, et on ne sait pas qu'il y a un sexe des végétaux, alors l'explication le cède brusquement à une simple affirmation. L'essentiel est bien de mettre l'homme au centre du cosmos. On est en plein anthropocentrisme chrétien. Ce même anthropocentrisme, celui du microcosme, se manifeste quand l'auteur parle des divers grains (III, 7). Le froment est: "par dessus toutes choses la plus convenable pour corps humain", et cela, "pour cause de la semblance qu'il a avec notre complexion"[92]. Aucune démonstration là non plus, l'affirmation

---

[92] Louis Séchan et Pierre Lévêque, *Les grandes divinités de la Grèce*, Paris, 1966, pensent que la signification religieuse de l'épi de blé se trouve dans le "sentiment d'harmonie entre la vie humaine et la vie végétale".

suffit. Il n'y a pas encore affirmation de la théorie de la signature, comme chez Paracelse, mais on la voit poindre: puisque le microcosme se retrouve dans le froment, c'est que le froment est destiné à l'homme avant toute autre plante.

Il faut cependant constater que les non-chrétiens, sans se fonder sur les mêmes présupposés idéologiques, aboutissent aussi à considérer que le froment est le meilleur aliment pour l'homme. Le musulman Razi déclare: "*triticum bene coctum omnibus cibis plus nutrit, et maxime si cum lacte coctum fuerit*"[93].

Chez les médecins, le froment est par nature chaud et moite[94], et l'écorce en est chaude et sèche. Ses effets thérapeutiques sont divers: poumons, peau, mamelles . . . selon les préparations, Crescent donne aussi des indications médicales pour d'autres céréales; elles se réfèrent expressément à Galien, Isaac, Platon, Avicenne. Les tacuins permettent de compléter; si tous les médecins ne sont pas du même avis les divergences sont minimes. Seul de toutes les céréales, le blé est chaud et humide au 2e degré. L'épeautre est tempéré ou chaud, mais pas humide; l'avoine est chaud au 1er degré, mais sec et de plus selon le Tacuin il n'est pas consommé par l'homme. Toutes les autres céréales sont froides et sèches. Or, le chaud et l'humide sont les qualités du sang, la plus importante des quatre humeurs. Le blé se distingue donc des autres céréales sur le plan médical, et il y a des raisons scientifiques à cela qui tiennent à sa nature intrinsèque. Les qualités non alimentaires que l'on reconnaît au blé sont donc les suivantes: sa complexion ressemble beaucoup à celle de l'homme; il est le seul grain chaud et humide, comme le sang; il est le grain de l'Eucharistie et de la Nouvelle Loi, parce qu'il est le meilleur pour le pain et qu'il n'est pas entouré d'une balle.

C'est donc bien la nature et non pas le choix des hommes qui en a fait une céréale à part des autres: connaissance théologique et science médicale vont dans le même sens. Il est légitime de rechercher et préférer le blé, car il y a de bonnes et fondamentales raisons à cela. L'expérience acquise par l'observation des prix du marché, comme par la pratique culinaire est bien expliquée par les théories de la connaissance scientifique et théologique. Le monde est centré

---

93 Cité par Vincent de Beauvais, *Speculum naturale*, XI, 108, col. 856.

94 Le Tacuin dit "chaud et humide". Le terme humide est celui habituellement employé en médecine galénique. Ensuite, il y a des degrés dans l'importance de cette qualité.

autour de l'homme, non pas par suite de ses choix, mais par l'effet d'un projet déterminé par le Maître de la création.

Peut-on conclure ?

Les conclusions sur les céréales cultivées pendant l'Antiquité tardive et le Haut Moyen Age ne peuvent encore être que très partielles et peut-être davantage méthodologiques que factuelles.

Il apparaît certain que cette époque a connu une céréalisation généralisée de l'Europe. Les nourritures des hommes, et partant les agricultures, ont évolué vers une place plus grande attribuée aux diverses céréales; cette place étant liée entre autres à un accroissement de la population à nourrir.[95] On répète volontiers que les plantes qui ont donné leur tonalité au Moyen Age sont le seigle et l'avoine. Vu de Sirius, c'est vraisemblable, mais il faut cependant bien distinguer les lieux dont on parle.

Il y a une Europe septentrionale qui englobe le monde germanique et toute Italie padane où le seigle prend tôt de l'importance, où l'épeautre aussi fleurit. Par contre l'Italie du sud, la France du midi ne laissent au seigle qu'une place congrue et montrent davantage une belle continuité, à peine nuancée, par rapport à la fin de l'Antiquité[96]. Les historiens se sont parfois opposés[97], mais en fait la frontière séparait surtout leurs regards; de quelle région parlaient-ils: nord ou sud de l'Italie par exemple.

Il est difficile dans l'état actuel de la documentation, de préciser les frontières entre ces ensembles du nord et du sud. Ils ne correspondent pas à des entités politiques non plus que climatiques ni même écologiques. Faut-il en remonter au néolithique pour déjà apercevoir de telles divisions entre un nord voué à seigle, épeautre, avoine, et un sud davantage à froment, orge, millet ? Les tentatives d'explication par les formes socio-économiques d'exploitation (forme et structures des domaines) s'avèrent insatisfaisantes aussi.

---

[95] Cf. note 87.

[96] Pour la France du Midi, Marivnal/Ruas (cf. note n° 39) déclarent: "Du IIIe siècle après J.-C. au XIIIe s., les plantes utilisées dans l'alimentation ne sont pas fondamentalement différentes par rapport aux premiers temps de l'occupation romaine" (p. 423).

S'agissant de l'Italie du sud, Montanari (cf. note n° 18) "Ici les éléments de continuité de l'Antiquité au Moyen Age sont bien plus forts et caractérisants" (p. 125).

[97] Cf. Montanari, note 18, p. 124, contre l'opinion de Jones.

Faut-il alors en appeler à des facteurs culturels? A-t-on affaire à de ces "céréales de civilisation"[98]. Cela peut paraître une échappatoire pour pallier notre incapacité actuelle à expliquer cette géographie historique des céréales par des éléments qui satisfassent notre raison, et pourtant . . . Sans vouloir faire aucune autre comparaison que méthodologique, évoquons la "re-découverte" récente (une décennie) du fameux "régime méditerranéen" et de ses valeurs diététiques. Il avait donc réussi à subsister jusqu'à nos jours sans que les diététiciens s'en aperçoivent ? Les Allemands disent cela autrement: *Der Mensch ist was er isst.*

[98] Je reprends l'expression du géographe Max Sorre, *Les fondements de la géographie humaine*, Paris, A. Colin, 1951. p. 162. Il déclare: "Notre manière de nous nourrir dépend de notre imagination autant que de nos besoins réels"; Ibid. p. 415.

FARMING IN MEDITERRANEAN FRANCE AND RURAL SETTLEMENT IN THE LATE ROMAN AND EARLY MEDIEVAL PERIODS: THE CONTRIBUTION FROM ARCHAEOLOGY AND ENVIRONMENTAL SCIENCES IN THE LAST TWENTY YEARS (1980–2000)

Aline Durand and Philippe Leveau*

Introduction

From the end of the 19th C, French historiography has studied the period spanning the 5th–10th C essentially along political and institutional lines. For Southern France, the sum of available information allows a brief overview. The Province of *Gallia Narbonensis*, created as a single administrative unit during the early Roman Empire, was first split up, as a result of Diocletian's reforms, at the end of the 3rd C. These reforms led to the creation of three new provinces: the Primary Narbonnaises (*Narbonensis Prima* comprising Narbonne, Béziers, Nîmes, Lodève, Uzès, Agde and Maguelonne), the Secondary Narbonnaises (*Narbonensis Seconda* with Aix-en-Provence, Apt, Riez, Fréjus, Gap, Sisteron, Antibes) in between which the *Provincia Viennensis* were inserted (the southern part of the latter, comprising Valence, Die, St-Paul-Trois-Châteaux, Vaison, Orange, Cavaillon, Avignon, Arles, Marseille, Carpentras being of interest here) (Rivet 1988). But the real divisions stem from the splitting up of the Roman Empire following the military crisis that ensued from the massive influx of Germanic peoples, Visigoths in the South, Burgundians in the North, into the former Province. New political entities were formed through the settlement of immigrants and through the gradual merging of the old Gallo-Roman population with the newcomers: Septimania and Provence on either side of the Rhône valley. Even though from the end of the 5th C the Francs achieved the unity of Gaul within the Frankish kingdom and later within the Carolingian Empire by removing Provence from the Burgundian kingdom, the two regions—

* Aline Durand, LAMM, MMSH, BP 647, F. 13094 Aix-en-Provence Cedex 2, adurand@mmsh.univ-aix.fr. Philippe Leveau, CCJ, MMSH, BP 647, F. 13094 Aix-en-Provence Cedex 2, leveau.phil@wanadoo.fr

MASSIF CENTRAL
VIVARAIS
LANGUEDOC
ROUSSILLON
GARD
PROVENCE
BOUCHES-DU-RHÔNE
VAR
VALDAINE
VAUNAGE
LARZAC
ALPILLES
CRAU
CAMARGUE
ESTEREL
MAURES
STE VICTOIRE
Nice
Antibes
Fréjus
Toulon
St Cyr
Marseille
Gap
Sisteron
Riez
Rians
Aix-en-Provence
Apt
Fontaine-de-Vaucluse
Carpentras
Cavaillon
Vaison
Die
Valence
Montélimar
Donzère
Pierrelatte
Orange
Caderousse
Avignon
Les Baux
Montmajour
Fontvieille
Arles
Fos
Etg de Berre
Nîmes
Uzès
Lunel
Marsillargues
Maguelone
Lattes
Gignac
Paulhan
Loupian
Lodève
Agde
Béziers
Narbonne
Carcassonne
Var
Durance
Verdon
Argens
Gapeau
Huveaune
Arc
Ouvèze
Aigues
Drôme
Rhône
Ardèche
Gardon
Vistre
Vidourle
Hérault
Lergue
Orb
Jaur
Tarn
Aveyron
Aude
0 20 km
Leclere

Provence and Septimania—nevertheless remain peripheral to these political developments. The dissolution of the Carolingian Empire after 822 AD resulted in the birth of two new feudal principalities: the county of Provence torn between its allegiance to the Carolingians on the one hand and the Burgundians who for a century considered Provence as a territory ripe for conquest on the other hand, and the marquisate of Gothia.

By contrast, the history of farming during this 'period of transition' between the Roman Empire and the Middle Ages is rarely studied for itself. Several reasons can explain this situation. Amongst the main reasons figures the dirth of written documents even in a region generally better served than others. A number of written sources of considerable interest exist for the period of the end of the Roman Empire. Some, like the Theodosian code refer to the whole of the Empire. The imperial legal texts that it contains are to be used with caution, as illustrated by the debate surrounding the meaning of the expression *agri deserti*. This expression, coined for taxation purposes (Whittaker 1976), cannot be used to describe a real situation in settlement archaeology. Other texts provide local information, such as that given in the works of Gregory of Tours or Sidonius Apollinaris, or in Visigothic documents or in the Lives of Saints. On the other hand, descriptive or financial accounts, compiled primarily for military or taxation purposes do not appear until the 7th and 8th C with the two polyptychs of Waldade and Ansefred, *advocatus* of the Bishop of Béziers. At the very end of the 8th C royal and imperial proclamations of gifts or confirmations throw some light on rural Languedoc and Provence. It is only in the second half of the 10th C that diplomatic acts begin to form series coherent enough to shed light upon agricultural systems. Even so, the interpretation of these sources encounter problems, in particular of vocabulary. Thus it is hard to elicit the meaning of such key terms as *aratrum* (ard or plough) or *frumentum* (winter or spring cereals). To obtain a more complete picture of agricultural regimes, one must therefore turn to archaeology. But here the medieval period is less easily legible on the ground than the late Roman period: in surveys greater use of lime in masonry and the better quality of pottery favour the Roman period in comparison with the Early Middle Ages whose remains are difficult to trace. Therefore the Roman period is over-represented in relative terms. This bias is largely illusory but it combines with a miserabilist school of interpretation of often tenuous remains to reinforce the image of a period of decline experienced by the second part of the first millennium AD.

Some twenty years ago, J. Chapelot and R. Fossier berated the Mediterranean coast as the one region of Europe where,—with some notable exceptions, amongst which Provence—archaeological research in the rural environment was least advanced (Chapelot and Fossier 1980, 70). In fact, from that time onwards a fundamental change in the attitude of archaeologists was beginning to take shape and is at the origin of much recent progress. P.-A. Février was already drawing attention, in the 1970s, to the strength of new research on settlement and population patterns, a research area he was particularly keen to encourage (Février 1978) and which he reviewed in the catalogue of the exhibition *Premiers temps chrétiens en Gaule méridionale* (Février 1986) At the same time, the traditional historical view of the Early Middle Ages as a Dark Age where people, driven to despair by recurrent famines due to very poor if not basic farming practices, were resorting to cannibalism was being challenged at the Flaran colloquium (1992). The way was open to a new more sophisticated reading of the documents and to a better integration of archaeological research, which itself was in the process of reorientation. These developments allow the breaking down of barriers between fields of research formerly artificially segmented into institutionalised chronological compartments. They open new paths which an increasing number of researchers are eager to take and, at present, the Ministry of Culture actively promotes archaeological research on the periods under discussion.

By definition, agriculture aims to model, adapt and transform a natural milieu to produce plant and animal products. The milieu under consideration corresponds to Mediterranean France, that is to say three old French provinces, Provence, Languedoc and Roussillon. Climate and soils, conditioning the development of agricultural regimes, are two key elements in the reading of the evidence and are used to define a sector whose northern limit is given by botanists and plant geographers as the limit of the spread of the olive tree, the mythical tree of Mediterranean civilisation. Temperate winters, hot and dry summers contribute to unite a region topographically very varied or even divided on either side of the Rhône: to the West plains and plateaux predominate and to the East basins and mountains of middle altitude prevail. As always in Mediterranean countries, the major characteristic is not so much the amount of annual rainfall—in the Camargue 450 mm, in Nice 750 mm—but the arid conditions of the summer, necessitating irrigation and rendering cattle production very difficult.

The milieu and landscape dynamics

The question of the milieu has grown in importance during the last few years, particularly in archaeological studies of historical periods. By reinstating archaeological sites into their geomorphological and sedimentological context, soil scientists and geomorphologists have drawn the attention of archaeologists to the role of the climate in the destruction or post-depositional history of archaeological sites. A strictly deterministic approach showed its limitations and led to misinterpretations. Nevertheless, natural elements and processes have an influence upon the formation of land and their exploitation: stable, even inert or stagnating periods are followed by phases of innovation where technical advances or social and economic structures cross new thresholds. That is why we shall consider in some detail the results of an approach that can increase our understanding of agricultural activities and farming practices.

The question of general climate change

It is generally accepted that the end of the Roman Empire saw a major deterioration in climate which contributed to depress living conditions and may have played a key role in the onset of an economic decline (Provost 1984). This correlation needs to be re-examined in the light of recent advances in our knowledge of climatic history, made possible through new dating methods such as radiocarbon dating and dendrochronology (Magny and Richard 1992). Historians have in the past tended to use the work of natural scientists to dress up 'scientifically' a tradition strongly anchored in a messianic vision of early Christianity: the notion of a God-inflicted worsening of conditions in retribution for the sins of humanity was in tune with its time. Even though historic thinking has become more secular, historians have continued to see climate change as one of the factors in the decline of the Roman Empire: the consequent deterioration of living conditions would have been one of the causes for the great migrations. It is therefore necessary to review briefly the subject, while underlining the relative nature of the term 'worsening' since we are dealing with a particular Mediterranean climatic zone where farming regimes are bound by heat and summer droughts. Obviously a drop in the mean temperature or an increase in rainfall do not have the same effect as in more northerly regions.

Collaborative research carried out by archaeologists, historians and environmentalists give a more trustworthy and subtle image of climatic conditions, that is to say the climatic context. Since written documents can only be used from 1396 AD (Alexandre 1987), when continuous and homogeneous series of records begin, a multidisciplinary approach is necessary. The data gathered refer to temperature and rainfall, i.e. two of the three parameters that define 'the climate'; they were collected in the main along the northern margins of our study area. In brief, palaeoclimatologists have identified a cooling phase named 'Göschenen II' which begins in the 3rd C and resulted in an advance of alpine glaciers at its peak in the 5th to 7th C. This cooling period began in the Danube regions and the Alps in the first half of the 4th C and continued with the advance of glaciers around the middle of the 5th C. The drop in summer temperature is estimated to be in the order of 1 degree C and heralded the end of better climatic conditions which had enabled the spread of certain plants such as, in particular, the grapevine (Patzelt 1994). This sequence of events seems to be confirmed by observations made on the level of lakes in the Jura and subalpine regions (Magny 1992) and on tree-ring growth of larch trees (Serre 1979). This phase corresponds to a period of coastal erosion resulting in a rise of the sea level along the North Sea coast between 250 and 700 AD (formerly named 'the second Dunkirk transgression'). A general warming period, coincidental with the Middle Ages proper, followed this cooler period. A small 'climatic optimum', peaking around 1000 AD continued until the 14th C, which saw the onset of the Little Ice Age. These are of course general trends which, depending on the regions, can have greater or lesser effects upon agricultural production, the subject of our investigations. Particular caution is needed since the Mediterranean climate affecting our region is itself a climate of transition. This question has recently been addressed by the pollen specialist G. Jalut. His work shows that the Mediterranean climate developed gradually in the western Mediterranean during the Holocene period along a north-south latitude. According to Jalut, a change in the annual distribution of rainfall which resulted in the pattern of summer droughts characteristic of the Mediterranean climate took place between 3300 and 1000 B.P in a latitude zone located between 40° and 44° (northern latitude), i.e. in our study area (Jalut *et alii*, 1997). The onset of summer droughts in the Golfe du Lion is dated to 2600–1900 B.P. (2850–1630 cal. B.P.) (Jalut *et alii*, 2000) (*contra*: Pons and Quezel 1998). In the Languedoc and Roussillon, the climate sequence has been refined thanks to a series of measurements on the variation of $\delta^{13}C$ carried out on Mediterranean deciduous oak charcoal from prehistoric and historic contexts (Vernet *et alii*, 1997). Indeed if the weather is too dry, plant stomata close up, inhibiting the exchange of gas through photosynthesis, i.e the fixing of carbon in lignite, the constituent of living wood. Although further observations are needed, these results already point to a date around 3000 B.P. for the greatest extent of summer droughts. The construction of a Holocene curve of variations in the isotope of oxygen $\delta^{18}O$ from stalagmites in the cave of Clamouse near St-Guilhem-le-Désert in the middle valley of Hérault (MacDermott *et al.* 1999) also reveals the return to warmer and/or drier climatic conditions—without it being possible to determine which—from around 3000 B.P.: the correlation between the isotopic variations and the behaviour of stalagmites is particularly well documented in this cave and therefore an interpretation along climatic lines is permissible.

These hypotheses must be compared with observations that suggest that during the Roman period rainfall patterns were more regular. For the northern Alps and the Jura, it is now possible to consult the work carried out on the lakes of the Jura and the lake of Paladru in the department of Isère. Archaeological research conducted by M. Collardelle and E. Verdel allow the reconstruction of a climatic sequence dating to the end of the Early Middle Ages. The period preceding 1000 AD is characterised by a 'dry' phase which archaeologists suggest was an essential factor in the establishment of a community on the edge of the lake of Paladru (Borel *et al.* 1996). Work carried out on river levels and on the formation of water basins in the lower Rhône valley has recently extended our understanding of climatic conditions. This research examines rainfall regimes through measuring the river water debit. A combination of morphological, sedimentological and archaeological information has allowed riverine milieux to be better defined in our region. It is only during the transition phase between the late Roman and the Early Medieval period that a major hydraulic crisis, capable of affecting river environments in a fundamental way, can be detected. Whereas during the millennium that comprises the later Iron Age and the Roman period, that is to say the period bracketed between the 5th C BC and the 5th C AD, hydro-sedimentary activity had not caused any major modification of the water courses, the latter underwent, during the three centuries that run from the end of the 5th to the end of the 7th C AD major transformations such as braiding of the water courses or modification to the delta. Noticeable from the end of the Roman period, this development signifies an increase in the liquid and solid volume carried by the water courses and this is undeniably due to a climatic component (Provansal *et al.* 1999). A wetter climate phase starting around the 2nd C lasted into the beginning of the Middle Ages proper, when conditions became drier again. In a comparative study of the sedimentary stratification from two rock shelters, Font-de-l'Oule near Fontaine-de-Vaucluse in the Rhône valley and Font Juvénal near Carcassonne, J.-L. Brochier notes a first cold spell around 450–700 AD and a second one corresponding with the Little Ice Age. The lack of sedimentary deposition during a period spanning the 7th to 12th C undoubtedly corresponds, given the palaeoclimatic data, to a temperate period which Brochier ascribes to a 'dry tendency'. Indeed conditions became more humid from the 13th C onwards (Brochier 1983).

Climate, agriculture and the rhythms of erosion

Erosion, which in our time scale refers to superficial erosion, is the physical process where the effects of the climate on the landscape are most readily observable. Rainwash carries sediments towards the bases of slopes which are then built up into river terraces and which are accumulated downstream in river mouths before ending up in marine deposits. These formations depend on petrology and on climate. In the absence of human intervention, the rhythm of the erosion that affects them (slowing down or speeding up) depends on two factors that define the climate: rainwater that causes the sediments to move and vegetation that protects soils from the impact of rain and stabilises them on slopes. However, since the beginning of the Holocene, one must add anthropogenic causes to climatic causes.

During the last century, foresters engaged in the fight against torrential rains emphasised the relationship existing between the latter and forest clearances caused by the increase in agricultural exploitation and by the need for fuel. In historic times, but particularly in the 19th C hillwash had torn from hill slopes and Mediterranean mountain sides huge amounts of sediments which built up in lower valleys, coastal plains and deltas. These accounts were corroborated by the work of geomorphologists who had proposed a more subtle analysis of alluvial deposits than those presented in geological maps of the 'recent Quaternary'. The late 1960s saw the work of C. Vita-Finzi on alluvial valleys around the Mediterranean during the Quaternary. The model that Vita-Finzi put forward gave precedence to natural causes, that is to say the climate (Vita-Finzi 1969). But, following on from the concept of anthropisation, other models have emphasised the social causes of erosion (Neboit 1991). The latter are of great interest to historians enabling them to detect within the rhythms of erosions precious pointers, in regions and periods where documents are rare, to the impact of agricultural systems.

This approach has been followed in Provence since 1985, when research on historic periods by geomorphologists from Aix-en-Provence was conducted in collaboration with archaeologists and historians in the neighbouring hill regions. First, research concentrated on hills to the East of the Etang de Berre, a lagoon formed by the retreating waters of the Holocene: boreholes through sedimentary deposits enabled the rhythms of erosion in the basins of a small number of water courses to be charted. This work has led to the definition of regional rhythms corresponding to developments in agriculture and fluctuations in the climate. A first erosion 'crisis' initiated at the beginning of the Subatlantic lasted into the early Iron Age. By contrast, the Roman period is characterised by a very small amount of sedimentary deposition. Beyond, a second crisis results in the establishment of a second alluvial blanket, noted on the principal river terraces and in the foothills. The Little Ice Age and the population explosion of modern times are held jointly responsible for this alluvium (Provansal 1996). In fact the data show a great range of situations given by natural factors—petrology and slope—as well as anthropogenic causes. For the massif of the Sainte-Victoire, M. Jorda concludes that 'the sum of erosion during the last two millennia seems modest in spite of the delicate nature of the milieu and contours seem to have changed little since protohistoric times' (Jorda and Mocci 1997, 227). By contrast, the situation is vastly different in the northern and southern foothills of the Alpilles where detailed research by H. Bruneton (1999) concentrated upon the post-Roman accumulation of deposits on archaeological sites. The site of *Glanum*, located at the base of a talweg and on its northern slope, was fossilised by a sedimentary blanket that could reach a depth of 4 to 5 m. Further, there are colluvial fills which, though not deep, cover most of the piedmont (Bruneton 1999, 150). H. Bruneton reaches the following general conclusion in his study: 'the widespread nature of post-Roman deposits in talwegs and their very frequent association with colluvial pockets represents a new facies which it is possible to attribute to increased pressure of agriculture on slopes, whatever the fluctuations in population or the settlement densities might be' (*ibid.*, 168). However, a detailed picture is a complex one: in the hollows formed on the archaeological site of Saint-Blaise on the western side of the Étang de Berre 'stratigraphy shows rather a series of erosion incidents, separated by episodes of arable land' (Provansal 1996) (Leveau *et al.* 2001 in press).

One must therefore turn to soil science to extend our understanding in a more refined way. First among such studies were the works of P. Poupet and then J.-F. Berger who both cooperated with archaeologists. Though following different lines of enquiry the results obtained converge. P. Poupet carried out detailed studies on the nature of the soils of eastern Languedoc, their possible depletion caused by agricultural exploitation, their preservation and the possibility to trace agricultural practices on soils that were subsequently suddenly covered. His research targeted two micro-regions in particular, the Vaunage and the flanks of the Garrigues in the Nîmes area. The Vaunage consists of a small depression, some 10 km from Nîmes and some 25 km from the sea. It is drained by a tributary of the Vistre, the Rhôny, which springs to the North-East of the Vaunage and is 12 km long. The region is the subject of a number of investigations into its protohistoric, Roman and medieval past. Whereas it used to be thought, in the 1970s, that the region had been stabilised early on by a system of terrace cultivation dating to protohistoric times (Sapin 1981), it became apparent, just as it was becoming apparent elsewhere, that the visible landscape was not an ancient landscape (Ginouvez *et al.* 1990, 389–393). A section observed near Saint-Dionisy 'shows that before the Roman period the slopes below the *oppida* of Viou and Nages-les-Castels were stable'. Its cultivation before protohistoric times is discounted. In fact it is after the Roman period that there began a series of soil management cycles and of levelling of the slopes (Poupet 1999, 135 and fig. 14b). The effects of erosion vary tremendously. Thus, whereas shallow (less than 1m thick) deposits smother the foothills of La Liquière, substantial post-Roman colluvial deposits can be seen at the foot of Roque-de-Viou. These observations have been extended to the eastern fringes of the Garrigues of Nîmes, where P. Poupet has studied the evolution of the slopes and piedmont above the river Vistre. There are of course areas of cover, but on the whole they are not substantial. In certain areas, the level of ancient fields has even been totally stripped.

Further North in the Valdaine, the work carried out by J.-F. Berger has resulted in a series of publications from which we have extracted information concerning the period under study. This hilly region is located on the left bank of the Rhône to the East of Montélimar and occupies circa 300 km^2. Drained by two tributaries of the Rhône, the Roubion in the North and the Jabron in the South, it consists of a series of hills and sandstone-marl plateaux with changes in levels ranging from 250 to 450 m. During the Holocene, a very active period of morphogenesis has resulted in a rounded topography. In spite of the continuing erosion of the slopes causing deep alluvium in the talwegs, the sedimentary deposits have become stabilised by a permanent vegetation cover during the second half of the first millennium Ad (Berger 1997, 115–117). For the period spanning the 4th to 10th C the soil, charcoal and mollusc analyses carried out by S. Thiébault and F. Magnin conjure up an open vegetation along forest edges or hedges (Berger 1995, 105). By contrast a brown soil formation in the plains and foothills demonstrates that a period of hydrological calm followed a period of greater hydrological activity. But the drainage networks that allow the development of agriculture are abandoned: the data provided by molluscs indicates wet meadows and marshes where fields were once cultivated. A period of several centuries, in which slopes were able to stabilise, allowed the soil cover to become structurally more stable and to reach a high level of organic matter which was to be of benefit to the medieval society that came to exist after 1000 AD.

Sedimentary build-up: coastal plains and river terraces

The relatively stable nature of slopes (upland zone) does not preclude substantial sedimentary build-up on major river terraces and on coastal plains (lowland zone). Though of small extent at a regional scale, these deposits are of particular interest to farmers at a local level since the grey alluvial soils that make up these surfaces give cultivation soil of good quality, kept fertile by the adjunction of silt from flooding. Their cultivation presupposes a strong degree of water management. As they are very sensitive to summer droughts, these soils need to be irrigated. It is also necessary to drain them to eliminate standing rainwater and to lower the level of the water table. Flooding does no harm provided the ditches that allow floodwaters to recede and stop the water table from rising are kept in good order. During periods of environmental crises, saturation on alluvium quickly results in the abandonment by farmers of low-lying land.

The construction, in 1996, of a new TGV line in the Rhône valley between Valence and Orange allowed new research to be commissioned. These have confirmed the predicted extent of sediments which, since the Roman period, reaches a depth of 1 to 3 m and even 3.50 m in the plain of Orange (Brochier 1997, 95). These sedimentary deposits have masked the old 'corrugated iron' land surfaces (*id.* 94). J.-F. Berger and C. Jung have concentrated on the hydrological conditions prevailing in these sedimentary deposits and on the relationship between the control of water flows and agricultural exploitation. They were able to identify a stable period dating from the end of the 3rd or early 2nd C BC to the end of the 1st C AD (Berger *et al.* 1997, 150), in which a marked slowing down of alluviation had allowed soils to regenerate. The agricultural conquest of the flood plains took place at the time of the establishment of the Roman centuriation system of Orange. Later, starting at the end of the 1st C, there begins a 'major hydrological crisis' which entails a rise, estimated to be between 50 and 80 cm, in the river beds as well as an increase in the amount of sedimentation in the southern Tricastin at north of Avignon and in the plain of Orange (3–4 mm per year). From the late 5th and early 6th C to the 7th and 8th C, that is to say during a climatic phase known to have been humid throughout Europe, there are no more controls over water drainage, nor over the disposal of sedimentary deposits, nor over their admixture to arable land: several dozen centimetres of floodwater silt can be seen sealing abandoned ditches. A fallow period begins, a phenomenon whose social nature J.-F. Berger draws attention to. But the hydromorphology of the soils observed in sections dating to the end of the 2nd C is not irreversible. Between the end of the 3rd and the end of the 5th C the drainage networks connected with the centuriation system are restored and enable the control of alluviation; soil formation is allowed to restart. However, when, from the end of the 5th C, ditches are no longer cleaned out marshes develop. Thus natural factors such as a climatic crisis are compounded by a political crisis. Husbandry would then have grown in importance according to J.-F. Berger.

Information concerning the coastal zone is uneven, in spite of collaborative research between archaeologists and geomorphologists. To the East of the Rhône, on the lower reaches of the river Argens, research is in its initial stages. Two borehole sondages, one upstream from the *ria*, the other 5.2 km to the East, i.e. about half-way from the present coast line, have allowed M. Dubar to propose a provisional reconstruction of the rhythms of growth of the shoreline and of filling up of the *ria*. He notes the depth of reddish silts cut into by the present river bed. These 4 to 5 m thick deposits represent reddish clays washed down from the flanks of the massifs of the Maures and Esterel; erosion has caused an alluvial cone to build up between the 5th C BC and the beginning of our era, which means that 'access to the port of Fréjus has to be provided by an artificial channel' (Fiches *et al.* 1995, 210). But the reconstructions proposed are based on a mathematical model which assumes a constant rate of sedimentation taking into account neither fluctuations in climate nor social pressure. Situated between Provence and the Languedoc, the lower Rhône plain and the Camargue have been studied for the light they can shed on the dynamics of the river and the history of the delta. The blanket coverage of alluvium explains why archaeological distribution maps do not reflect the density of occupation in ancient periods. The effects of flooding and of dynamics specific to the formation of the delta are compounded. In the plain of Arles, sedimentation is estimated to have grown by c. 2.5 m since the Roman period outside the areas near river banks where it is obviously deeper. The port of Aigues-Mortes to the west of the Rhône delta was cut off by alluvium from the river during the Middle Ages. To the West in the Languedoc, the coast is characterised by extensive marshy plains and marshes whose history is linked to the coastal rivers that bring deposits with them. As a result, despite the rise in sea level in the last two millennia (Ambert 1986; Ambert 1995, 432), the sealing off of lagoons is inconsequential when the rivers that flow into them are low but rapid when rivers are high. The difference between two neighbouring stretches of water, the Etang de Thau and the Etang de l'Or (or of Mauguio) illustrates perfectly this state of affairs. At present, the Vidourle, a small coastal river of some 70 km in length, flows directly into the marshes of the Petite-Camargue. But up to recent times it flowed into the Etang-de-l'Or which is now almost completely filled in by the rivers Vidourle, Vistre and Radelle (Ambert 1986). The fragile nature of the marshes and their movements have important implications in terms of salinity and exploitation of natural resources. Documents from Psalmodi of the 9th and 10th C indicate, through the precision of their descriptions and vocabulary, that there was a clear knowledge of the landscape and of land reclamation at an ancient date. In the 11th C, the Bishop of Maguelonne orders a new salt marsh to be opened to replace the old '*grau sarrasin*' whose access had become difficult. Further west the demise of the old port of Narbonne is linked to the build up of soil by the river Aude: its present volume is estimated to be in the order of 1800 m^3 per year (Ambert *et al.* 1993, 129–130). The present lower course of the river is totally artificial, having been corrected and managed after the floods of the 14th C and the great flood of 1755. In all the cases cited, though the general sequence has been identified, the rhythms of fluctuations have not yet been recognised precisely. The character of the coastal region remains elusive beyond the 17th C, when map evidence becomes available to reconstruct the coastline. The precise impact of the crisis of the 6th and 7th C should become better understood thanks to current research on the wetland zones and the valley of the Aude, where borehole surveys have been carried out by P. Ambert and by J. Guilaine (1995).

The conditions of farm production

Straddling traditional historical periods, the period spanning the 3rd to the 10th C is split between a dying Roman Empire and a yet unborn Frankish kingdom. This situation has earned it the definition of an inevitably obscure transition phase, between the high points of two different socio-economic systems. It can therefore neither have its own dynamic nor offer conditions which would favour an expansion in farming. Given the weight that such a historic tradition carries, let us briefly review its main lines. Indeed, gaps in our knowledge have given rise to vast historic narratives, sometimes brilliantly told, which even today still hold sway. They are beginning to be revised in the face of so much contradictory evidence. Two areas are particularly significant: on the one hand economic and commercial exchanges which benefit from two interesting data sets, pottery and coin evidence; on the other hand the mastery of energy sources, indicative of the history of technology.

Exchanges

For Henri Pirenne, the great divide in the Medieval western world was not the migration of 'barbarian' peoples at the beginning of the 5th C, but the migration of the Saracens: trade and economic relations between East and West would have remained active up to the time of Arab expansion. Muslim piracy would have led to the failure of these relations and the death of the Christian western Mediterranean world. Sometimes taken to extremes, this thesis, which emphasises the break of the 7th C, has been rejected by historians for several decades. In the absence of a great corpus of written documents, recent archaeological research can contribute new information to the economic question. It allows us to qualify over-simplistic schemes by pointing out the complexity of economic phenomena. It also gives the opportunity to approach the question at different levels, in particular local and regional levels.

Pottery, a favoured indicator of change, has been the subject of new studies completely revising the question of the opening of Provence and Languedoc to commercial currents. Paradoxically from the 4th C onwards, ceramic evidence allows us to trace a curve, from a 1st C base, which shows increasing exchanges and the number of sites denoted by pottery show that land occupation is at its peak at this time. Ceramic imports have substantially increased compared to local pottery production. Imports only begin to decline in the 6th C, a century which saw the end of the great Mediterranean market (Février 1986; Raynaud *et al.* 1990, 289–299 and 1996). But this decline is not simultaneous everywhere: evidence for solid commercial relationships exists for Marseille up to the 7th C, whereas in Arles or Narbonne they can only be traced up to the 5th C (Villedieu 1986, 182–183). Between the 7th and 9th C this trend, identified by A. Parodi and C. Raynaud in their research on the Vaunage (Parodi *et al.* 1987), is characterised by a change in pottery repertoire where 'grey pottery predominates, pottery forms in the Gallo-Roman tradition disappear and Mediterranean imports cease'. They also note that this trend does not prejudice the intensity of inter-regional relations.

Other recent pottery studies follow similar lines (Lenhardt *et alii*, 1993). The first truly medieval pottery tradition can only be clearly perceived from the 7th C and 8th C, when regional workshops such as Masmolène start production and prelude the great tradition of regional pottery production that lasted right into modern times. Yet a break in imports and an evolution of indigenous productions does not imply a stable system: mapping of micro-regional distribution zones shows that the Early Medieval economy was not a mere subsistence economy.

The study of coins from excavations has shown that small and medium coinage continued to be used well after minting stopped in the Merovingian period: 'numismatists have evidence that the currency which was no longer available to regular administration was nevertheless in use for far longer than could be supposed, at least until the Ostrogothic period' (Brenot 1998, 361). Byzantine bronze coinage maked an appearance in Provence and the Languedoc. Ancient coins continue in use and are copied by overcasting. Nevertheless a break in the monetary economy occured in the 7th C. Copper and bronze were already no longer used at the end of the 6th C. At the end of the following century, around 675–680, the Merovingian mints of Arles and Marseille ceased to mint gold coinage. Silver was left as the only metal used for coinage until the first gold issues of Saint Louis (Brenot 1986, 197–199 and 1996, 147–160).

The mastery of energy sources

From the oldest (Duby 1962) to the most recent, all the syntheses dedicated to farming in the Early Middle Ages emphasise the poor means at the disposal of the peasantry for cultivating the land: primitive tools, 'hardly any iron', 'poor quality and badly selected stock' (Chapelot and Fossier 1980, 24–25). Fortunately, archaeology allows a re-evaluation of such notions. The situations that archaeology highlights, in the history of water mills and in the light of more and more frequent finds of metalworking from sites, go against the received notion of a technologically backward period. But this state of affairs does not preclude the upkeep of techniques that go back to the earliest days of farming, evidenced by the data on manuring (see below). For the time being, the diversity of real situations is striking.

The water mill question

Recent years have seen much progress in the archaeological identification of water mills, a structure that occupies a key place in the mastery of natural sources of energy. Since the work of M. Bloch (Bloch 1935), the historiography of mills has been marked by the notion of a blockage in techniques with a society that relied on slave labour. Mills would only have come into general use during the Middle Ages. Undertaken by F. Benoit during the 1940s, the excavations of the mills of Barbegal near Arles seem to have given archaeological credence to such a theory. It appears that the mills were built at the end of the 3rd C and were in use until the end of the 4th C. The dating was based upon observations of building techniques seen on the aqueduct bridges of the valley of the Arcs and on excavated finds, in particular coins. F. Benoit saw the mills in a wider economic and historic context (Benoit 1940). Accordingly, the abandonment of the mills was due to an economic decline following the barbarian invasions. The dating suited social historians and historians of techniques and, quickly, the mills became a symbol: the construction of these mills constituted a response of the Roman economy to the decline of slavery. Unable to force men to carry out work that was considered the hardest of labours, Roman society would have turned to technology and would have tried to substitute human labour with natural energy sources.

New discoveries were to be expected: Palladius recommends the use of the outflow from bathhouses to drive water mills, a recommendation that would suggest that this sort of arrangement was commonplace in *villae* (*De agricultura* I, 41). New excavations at the site of the mills of Barbegal has caused the dating of this structure to be revised: earlier by a century and a half, the construction of the mills goes back to the second quarter of the 2nd C (Leveau 1996). At the same time greater attention given to this type of structure has revealed that mills were more common than once thought. R. Royet had excavated an early Roman mill with vertical wheel outside the baths of the villa of Vernai in Saint-Romain-de-Jalionas to the east of Lyon (Royet 1995 and 1996). In the department of the Var, excavations by M. Borréani and J.-P. Brun have led to the identification of two mills, at the sites of the *villae* of Mesclans and Laurons at Les Arcs-sur-Argens (Borréani and Brun 1998). In the same region, the site of Saint-Martin at Taradeau provides a good example of the transformation of a water basin into a reservoir for a horizontal wheel driven mill (Brun 1999, 770). No doubt the list will grow. Between Arles and Barbegal, at La Calade (Amouric *et al.* 2000), a rescue archaeology project has led to the discovery of a turbine mill dating to the late Roman period. Similarly at the site of a *villa* of Vareilles at Paulhan on the Hérault, work on the A75 motorway has unearthed two mills of the 1st C AD, superceded by a third, larger mill (Mauné 1999). Similar discoveries have been made elsewhere, in North Africa (Wilson 1995) and in Portugal (Carvalho-Quintela *et al.* 1999, 214).

In Catalonia and in the Languedoc, where written documents are more frequent than in Provence, the first mentions of mills allow us to put down some pointers to the history of the use of hydraulic energy during the early Middle Ages. In the Roussillon, the distribution of water mills leads S. Caucanas (1987) to conclude that water mills are neither rare nor isolated elements in the Carolingian landscape. Similar results have been obtained in the plains of the Languedoc: there the extremely wide geographic spread of the first mills dated to the 8th–9th C shows that all running water courses, even standing water, were tried and put to use (Durand 2001). Current historiography thus asks afresh the question of the appearance of water mills and its spread between the Roman period and the year 1000, by investigating its mechanism and technique in a precise regional context, without generalising by trying to establish a link between the establishment of landlords and farm machinery (Comet 1999). In this perspective, the question of the chain of elements is of utmost importance; in the end, what use is made of the milled product? The gradual take-over by cereals of the farmers' diet, which took place some time between the 5th and 8th C, may provide a partial answer.

Iron metallurgy

Iron is readily found throughout Europe but its frequent association with other metals makes it necessary to purify it in an operation that is technically delicate. Consequently, rural historians traditionally describe the early Middle Ages as a period where iron is scarce and inefficient tools are made mostly of wood. This point of view was made popular by G. Duby and has largely contributed to our pessimistic view of rudimentary farming techniques and of a scarcely developed agriculture with a low output of hardly double the seeded input (for each sown grain only one or two grains were harvested).

This thesis was founded both on historical (Duby 1962, 71–87) and archaeological sources. Indeed Carolingian tax inventories, including the well known example from Annapes, mention very few iron tools, and up until recently, archaeological finds of iron objects or tangible and frequent evidence for ironworking (forges) in the country was rare (Pesez 1991). Re-interpretation of polyptychs, in particular southern ones like the Brescia one, shows that iron is indeed present, if not plentiful, and that the traditional view can no longer be held. In the last decade, J.-M. Pesez and other archaeologists have drawn attention to the fact that negative evidence does not necessarily mean a real lack of iron: it could have been collected and re-used (Pesez 1991). Protohistorians, who tend to propose older dates, go even further: according to them, technical progress goes back well before the Middle Ages and they suggest the abandonment of the notion that Iron Age tools had remained at an archaic stage. In a development of an idea put forward by J. Kolendo in respect of Roman agriculture, P. Poupet notes, in the context of the protohistoric site of *Ambrussum*, that the scarcity of metals is linked to the cycle of re-use and re-shaping of tools (Poupet 1989, 264). Current investigations that follow this avenue of enquiry are leading to a complete reappraisal of traditional opinion. Thanks to rescue archaeology, early medieval settlements are beginning to become better known, when previously knowledge had been confined to just two sites: Larina in the higher Rhône valley in the southern zone and Brébières in the department of Pas-de-Calais in the northern zone. Iron slag, forges, charcoal kilns and other iron scrap are nearly always recovered from rural settlement sites (*Bilans archéologiques régionaux*).

F. Trément explains in his book on the occupation pattern around Saint-Blaise (on the western side of the Étang de Berre) that, although he took account of iron slag only in the last phases of his survey, his results show that forges and smithies engaged in the manufacture and repair of small agricultural tools are evident: 34 such sites have been identified. On one of these sites, seven areas of high density of slag coincide with settlement evidence for a hamlet. In the absence of excavation, this activity cannot be dated precisely, but Trément observes that the greatest part of these sites were occupied in the late Roman period (Trément 1999 a, 195). A few kilometres to the East and this time in an excavated context, ironworking on the site of la Pousaraque at Gignac has been identified by F. Gateau (1997, 16). These are but a few pointers in a region where remains of metalworking are frequent on ancient sites, as is shown by consulting the Archeological Map (Sites and Monuments Records) under the heading 'slag'. Once alerted, it is noticeable that forges or smithies are frequently reported in late Roman settlement or *villa* excavation reports. Amongst published sites, settlements at Lunel-Viel (Raynaud 1998) or the Camp-de-César at Laudun above the right edge of the Rhône at nord-west of Avignon in the 5th C at least (Goury 1997, 166) or *villae* sites in their ultimate phases of occupation such as Près-Bas on northern side of the Étang de Thau (Pellecuer 1998), Sauvian/La Domergue near Beziers (Ginouvez *et al.* 1998, 182–3), dated to the second half of the 4th C at the earliest, at La Ramière (Maufras *et al.* 1998, 210–221) and Mayran (Buffat and Petitot 1998) in the east of the department of the Gard or at Les Bruns on the south-west side of Mont-Ventoux in Provence. These relatively frequent and recent indications give support to the hypothesis that negative evidence results from a lack of prospection. Thus the small number of slag-producing sites—some twenty amongst the 300 surveyed by S. Mauné in the valley of the Hérault—is probably explained as a problem of visibility (Mauné 1998).

Based upon an enormous and painstaking amount of survey that now needs the support of excavated evidence, V. Izard's thesis, dedicated to the Mediterranean Pyrenean mountains, demonstrates masterfully the role of iron prior to the year 1000. By tracing the diffusion of iron and technical advances in the art of the blacksmith, she shows the excellent quality of Catalonian iron and puts forward the idea that iron metallurgy plays a fundamental, hitherto unsuspected but never so clearly illustrated, role in the onset of the medieval process, and this from the Carolingian period onwards. This truly iron based civilisation reveals a new mountain civilisation, an anthropological system based not on pastoralism but on metallurgy (Izard 1999). Such a situation implies that finished metal products are plentiful and exported all over the South. Similarly, historians and archeologists engaged in the study of castels and 'incastellamento' in the Languedoc, emphasise more and more the control of mines and their chains of production to explain the introduction of certain fortified places and the existence of veritable networks of power. These considerations appear to play a major role in the process of compartmentalisation ('encellulement') of people, underestimated until recently (Amado 1977; Journot 1990, Darnas 1998). This array of indications and of converging results points to the existence of a very developed and very early mastery of iron craftsmanship, if not metallurgy. During the 1997 Flaran colloquium dedicated to village craftsmen, the overview by M. Arnoux and the review by C. Verna of the western southern zone endorsed this point of view (Mousnier 2001).

Plant environment and agrarian societies

G. Bertrand wrote in 1975 that 'the historic interpretation of the natural world in its relationship with agrarian structures and societies remains the most ill-understood problem, most rarely tackled and above all most ill-defined in the whole of rural history' (Bertrand 1975, 38). Since, an increasing number of palaeoecological analyses are beginning to restore the ecological dimension within the history of farming societies. Palaeobotanical data allow us to trace in broad lines the anthropisation of the plant landscape, that is to say the opening of the environment to, and the development of species that appear in relation with agriculture and the need for fuel for domestic purposes and for craft or industry. Generally speaking, forest clearance episodes are characterised in pollen assemblages by a fall in the tree pollen curve. But it is yet early days for the construction of a general picture giving the regional fluctuations of such a history of clearance. Indeed, up to now in France, pollen specialists have mainly been interested in older periods and have paid little attention to historic periods, as shown in a survey by Jalut in 1991 (Jalut 1991, 360–1) of sites that have been sampled. Similarly in 1993, M.-C. Marinval-Vigne et S. Thiébault (Marinval-Vigne and Thiébault 1996), in their review of palaeoecological studies carried out throughout the French territory, note the lack of analytical data, thus prohibiting in-depth syntheses. However, the number of such studies has grown appreciably in the last ten years, though important regions remain on the fringe. The reasons behind such a situation are to be sought partly in the late start of French archaeological research, and partly in the inclination of palaeobotanists to study climate history rather than agriculture.

The approach adopted here consists of an attempt to sequence written, archaeological and environmental data. Palynologists who have been concerned mainly with environmental change have made use of cultural features or agrarian features to date events in pollen sequences, but have rarely used written historical documents. Biologists or scientists have been engaged in research on ancient landscapes, most often within the boundaries of climate research. Inevitably these scholars were led to work with prehistorians, but also with archaeologists and historians studying the more recent past. Amongst leading laboratories, let us mention the 'Laboratoire Paléobotanique, Environnement et Action de l'Homme' at Montpellier, the Institut Méditerranéen d'Ecologie et de Paléoécologie at Marseille and the geomorphologists of the Institut de Géographie and the CEREGE at Aix-en-Provence.

Indicators of cultivation

Palaeoecology no longer contents itself with just providing lists of species for historians or archaeologists: it brings precious information on the character of the vegetation cover which reflects changes in the economic orientation of societies. In principle, these vegetation dynamics are often regressive in our climates: farmers clear forests or craftsmen exploit them to obtain fuel for heating mines and above all for ovens or furnaces. This evolution is obviously speeded up when the needs of urban markets for farm produce and craftsmen's products greedy in fuel are taken into account. During the Roman period urbanisation increases the need for building materials (timber, lime and fired materials), for heating public baths and for manufacturing pottery vessels.

In the coastal region—an unstable milieu and therefore sensitive to change—, in Provence, in the lower Rhône valley and in the Languedoc, recent work on charcoal and pollen analyses enable us to follow the sequence of human pressure on the vegetation and its effect on the landscape at the end of the Iron Age. At the foot of the massif of the Alpilles, in the Vallée-des-Baux, the Subatlantic phase is characterised by a drop in forest taxa (deciduous oak or pine) and the appearance of cultivated taxa, whose persistence indicates farming activity (Andrieu *et al.* 2000, 58). This activity, to which we shall return later, does not however exclude the re-growth of forests, though the latter remains difficult to date (Riera i Mora 2000, 369–370). In general, however, palaeoecological data contribute to a more sophisticated image of the region during the early Middle Ages. Of course there is no denying the importance of water nor the impact of the break in cultivation in the medieval landscape around Arles. The abbey of Montmajour emerges from the marshes, which its monks manage, like an island (Stouff 1993). Pollen diagrams do not register any particular vegetational regeneration, probably because of the continuation of an agrarian economy. Bore holes made in the delta of the old Rhône and the current Rhône off the Golfe du Lion by N. Acherki (Acherki 1997) also show, at the same time, an intensification in human activity with almost the same pointers to cultivation as previously. *Pinus sp.* and *Buxus sempervirens*, the latter indicative of an open environment, are added to the list of taxa. These sondages add to and mostly support the conclusions reached by N. Planchais in his study of the lagoon site of Marsillargues on the edge of the Etang de Mauguio (or de l'Or) in the Languedoc (Planchais 1982). N. Planchais attributed a first fall in the oak-beech curve, visible in the level of frequency of *Fagus* in pollen assemblages of the end of the Iron Age, to a first phase of clearance. If the Roman period is unremarkable in the pollen diagram from Marsillargues, the land charcoal spectrum of this period shows an opening up of the environment on the alluvial plains and the immediate surroundings of the sites studied poor in naturally generated forest: forest management, evidenced by coppiced wood, plays an important role (Chabal 1997, 132). A similar situation is shown further West in the lower valley of the Aude in the sequences of Peyrac and Capestang (Guilaine *et alii*, 1990) and comparable to the result obtained at Marsillargues and in the Golfe du Lion. They record the same double evolution: a marked decrease in the deciduous oak forest and/or of the oak-beech woods in favour of *Quercus ilex-coccifera*, or *Pinus*, notably at Peyrac, and in favour of open garrigues or moorland (heathers, cypresses, *Buxus*) conjoined with an increase in indicators of human activity (*Cerealia, Plantago, Artemisia, Juglans, Olea, Vitis*).

In the hinterland of the Languedoc, in the coomb of l'Hortus, J.-L. Vernet has followed the establishment of the green-oak cover at the expense of deciduous oak at some time between the end of the 4th C and the 5th C (Vernet 1973). The palynologist J. Renault-Miskovsky notes that on that site the tree pollen component falls from 22.5% to 7% while *Carducaea, Anthemidia* and chicory plants are on the increase. An examination of the texture of *Quercus pubescens* reveals that wood from hearths is gathered first from tightly forested stands and then later from more and more open areas. The activity of smelters requiring wood for their hearths in the vicinity is in this case directly responsible for the transformation of the landscape, not for agriculture but for the management of wood resources. This opposition must, however, not be exaggerated.

Since we are dealing with a homogeneous milieu, regional differences can nevertheless be apprehended. In the basin of the Aude, the decrease in mesophilic species is more pronounced and earlier, and, in general, the beginning of woodland clearances takes place more quickly than at Marsillargues, where Cupressacea and Ericacea, indicating open environments, only reach their peak after the early Middle Ages. Thus, to the East of the Hérault, the end of the protohistoric era and the beginning of the Roman period are marked by a fall in tree pollen, indicating extensive forest clearance. This state of affairs is to be linked to the proximity of Narbonne, capital of the Roman province, and to a greater degree of regional urbanisation than on the coast of the eastern Languedoc, where the principal Roman centres are located in the interior (Nîmes). The effects of the 6th–7th C crisis are also felt differentially: in the bore holes studied by N. Acherki, the strong presence of weeds betrays an intensification of farming activity from the 7th and 8th C (Acherki 1997); on the Marsillargues pollen diagram, around the 8th C (1300 ± 60 BP), human intervention upon the forest environment is perceived through the rapid decrease in *Quercus* pollen of *ilex* type (including *Q. ilex* and *Q. coccifera*); it denotes an episode of woodland clearance for cultivation. This event is indeed accompanied by the appearance in continuous pollen curves of cultivated taxa: *Castanea sp., Juglans sp., Olea sp., Vitis sp.* Coincidentally peaks in Ericacea, *Cerealia* and a whole series of introduced weeds all point in the same direction. At Psalmodi (5th–12th C), Mauguio (11th C), and Lunel-Viel (10th–12th C), at east of the Rhône delta, the landscape is cleared of woodland. Mixed oak forest is receding and Aleppo pine plays a major role (Durand 1998, 329–332). Indeed this species behaves like a veritable stop-gap, re-colonising open areas faster than green oak. At Lunel-Viel, however, there is evidence for the regeneration of oak woodland at the turn between the 4th and 5th C (Raynaud *et alii* 1990, 318–326).

All the signals given by the charcoal evidence indicate a strong anthropisation of the milieu from the beginning of the early Middle Ages. On the plain of eastern Languedoc in particular, many intensive and diversified developments, notably the establishment of orchards, have been recognised. Written documents support these findings: the flourishing of Benedictine monasteries, of which Psalmodi is a prime example, encouraged by royal and later imperial politics, as well as the establishment of refugee settlers from Spain under a specific contract, the *aprisio*, explain that Carolingian forest clearances resulted in both an agrarian colonisation and an intensification of land ownership. Regional differences exist nevertheless. In the Massif Central, J.-L. de Beaulieu, A. Pons and M. Reille have carried out pollen analyses of 88 peat, lake or bog sites, for which 160 C^{14} dates were available. This analysis demonstrates that the Gallo-Roman period saw widespread forest clearance which is ascribed to an exploitation of the environment similar to that observable in the 19th C. The re-afforestation that followed began during the 4th C and lasted into the middle of the 9th C (Beaulieu *et al.* 1988).

The question of burning

Land clearance is associated with fire, whose place in agriculture is much debated: for a long time this question was tackled by historians as well as botanists and plant geographers only to deplore the erosion, desertification and devastation that ensues. But up to the 19th C, when mechanisation became available, land clearance by fire of moorland, grassland or forests was the only known and used technique to extend the surface of arable land. In the central Pyrenees, detailed studies by J.-P. Métailié on pastoral fire (Métailié 1981) have given back to fire its role as a natural agent in the working of many ecosystems. Yet this role is difficult to characterise in written documents: mentions of the use of fire or ash by ancient agronomists are rare and restricted to stubble or brushwood burning or to the use of ash as fertiliser (Sigaut 1975, 295). Medieval Carolingian sources are completely silent on the subject. Therefore, archaeology is called in to play and develop procedures to apprehend these practices, as has been achieved in Northern Europe, where pollen analysis of peat bogs makes it possible to date the beginnings of agriculture thanks to burning practices.

Detailed observations on sediments in the Valdaine and later in the plain of Orange have led J.-F. Berger to question the origin of the fires attested by charcoal which appears on thin section slides prepared for micromorphological analysis. In the Valdaine, a series of fires is to be linked to burning practices within a pastoral economy. According to Berger, the exploitation of the massifs from the

4th to the 10th C would have been 'marked by periodic fires and the upkeep of open spaces, where Fruticea plants and dry grassland predominate according to the snail population identified in alluvium at the foot of slopes. The spectra of the burnt vegetation are typified by the absence of oak (*Q. pubescens*) and the frequency of elm, ash, box trees and Rosaceae (*Sorbus* type), evoking an open forest-edge or hedge environment in the hills and peripheral plateaux' (Berger 1995, 105). Lower down, in the plain of Orange now bisected by the TGV, further observations could be made on the dual sites of Caderousse-les-Crémades and les-Négades. Sediments recorded 'burning of hedges or forest-edges', most probably associated with cereal cultivation, whose last phase is dated to the course of the 6th C. In the following two or three centuries, 'traces of human activity are only perceptible in the form of fires of the deciduous oak forest' which is thought to be linked to husbandry (Berger forthcoming).

These observations are made in the framework of a reflexion on 'the role of fire in the techniques used for preparing fields in ancient European agriculture' pursued by F. Sigaut in his book *L'agriculture et le feu* (Sigaut 1975). He has shown that slash and burn clearance, soil enrichment, manuring, burning of fallow land, moorland and pastures with running fires are specific agrarian techniques. Those who are seeking their traces in the ground agree on the difficulty in identifying such horizons and in distinguishing them from natural fires or fires started without pastoral or agrarian objectives (Boissinot and Brochier 1997, 42–44). Taking into account a climatic phase typified by a degree of drought at least during the 9th C, J.-F. Berger and S. Thiébault suggest that a natural propensity to fires could have been combined with a period of reorganisation of the agrarian system requiring new land for pastures to be gained (Berger an Thiébault 1997). This suggestion is supported by further palaeoecological data. In the Valdaine (the region of Montélimar), the period is characterised by the growth of 'evolved meadow soils', favouring the development of a pastoral economy. Land snail analysis shows that in marl zones marshy ecosystems and water meadows superceded cultivated fields (Berger 1995, 103). But confirmation through archaeological data or written sources is needed to validate such a thesis.

Indirect evidence may confirm that land has been cleared by fire. One of the more secure hypotheses is the relationship between burning and certain crops. This is the case of root crops and green crops (Sigaut 1975,115), and, amongst grasses, buckwheat (*Fagopyrum*), identified for the Middle Ages at Canet-Saint-Nazaire by N. Planchais (Planchais 1985). It is also the case of some ligneous plants. In the Pyrenean part of the department of the Aude, at Pinet, pollen assemblages from a peat bog located at an altitude of 880 m are marked by a drop of the oak and beech-fir (*Fagus, Abies*) count and by a temporary peak in the frequency of *Betula*. Birch trees, together with alder are pioneer species which recolonise burnt coniferous forests, because germination of the seeds of the former species are stimulated by ashy soils (Sigaut 1975, 112). At Pinet, pollen-analytical indicators, considered as characterising changes due to the introduction of husbandry (*Poaceae, Plantago lanceolata, Chenopodiaceae*) support the interpretation that the site is a clearance site: land has been gained from the forest to be turned into pasture. At the same time, the increase in the frequency of cultivated plants (*Cerealia, Fagopyrum*) and weeds (*Artemisia* and other *Compositae*) testifies to the establishment of fields (Reille 1991). Furthermore burning entails a mineralisation of organic matter which acts as fertiliser and benefits plant growth. F. Sigaut reminds us that 'in experimental clearance trials, Danish archaeologists witnessed the appearance of a characteristic plant population consisting of lanceolate plantain, various composites (dandelion, daisies, thistles) and some species of moss. This situation had also been observed in clearances in the New World, where 'plantain was, to the Indian, the trail of the white man' (Sigaut 1975, 112–113). The results from pollen analysis of the site of Marsillargues also suggest an interpretation along those lines. The pollen sample records the increase of Cupressacea, in particular juniper from the Early Middle Ages. Junipers are, just like birch, pre-forest bushes establishing themselves on formerly cultivated soils and which lead to the reconstitution of a forest cover and forest soil. In the hinterland and coastal landscapes, a syncopated triennial rotation system of winter cereals and oats has been identified (Durand 1998, 312–323). By 'syncopated', it is understood that cultivation systems existed within an internal organisation of the landscape without being complete, unlike full rotation systems (R. Fossier). Such a system with long fallow periods can only work as an itinerant system on temporarily cleared land. The increase in junipers at Marsillargues in the Early Middle Ages has also been interpreted as direct evidence for an itinerant cereal culture on burnt land.

Such still dispersed results need further evidence. Nevertheless they already show that the slash and burn system that had rendered the expansion of societies from the Neolithic onwards possible had not been abandoned during the 5th–12th C. In general histories of agriculture, the Middle Ages are considered to be the period in which heavy ploughing with draught animals is introduced; in lowland zones, this system replaces a system with fallow periods and husbandry, associated with light ploughing with draught animals which existed since at least the early Roman period (Mazoyer and Roudart 1997, 128). In spatial terms, a general tendency observable at the level of a huge geographical zone does not prejudice the reality of customs that can be apprehended at a micro-regional and even regional level. Indeed, not all landscapes lend themselves to such an evolution and research emphasises the attachment of peasant communities to tried and trusted methods and techniques.

Agricultural production

Comparing archaeological and palaeoecological studies makes it possible to tackle the question of agricultural production in a period where written documents remain rare.

Oil production

Roman oil production was the subject of much attention in the 1980s and was considered to be the major agricultural activity of the province. Cultural reasons dictated such a position: the olive is the plant most closely linked with Mediterranean civilisations. Certainly in modern times it was the case that olives played this major role in Provence. Results from archaeological surveys supported this position, while excavations of production sites allowed the technical characterisation of pressing systems to be undertaken and to evaluate the size of these production sites (Brun 1986). Furthermore, pollen specialists favoured this interpretation. For them, it was expedient to establish a relationship between the increase in the percentage—the 'peak'—of *Olea* observed in pollen diagrams and the Roman period. As a result, a circular argument developed: pollen analysis was validating a theory borrowed from historians, that is to say the massive increase of oil production in southern Gaul. But, unlike what was happening for wine production, it has not been possible to pinpoint the existence of an amphora production specificaly for oil: there was no such thing as an oil amphora from the Narbonnaise, whose distribution could be mapped. On the contrary ceramic studies emphasised the importance of imports from Spain and Africa. A comparison between production sites in the Narbonnaise and production sites in Africa where large scale buildings are much more frequent was already pointing in this direction.

Facts had to be faced: the relative ease with which oil production could be identified in surveys was at the origin of the overestimated situation. Olive pressing indeed produces characteristic stone equipment: large blocks of stone, easily identifiable in surveys, are used as counterweights and for other parts of the presses. The economic importance of oil production in Provence during the Roman period has been re-evaluated since 1990. In pollen diagrams, signs for cultivated *Olea* are recorded from the end of the Subatlantic without precise dates. This is the case of the pollen sequences of Ponts-Clapets-Fos and Grands-Paluds-de-Fos D20 (Triat-Laval 1978) and of l'Etang-du-Pourra (Laval *et al.* 1991) on the eastern side of the Rhône delta. The cultivation of olive trees is dated in only one diagram, that of the Etang-de-Berre (Laval *et al.* 1991), where its beginning is dated to 1070 ± 70 BP. In the Vallée-de-Baux, evidence for post-Roman periods has been greatly damaged by deep ploughing for rice cultivation. By contrast, on the eastern edge of the plain of Arles at La Calade (Fontvieille), V. Andrieu has been able to observe in a sequence starting in the 11th C a very steep rise in the pollen of *Olea*, reaching a maximum of 6% of the pollen population and testifying to a regional oil production. Olive trees were not absent previously, but the pollen count remains low, although the possibility that olives were cultivated cannot be excluded (Andrieu-Ponel *et al.* a 2000, 353). All in all, the zenith of oil production in Southern France is medieval and modern: it is linked to trade with Northern Europe.

In the pollen samples of Marsillargues, of the Golfe du Lion and of the basin of the Aude (Planchais 1982, Acherki 1997, Guilaine et al 1990), olive is recorded as present since the beginning of the pollen sequences, but in a sporadic and fleeting manner. The major cultivation peaks date to the Early Middle Ages, around the 8th—9th C, since they post-date the C^{14} date of 1300 BP in the eastern lagoons. Charcoal analyses of the sites of Augery (9th–10th C), Psalmodi (5th–12th C) and Mauguio (10th–11th C) endorse these findings, depicting an alluvial plain where fruit culture, with olives in the first place, occupies an extensive surface. At present, work on fruit remains has not yet confirmed these findings, but this is due to the rarity of studies dedicated to the Carolingian period in Mediterranean France (Ruas 1992, 1993). Historical documents of the region do not record an increase in oil production during the 8th–11th C either, even though olive groves are not unknown. By contrast, the documents show a phase of intensification in farming when fruit trees were planted in the Languedoc landscape from the 11th C onwards: olive groves invade the plateaux, garrigues and sedimentary basins such as the Vaunage. At the beginning of the 12th C, olive production was sufficiently advanced to become a specialist affair: the existence of specialist workers, the *olivadors*, and a special duty, the *olivigarium*, suggests an advanced level of technical know-how in olive oil production methods (Durand 1998, 345). In Provence, at least in the region of Arles and in the hinterland of Nice, olive cultivation on a large scale would have to wait until the beginning of the 15th C (Boyer 1991, 147, Stouff 1988).

The increase in surveys has also confirmed that the extent of archaeological remains concerning ancient olive oil production had indeed been overestimated. Oil production is well attested in the Languedoc (Garcia 1992) and never absent anywhere. But it has left traces mainly on the coast of Provence in the department of the Var and in the Marseille region (Leveau *et al.* 1991). In summary, the data gathered confirm Strabo's report that olive trees were introduced into Southern Gaul via Marseille. The mild winters of coastal Provence explain why remains of olive oil production are more frequent there. Cultivated species of higher yield, introduced by the Greeks of Marseille, probably found better conditions in the department of the Var than in the lower Rhône area and the Languedoc, areas which can suffer from hard cold spells. The diffusion of olives towards the north and the west would have been constrained by the climate. Indigenous species were adapted to harsher conditions, but their yield would have been less. The historical dimension in this discussion is of fundamental importance. The most likely explanation for the fact that the greatest increase in olive cultivation actually happened during the Little Ice Age must be in the care given to the trees. Economic reasons must have discouraged Roman agronomists from applying to olive production the know-how that they had proven in the care of vineyards. But it cannot be excluded that certain aspects of the Mediterranean climate which were beneficial to the growth of cultivated olive trees only appeared in the region during the Middle Ages (Jalut *et al.* 1997).

Wine production

Up to recent years, wine production was known in Gaul through a few written sources that were used by R. Dion to trace the origin of viticulture in a celebrated book (Dion 1959). Archaeological data have completely revolutionised the subject since the 1980s. First, the study of amphorae, in particular that of F. Laubenheimer, established that wine was exported in specific amphorae, the so-called 'Gaulish' amphorae. The mapping of amphora kilns has thus made it possible to draw the first maps of the extent of the vineyard in Southern Gaul (Laubenheimer 1992). Its produce was exported northwards towards the borders of Germania and the British Isles. Imports of Gaulish wine are of great importance in Rome up to the 3rd C. And in the East, it is exported as far as India. New advances in archaeological research have been made in the 1990s. On archaeological sites in the Rhône valley, in the Languedoc and in Provence, excavations have revealed production and storage sites. These establishments come in all shapes and sizes. The most important cellars known up to now are those of the Mollard at Donzère in the Rhône valley in the department of the Drôme and Rians on the northern side of the Montagne Sainte-Victoire in the department of the Var where the maximum storage capacities are estimated to be in the order of 2,500 hl for 200 *dolia* (Odiot 1996) and 1,760 hl for 176 *dolia* (Brun 1999, 599–600) respectively. The discovery of vineyard plantations represents the third and latest phase in research. Taking into account the conditions that favour the preservation of vineyards in the plain or on lower slopes rather than on hillsides, soil stripping that was occasioned by road or rail (TGV) construction has brought to light vast surfaces planted with vines (Boissinot 1997) and has caused a new specialism to be born, that of the archaeology of fields (Monteil *et al.* 1999). Archaeo-botanical studies have sprung from this work, just as for olives and along similar lines; in particular, they allow us to question afresh the botanical basis for the emergence and the growth of viticulture in Gaul. A secure basis would enable us to vindicate or to refine the role of Marseille in relation to the indigenous population (Marinval 1997). On archaeological sites, the study of fruit, charcoal and wood remains makes it possible to identify the presence of vines. The pollen of *Vitis* does not get dispersed as widely as that of the olive tree. In the landscape, however, the pollen signature of vines is a constant element of all pollen diagrams: at Embouchac near Lattes, for example, it is one of the typical taxa of the Subatlantic (Puertas 1998 and 2000): percentages of up to 16% leave no doubt that this is the cultivated variety and not a wild vine (<2%).

Based on the study of cellars, it used to be thought that wine production saw a slow decline from the 3rd C onwards. But the most recent studies come to refine this view. The association between viticulture and storage space in *dolia*, a well established feature of Southern Gaul, is not known further North in Northern Gaul, for example in the vineyards of the Mosel. Storage in barrels, whose archaeological identification is extremely difficult, must therefore not be excluded. This is what J.-P. Brun proposes for Provence (Brun 1993) and C. Pellecuer for the Languedoc. The latter scholar has established that wine continued to be produced in the Languedoc in the 5th C. It is present already in a *villa* close to the oppidum of Ensérune, at Nissan-lez-Ensérune/Les Fargettes next to Béziers (Pellecuer 1996). But his major work is concerned with the *villa* of Près Bas at Loupian on the edge of the Etang de Thau (Pellecuer, forthcoming). Presses were installed again on this *villa* site in the second half of the 4th C, when a storage building was also constructed. Later, at the beginning of the 5th C the residential wing of the villa was rebuilt and extended at the expense of the storage buildings. But wine growing did not disappear. A wine production site has been identified at Bourdou/Port de Loupian, only 2 km from the *villa*. This new site represents at present the latest known architectural evidence for local wine growing. Palaeoecology and the archaeology of fields contribute further findings in the same vein. Wine growing also seems to be documented for the phase 370/425 around the farm site excavated at Les Jurières-Basses at Puissalicon 10 km from Beziers in the department of Hérault. There, on the other hand, in the phase dated to the second half of the 5th C and early 6th C, *Vitis* has practically disappeared from the charcoal samples (Mauné *et al.* 1998, 108). The data from the archaeological excavation of fields at Dassargues give similar indications. Trenches have been identified as traces of the planting of a vineyard of several hectares dated to the 5th and 6th C.

Archaeological records are silent for the ensuing period. This silence and the lack of texts would suggest a decline in wine growing in Provence as a well as in the Languedoc. Indeed, testimonies for the existence of vineyards or vine plantations reappear only in the 9th–10th C, with the first scraps of written documents. First in the urban zone: in the ancient Roman cities, a hanging vine nearly always gives shade to the *domus* or the *domus cum curte*. In the countryside, vineyards are recorded alongside fields in the long lists of goods in *villa* inventories. However, even though wine culture is well and truly present, it is hard to fathom its size in the 9th C; but in the 10th C, the growth of viticulture, in particular in the Biterrois, preludes the great growth of the Middle Ages proper, from 930–960 AD (Bourin-Derruau 1987). Indeed, by means of the plantation contract, part of the land devoted to growing cereals because vineyards. The extent of wine growing is also shown by the existence of *'maieuls'* and young vines which indicate that the land was freshly put to this use. M. Bourin is convinced by the strength of such a phenomenon, when considering the relationship between the number of occurrences of new vineyards and the total number of vineyards cited in documents. The mobility of land devoted to wine growing, a sign of the vitality of the market, is a further indicator. This increase does not take place on newly cleared land, but on old land in the plain. Vineyards were established in lowland zones, near streams and rivers, on good, humid alluvial land. For a rural farmstead, a manse, two to three vineyards are recorded for 5 to 6 fields (Bourin-Derruau 1987). In the Nîmes chartulary of the 10th C, vineyards form large surfaces of conjoined land. Such popularity, in particular in urban zones, cannot be explained purely by an increase in consumption. M. Bourin considers the possibility that some of the production was exported, but without any supporting evidence. Archaeology is of little help since wine is sold in barrels and no longer in amphorae. Nevertheless, *Vitis sp.* is recorded in small percentages in charcoal analyses at Psalmodi (8th–12th C), Lunel-Viel (10th–12th C) on the western side of the Rhône delta and Béziers (13th C), whereas this taxon is absent from Augery on the northern Camargue (9th–10th C). Whatever the reason, the growth of the vineyard of the Languedoc around 950 represents a new form of investment, often of a speculative nature since it gives good returns. It resulted in an increase in commercial relations. This expansion continued through the following centuries. Th. Sclafert insists on the importance of vineyards in the valley of the Durance (Sclafert 1959). And vines are cultivated in the Valdaine to the east to Montélimar according to charcoal analysis.

Cereal production

Identifying cereal cultivation poses a complex problem for archaeologists, similar to that posed by husbandry. Both activities are identified on rural sites by remains linked to the consumption of their end-products: food refuse, and stone artefacts used for grinding flour. But cereal consumption is at the basis of nutrition; therefore the number of mortars or millstones found on a given site does not permit local production to be estimated. More than for oil and wine, it is necessary to distinguish between two types of production. In the case of a subsistence economy, grain production provides for local consumption. It allows, in second place, to extract surpluses for export. Such a type of production existed in Southern Gaul in the Roman period. At the end of the 2nd C BC, Marius had to import wheat to feed his troops, stationed in the Rhône valley. In the years around 75 BC, Fonteius has to resort to confiscations in order to supply the armies of Pompey in Spain. The situation changed during the Roman Empire and the province of Narbonnaise became an exporter. A painted inscription on a small amphora records this new situation, telling us that in the 1st C AD, the Cavares were sending barley from the region of Avignon to Marseille (Liou and Morel 1977). Alongside the open market, there was a state-controlled market whose purpose it was to participate in the supply of Rome: two texts are probably to be put in relation with the concept of the *annona* (C.I.L., III 14185 and C.I.L., XII 672 = I.L.S. 1432). Archaeological sources are not explicit. It is much harder to extract information out of cereal fields than out of orchards, whose excavation can pinpoint the spacing of trees or bushes. As for storage, difficulties are just as great. Storage in the Roman period is above ground and therefore granaries are difficult to identify. In the protohistoric period and in the Middle Ages storage takes place underground. But even in this case, problems abound. Though the excavation of storage pits provides information on the volume of stored grain, it is however much more delicate to interpret the food remains that they contain in terms of actual consumption, as it is exceptional to encounter an intact storage pit: these features, having been emptied of their primary content, were often used for rubbish disposal (Raynaud *et alii*, 1990).

The recent development of environmental approaches for the period under study throws new light on this question. The work undertaken in the lower valley and delta of the Rhône is a good illustration. As F. Benoit wrote, the Camargue was probably not a granary, fishing activity and other activities linked with the sea being important (Benoit 1959; 1965, 116, n. 33). But whatever their importance, cereal agriculture played a fundamental role during the Iron Age and the Roman period, never really disappearing. In these sectors, the production of cereals would have thus known a widespread extension onto alluvial soil after drainage. It would have been one of the reasons for the prosperity of the Roman colonia of Arles. A few pollen analyses give support to the hypothesis that land was dedicated to wheat a little further north in the region. Cereal cultivation indeed appears distinctly in the profiles drawn by H. Triat-Laval in his thesis. Though no precise date could be given to the profile from Barbegal, the profile of La Calade, a few kilometres further on and on the edge of the Rhône plain shows a continuous curve for *Cerealia* in the later Iron Age and the Roman period: *Ceralia sp.* dominates but rye is present and introduced weeds (*Centaurea solstitialis* and *Polygonum aviculare*) are occasionally recorded. For V. Andrieu-Ponel it constitutes proof that cereals were grown in the plain of Arles. Later, in the second phase corresponding to the Merovingian and Carolingian periods, the curve becomes more continuous, reaching 3 to 4% of the total and the presence of *Centaurea* also becomes continuous. A third phase, whose beginnings are dated around 1200 AD and corresponds to the Middle Ages proper is characterised by a high level of cultivated plants or weeds in a continuous curve, reaching as much as 8%, with *Centaurea solstitialis* present in very high proportions (Andrieu-Ponel *et al.* 2000, 353). At Augery-de-Corrège in Tête-de-Camargue, around the period of the 9th to early 11th C, the analysis of pollen spores reveals a regular increase in cereals (Laval and Malléa, 1993). For the western plain of the lower Rhône, bore holes carried out in lagoon sediments (Marsillargues, Golfe du Lion) (Planchais 1982; Acherki 1997) give a similar general image of an increase of cereal cultivation during the historic period. But there, just as in the Camargue, the major peaks in *Cerealia* are not recorded during the Roman period, nor do they occur during the period of late-Roman to early Medieval transition, but during the Carolingian period.

In syntheses on produce at the level of France, the singular position of Southern France in the Carolingian period has been pointed out a number of times (Ruas and Marinval 1991; Ruas 1999). The classical disparity between coastal plains and mountains reflected by a much clearer diversity of cereals in hilly regions belongs to the sum of new scientific knowledge acquired in the last few years. It is notably shown by the dominant place occupied in mountains by so-called secondary cereals, in particular the two types of millet, common Millet and Italian Millet, two hulled cereals which medieval documents of the Languedoc do not mention (Ruas 1999) and in the plains by oats and emmer wheat. According to the overview tables, it seems that the diversity in cereals that typifies the South and the hinterland-coast dichotomy was born during the period spanning the 5th–10th C. But for the time being, the lack of data in sequences does not allow us to be entirely positive about the period of transition between the late Roman and early Middle Ages, whereas for the Iron Age and the beginnings of romanisation we are better informed. Pollen analysis also records the progression of rye, beans and buckwheat. The latter species is only encountered in the pollen analysis of Canet next to Perpignan in the Roussillon (Planchais 1985) and of Pinet in the Pyrenean part of the department of the Aude (Reille 1991) around the 13th C. Originating in central Asia and perhaps cultivated on the Armorican peninsula from the Iron Age onwards, it only spread late in the Mediterranean zone. These puzzling indications seem to give weight to the hypothesis that this plant was cultivated well before its first mention in written documents (15th C). Often linked with autumn-germinating weeds, the Mediterranean cereals were generally sown at the end of the summer and regularly hoed; this suggests that sowing was done in rows and not broadcast, which goes against the accepted historical tradition (Ruas 1999).

Fruit production

Oil and wine are well and truly the principal products of fruit-bearing agriculture of the 5th to 11th C. But vines and olive trees are not the only trees cultivated for their fruits. By demonstrating that Mediterranean farming is not reduced to the intensive cultivation of the classical Mediterranean wine-olive-cereal trilogy, archaeobotanical data has struck a blow to the stereotype of a Mediterranean landscape and enriched its image.

In Southern France, archaeobotanical research tends to confirm what was already hinted at by written sources. An example is the analysis of fruit remain assemblages from the site of Coudouneu, on the northern side of the Étang de Berre, excavated by F. Verdin: the plant remain study by Ph. Marinval has highlighted the presence of garlic, a plant that is only recorded in the 1st C AD in Italy (Marinval 2000). The beginnings of a fruit tree culture are visible from the Iron Age and are to be linked with the increase of exchanges between indigenous peoples and sea-faring peoples who transmit the knowledge from the East, Italy and Africa. These beginnings are earlier than further north and they reveal a real sophistication in growing techniques inherited from the classical and hellenistic Greek world, where horticulture and fruit tree culture were common practice (Ruas 1996). This chronology confirms that the economic penetration of these regions by Marseille and later by Rome took place earlier than the conquest and the administrative reorganisation of Southern Gaul. An eloquent example is given by the walnut tree. Since H.-J. Beug published his article (Beug 1975), pollen specialists interpret the presence of *Juglans* not only as an indicator of human activity, but also as a convenient yard-stick for measuring the increasing part played by agriculture. Around 2270 BP, or the 3rd C BC, the *Juglans-line* showing the extent of the introduction of walnuts circumscribes the north-western Mediterranean. In broader terms, the spread of this tree is linked with 'romanisation' and its presence is used as a dating element at Pinet as well as at Marsillargues. It is thought that walnut trees were still in an expanding phase in Italy in the 1st C AD and that its spread was far from completed (Benzi and Berliocchi 1999, 90). Meanwhile, the latest archaeobotanical analyses appear to date its appearance back to around 3500 BP (Triat-Laval 1979; Arnaud-Fasetta G. *et alii*, in preparation). The study of ancient seeds in particular shows that walnuts spread in Gaul earlier than previously thought. In northern France, *Juglans regia* is recorded in the late Neolithic or Copper Age (Ruas and Marinval 1990, 420), and in southern France in the Aveyron (Krauss-Marguet 1981). It is cultivated in the Valdaine, according to charcoal analysis. In fact, there are old records in historical documents, an unsurprising fact since walnuts are linked to religious traditions. The Greeks associated walnuts with the cult of Dionysos and the Romans with that of Jupiter, as indicated by its name: *Jovi glans* has given *Juglans*.

Archaeobotanical work has led to a reconsideration of the influence of the oriental world. Since the famous remark by J. Le Goff, it is accepted that apricot trees are really the only benefit brought back from the Crusades in the north-eastern Mediterranean. By all accounts, it seems that *Prunus armeniaca* had already been cultivated well before the 11th C in the Languedoc. Charcoal analysis undertaken by

L. Chabal at the Moulin-Villard and at Lunel-Viel in the plain of the Vistre at east of the Rhône delta identifies this tree in the 1st C AD (Chabal 1997, 113 and 130). A single kernel found on the oppidum of Nages in Vaunage reveals that apricot was consumed in the second half of the 2nd C (Pottrain and Py 1975). Almond trees are thought to have been introduced by the Greeks into protohistoric Gaul; at least this is L. Chabal's hypothesis, to explain the presence of almonds on the island of Porquerolles in the offing of Toulon (Chabal 1991). Note that during the Carolingian period, almond trees were the object of special care: the size of vessels (wood cells) from charcoal samples of Psalmodi show that irrigation took place. As for peach trees, analysis of fruit remains as well as charcoal analysis shows that it was present in the region well before the Middle Ages.

Sites of the 5th to 11th C in the southern zone reflect a well established fruit growing economy. Already in 1982, when interpreting the pollen data from Marsillargues, N. Planchais defined the Early Middle Ages as 'a period of very intensive and very diversified development fundamentally different from the current agricultural and wine producing organisation', where orchards of Rosaceae occupy a choice place. Further charcoal analyses come to confirm and to broaden this vision. From the end of the 8th C, oak and pine woods left space for fruit tree cultivation which entered a major phase of expansion: cherries, almonds, figs, olives were grown over the whole of the lowland plain of the eastern Languedoc. Charters of the Languedoc hinterland in the Middle Ages proper reveals that fruit cultivation was sufficiently spread to have become a specialist affair: the cellarium—keeper of the abbey of Aniane (Herault), responsible for its supplies,—had to feed the *olivadors* and the *amanliadors* every day (cart.An.n°100 p. 240 (1181–1188). Such a terminology implies certainly that there was a technical expertise linked to a differentiation of tasks depending on species. The existence, if not of a group of specialist workers, but at least of a workforce attached to a specific type of fruit culture, speaks for advanced cultural behaviour. Written historical documents show that fruit trees were not planted only as homogeneous orchards. In the 12th C vineyards planted together with, most often, olive and almond trees occupied an increasingly important place and, except in the Biterrois, broke up the uniformity of the cultivated landscape. In this respect, there is everything to expect from an improvement in southern France in the archaeology of fields, which has already proved so useful in northern France, following the stripping of vast surfaces in the context of rescue archaeology. The work of Laurent Vidal has made the first contribution to this subject for the landscape of the Biterrois in the late 9th and early 10th C (Vidal 2000, 238–246).

Husbandry

The study of the fauna from food refuse contained within archaeological contexts was still in its infancy some twenty years ago but is now the object of much attention from archaeologists. As a result, archaeozoology has conquered an important place in historic, ancient and medieval periods. It is now in a position to set a specific research agenda, appreciably different from that elaborated for earlier periods. In the latter, in so far as the commercialisation of animals, their meat and other products was restricted, the faunal assemblages made it possible to apprehend directly the management of flocks belonging to the community living on a given site. From the end of the protohistoric period, it may still be possible to consider a simple economic relationship between people and flocks in marginal peasant communities. But in the rural Gallo-Roman and Medieval world, the setting up of complex commercial networks prevents the establishing of a direct link between meat consumption, as apprehended through archaeozoology, and herds or flocks from the same site. Animals may have been consumed by the occupants of a given site; but they could have been marketed, so that animal bone remains constitute simply data in the study of husbandry.

A social indicator

The social dimension of meat consumption is essential in faunal research. While studying animal assemblages from Roman sites along the coast of the department of the Var, M. Leguilloux observed that there were no great economic differences between the small peasants living in hamlets and the rich farmers living in medium-sized *villae*: a break did exist between 'the latter group and that of the great landowners', inhabiting the great *villae*, whose refuse reveals that high quality meat and venison was consumed. This situation typifies the sites of Saint-Michel at La Garde near Toulon and Les Laurons at Les Arcs-sur-Argens up to the 5th C in the same region.

But the historic, Gallo-Roman and Medieval periods do not constitute a single bloc and it is important to recognise phases in meat consumption. On the site of Saint-Julien-les-Martigues at the southern end of the Etang-de-Berre, luxury goods consumption is linked to the early Roman levels, whereas at the end of the Roman period a large proportion of sheep and goats is associated with a lesser consumption of beef. In this case, the analysis of the faunal assemblages joins that of the building structure: the site is first occupied by a residential *villa*; at the end of the Roman period and up to the 6th C, the social status of its inhabitants changed: they were peasants (Columeau 1996, 132–3). In the hinterland of the Languedoc, on two sites of the early age of castles, Olargues-le-Vieux and Saint-Amans-de-Teulet (Le Pouget in the middle Hérault valley), A. Gardeisen highlights the luxury consumption of suckling pork and lamb: the inhabitants of the first perched barracks of the year 1000 are not peasants, but *caballarii*, recorded by remains of crossbows and hunting horns found amongst bone artefacts. They are more concerned with raiding and hunting than with husbandry: their social status is a privileged one (Durand *et al.* 1997). These examples show that a correct interpretation of animal bone assemblages requires an archaeological reflexion encompassing the whole of the site and included into a micro-regional context.

The question of the morphology of cattle

Osteological studies allow the identification of an evolution in cattle populations and to define assemblages corresponding to different economic situations. For the beginning of our era, they have been incorporated into the research agenda concerning romanisation. The starting point of this reflexion comes from northern Gaul, where archaeozoologists note an increase in the size of domestic animals, particularly of cattle, for the period following the Roman conquest (Brunaux and Meniel 1983). At present, the debate is centred on the reality, the size and the interpretation of such a phenomenon. It is summarised thus by two archaeozoologists: 'By extrapolation from osteometrical data, there emerges a breed of 'small cattle' or Gaulish cattle associated with peat bog cattle, *Bos taurus brachyceros Rütimeyer*, and a breed of 'large cattle' or Roman cattle, *Bos taurus brachycephalus Wilckens*' (Forest and Rodet-Belarbi 1998). Though in principle of a methodological and zootechnical nature, this debate is compounded by the opposition Gauls/Romans: the growth curve of the size of cattle is seen as a consequence of the Roman conquest and later of the decline of the Roman Empire. The Roman conquest would have introduced new species of greater size originating in Italy. The crisis and decline of Rome would have entailed a return to a situation prevalent in protohistoric times. This historical scheme was proposed a number of years ago but has not been endorsed by the archaeozoological research that followed. The latter have shown that the situation in Gaul was far from simple. First of all, occurrences of 'large cattle' are earlier in Northern Gaul than in the South: in the former region it appeared in the last two decades of the 1st C BC but in the latter region it is known only a century later (Lepetz 1997). 'Large cattle' make a real impact in Southern Gaul from the end of the 1st C AD, that is to say two centuries after the Roman conquest. Then it remains dominant until the end of the 5th C. But this predominance is not exclusive: 'large cattle' does not eliminate 'small cattle'; neither does the former characterise herds found in 'Roman' archaeological contexts, nor does the latter typify herds from 'indigenous' contexts. The data do not allow us to think that 'Romans' imported breeding stock on a massive scale. It is more likely that the cattle population evolved 'through a zootechnical will to obtain larger animals from an original Gaulish cattle population' (Forest and Rodet-Belarbi 1998, 1054). Rather than import herds, a rich breeder from the Narbonnaise would use the Roman slave system and settle in his *'familia rustica'* slave technicians able to master the techniques of breed selection; he would have bought them on the Italian or Oriental market or would have moved them from one of his other regional estates. Furthermore, it is not certain that the 'large cattle' breeds are superior. Because of difficulties in preserving meat, a smaller size was not a disadvantage for meat-bearing animals if the outlets were insufficient (Columeau, pers. comm.). Larger animals were, however, more appropriate as draught animals, giving an advantage if they were destined to be used for traction on a farm or if they were to be used as beasts of burden. In fact, current osteological research does not permit to stay whether 'large cattle' are remarkable for their power rather than for their weight, that is to say whether they were traction animals or animals bred for their meat. In any case, this phenomenon does not coincide completely with traditional chronological frameworks: it makes an impact only from the 2nd C for a period that does not extend beyond the 5th C.

A regional division of space

Archaeozoologists are beginning to interpret the data obtained in terms of space. At the local (micro-regional) level in Provence during the Roman period, M. Leguilloux has made use of faunal assemblages to refine the character of an estate, that of the *villa* of Laurons in the valley of the Argens (Berato *et al.* 1990, 245). Regional specialisms have been identified. L. Jourdan had noted the importance of goat remains in the animal bone assemblages from the port of Marseille (Jourdan 1976, 133). M. Leguilloux has been able to confirm this trend in animal bone assemblages from more recent excavations: at the end of the Roman period, ovicaprids, i.e. sheep and goats together, make up between 63 and 77% of the assemblages. An extensive fleece or fur industry would have provided an outlet for the flocks of the neighbouring countryside or even from the Crau (Leguilloux 1998, 240). On his side, Ph. Columeau recorded a great proportion of goats on the site of the Pousaraque to the South of the Etang-de-Berre and suggests that these findings confirm L. Jourdan's hypothesis that goat meat was smoked or cured. These data shed light on the relationship between Marseille and its hinterland (Columeau 1996 and 1997, 29–30). In the Languedoc, A. Gardeisen and then V. Forest have shown that during the early Middle Ages, the eastern lagoon plain was specially dedicated to meat cattle breeding, a type of husbandry that is well suited to the geographic conditions of the hinterland, where husbandry is part and parcel of integrated economic and commercial networks (Gardeisen 1993, Forest 1997–1998). A relationship between the type of husbandry and a humid environment has been established by Ph. Columeau in his work on the faunal remains from the Vallée-des-Baux (Columeau 2000, 353) and from the villa of Près Bas on the edge of the Etang de Thau (Columeau, forthcoming). In a synthesis on meat consumption during the Middle Ages in the Languedoc, V. Forest insists on the diversity of the images obtained through the study of animal remains: sites in the Pyrenees stick out as sites where indigenous species were consumed, including bear and izard (Pyrenean chamois); on lowland and hilly sites cattle and sheep dominate. Thus the lowland of the Languedoc appears similar to Southern Provence, whereas sites on middle range mountains form, together with their neighbours of Northern Provence, an intermediary assemblage, between the Mediterranean coast and the region of Rhône-Alpes. Consequently an identity specific to the Languedoc, as opposed to a Provençal identity cannot be identified.

Knowledge of husbandry practices in pre- and protohistoric periods has made great progress thanks to the contribution from soil analysis of samples taken by natural historians in cave sites, where indicators contained within the sediments have shown that animals were stabled in these caves (Brochier 1991). Such methods are starting to be applied to more recent periods. But in the case of open sites, the preservation of these indicators is often poor and few attempts have been made for the historic period. Buildings dedicated to husbandry remain little-known. Caves continue to be used. The contribution of palaeoecological analyses carried out outside excavation sites is essential, in particular those of pollen analysts: the increase in proportion of nitrate-loving taxa, the *Chenopodiaceae* and plantain (*Plantago lanceolata*) is to be put in relation with the presence of flocks or herds. Such an observation was made in the sondage of La Calade on the edge of the plain of Arles, where an increase in these taxa is even used to distinguish a particular phase, phase 2: the levels are higher towards the end of the Roman period and for the Middle Ages. This interpretation has received support from a correlation with insect assemblages: the continuous presence of dung-loving insects shows that along the eastern edge of the plain, a humid zone has been frequented continually by flocks (Andrieu-Ponel *et alii* 2000). It is therefore possible to foresee a spatial analysis that makes it possible to write the long-term history of sheep husbandry in the region of Arles. The site of La Calade is located not far from the plateau of the Crau precisely where a major discovery has recently been made, that of ancient sheep folds. Identified at the beginning of the 1990s, these buildings are now fairly well known, thanks to archaeological surveys followed by excavations. They are long, large structures pointing towards the mistral (Négreiron-Négrès 6: length: 46.3 m; width: 9.55 m; surface: 280 m^2). Their presence is surprising; Strabo (Geography IV, 1, 7) and Pliny (Hist. Nat., 21, 57) note that flocks roamed the Crau, no doubt since a very long time ago. But that this husbandry should include sheep folds was not expected. Considering the size of these sheep folds, which can shelter 700 to 900 sheep at any one time, and the number of sheep folds, estimated at around 130, a figure of 100,000 sheep has been put forward. In the present climate during the dry season, such numbers could not subsist if the flocks had only access to nearby humid zones (the plain of the Rhône, the Camargue, or the edges of the Étang de Berre). This husbandry would therefore have to have resorted to transhumance, far earlier than the transhumance known in Provence at the end of the Middle Ages (Badan *et al.* 1995). It would go back to the Roman period. The evidence poses some problems which Ph. Columeau points out. The absence of milk teeth of lambs in the occupation levels of the sheep folds lead him to place the occupation of the sheep folds after the months of December/January. Given a better spread of rainfall, the sheep folds of the Crau would have fulfilled 'as their main function the need to shelter flocks of sheep from the end of the winter to the beginning of the summer' (Columeau 2000, 354–355). As for transhumance, it is safest to stick with the minimalist hypothesis of P. Coste and N. Coulet: the sheep of the Crau in the Roman period 'spent their summers in the Camargue marshes, or in the neighbouring Alpilles or in the Lubéron, just beyond the Durance' (Coste and Coulet 1994, 65). Further, the discovery of sheep pens has opened a discussion that has become polemical. Indeed, at the same time, P. Gros, while studying some particularities in the architecture of the site of *Glanum* at the north piedmont of the Alpilles, during the hellenistic and Roman period, suggested that there, there was an assemblage typical of the sanctuaries-cum-markets associated with transhumance. Tax collection at a site of passage is thought to have been one of the reasons for the prosperity of the town (Gros 1996). This article caused a strong reaction from A. Roth-Congès, putting forward a number of objections, from a chronological, geographical and technical point of view and trying to re-instate the religious hypothesis (Roth-Congès 1997). These objections are of unequal weight. The chronological dispute in particular is open to discussion because the research in the Crau has shown precisely that the sheep folds dated to the Roman period, whereas the texts of Pliny and Strabo refer in general terms to flocks that may have existed far earlier and which applied to breeds of sheep that do not require built shelters. Furthermore, new archaeological research has shown that the site of *Glanum* extended beyond what was expected and was not confined to the monumental zone that is on display (Gazenbeeck 1998).

It is in fact necessary to improve research on stock animals, in order to characterise them (types of breeds, duration of periods spent in stables, . . .) and to identify the paths they followed to their pastures. Here again geoarchaeological work conducted in the Rhône valley has brought new evidence: according to J.-F. Berger, in certain sectors subject to flooding and in the hollows of the Tricastin at north of Avignon and the Valdaine at east of Montélimar, drainage was abandoned from the end of the 2nd C onwards. The landscape was then altered by an increase in water meadows, which would correspond to an extensive pastoral exploitation, which of course remains to be proven by archaeological findings (Berger 2001).

Situations differ from one region to the next. The Crau was pasture land for flocks from the Neolithic onwards, but, as we have seen, the Roman period is characterised by the establishment of stabling, which is only found again in modern times. This difference can of course be explained by the nature of the Roman occupation in Provence and the place that the market economy occupied, that is to say by a change introduced into the region by Rome. In the Pyrenean mountains, historical ecology and the archaeology of pastures (Davasse *et al.* 1997; Galop 1998), make it possible to sketch a history of husbandry from the Neolithic to the modern period which does not exhibit any similar breaks in tradition. In French Catalonia, on the mountain of Enveig, archaeological records of levels dating to the Roman period show a pastoral occupation probably to be equated with farming occupation in the plain: it is likely that the former are summer pasture rather than transhumance sites. Thus archaeology comes to vindicate the hypotheses put forward by palaeoecologists for the history of the Pyrenean mountains; the opening of the forest picked up in pollen analyses must be related to the pastoral occupation of the mountain. In the long-term frequentation of the mountains, a history that starts in the Neolithic, the Roman period does not occupy a particular position. It exists as a continuation of a system of exploitation and use of space that goes back to the end of the Bronze Age and has very little impact on the mountain (Galop 1998, 257; Riera i Mora 1994). On the French side of the Pyrenees complementary research on the lowland zones has not been undertaken. But an investigation of the plain of Barcelona, carried out by J.-M. Palet i Martinez, can be consulted. During the period that is of interest to us, the development of the pastoral economy is characterised by the complementary nature of the delta wetlands, where pollen diagrams record the presence of flocks (Riera-Mora 1995) and the pastures of the mountain chain of Collserola. New road axes, used as drove ways, replace the roads of the Roman centuriation system and allow the plain to be crossed (Palet 1997). The topography is very different from that of Southern France: the Pyrenean mountains directly dominate the plain, whereas in Provence a long trek is necessary to reach the summer pastures from lower Provence.

In the hinterland of the Languedoc, further West in the Monts de l'Espinouse, a clear decrease in the level of tree pollen is recorded in the pollen diagrams of Font-Salesse and Baissecure between the 1st and the 8th–10th C, although this phenomenon is not accompanied by a notable increase in the Mediterranean vegetation (Beaulieu 1969). On the contrary, in a region where the cultivation of cereals and trees (sweet chestnut, walnut) are still only recorded in places, the start of a continuous curve for plantain speaks for a pastoral use of these zones. From the 8th–10th C middle-range transhumance begins to develop, under the auspices of the Benedictine monasteries established on the high plateaux and in the plain (Durand 1998, 362–370). The same situation exists in Catalonia. In the Po plain in Italy, middle-range transhumance also starts at around the same time, associated with indications that trees (mostly sweet chestnut) were also cultivated (Menant 1994, 249–287).

A number of palaeoenvironmental studies highlight the role of husbandry in mixed farming. In the Pyrenean part of the department of the Aude, work on the peat bog of Pinet provides a good example (see above). According to charcoal analysis in the Valdaine, ash trees, which, like elm trees are used in husbandry, increase, probably because they were used to build hedges. But they are not the only ones. On the plateau of the Larzac, box trees are documented as being used in husbandry, particularly for lambs (litter, food), so much so that one can talk of a box tree culture. During the Carolingian period, the only known sites are located in the uplands, at the northern limit of the green oak forest. Human activity is recorded there. Botanical work by M. Farizier on a macro-flora preserved in limestone deposits (travertine) and radiocarbon-dated to the 11th C (1080 ± 50), has revealed the presence of *Coryllus avellana*, which indicates an opening up of the beech forest during the period that precedes the establishment of the Carthusian monastery in 1205, a clearing that is greater in extent than today's (Farizier 1980).

The rural economy

The populating of the countryside

The traditional view of the populating of the countryside has been markedly modified by a better grasp of the dynamics of the landscape. It has permitted a review of the notion that the lowland zones had been deserted by showing that the absence of visible archaeological sites was due to their burial by later deposits. Research in the Vallée des Baux can be cited as one of the most accomplished examples (Leveau and Saquet 2000). This depression of some 1–2 km in width, separating the Alpilles from the Crau and defined by the 20 m contour, has been incorporated into the bed of the river Rhône following a process that probably started in the Middle Ages. As a result it constitutes an excellent observatory for the history of regional hydrological phenomena. The bottom of this valley is almost level with the sea-level and it would be a marsh if water was not permanently pumped out from it. Transformed into a polder after a century of drainage works, the valley is at present under cultivation. It has long been thought that the marsh had existed 'at all times', in particular during the Roman period (Benoit 1940, 68). But sediment analysis and the discovery of a settlement (village?) going back to the Copper Age have brought into question the notion of the permanent underwater status of this depression. Deposits corresponding to various hydraulic features of the valley have been correlated with written historical documents and archaeological data. It could be demonstrated that the horizontal nature of the valley was the result of the build-up of sediments masking a varied topography (Leveau 1999). Thus, contrary to what used to be written since F. Benoit, human occupation had not retreated towards the North at an early date, abandoning the valley bottom to rising water: the valley remained occupied until the 7th–8th C (Bellamy and Hitchner 1996).

The situation at the end of the Roman period

Much has been made by Romanists of the end of the Roman world, a crisis whose origins were sought in the crisis of the 3rd C. In the last ten years, a general re-thinking of the problem has led to an abandonment of the idea that there was a profound break in rural settlement between an ill-defined Early Medieval period and a far better studied Roman period in the Mediterranean regions. Then, battles and sieges affected the economy and had a depressing effect on the conditions of production and the economic networks. But the latter put up a fight. Archaeological research would now put less emphasis on the process of decline that was observed and forbids presenting a the end of the Roman period as a time of a sudden break and a general collapse of the Roman infrastructure. One of the major advances in archaeology, and one that has made re-interpretation possible, has been the use of quantitative methods which increase our understanding of the real burden that society puts on the landscape. Archaeological surveys, conducted systematically and within a scientific and heritage perspective make it now possible to draw, sector by sector, distribution maps of given sites and to construct curves showing the appearance, the growth, the maintenance or the decline of different forms of settlement, 'peasant settlement' or *villa latifundia* (Durand-Dastes *et al.* 1998, 74–114). Micro-regional characteristics can appear on these curves. Regions with dense Roman populations are broadly opposed to other regions where a farming economy of protohistoric origin and indigenous tradition is dominant. The density curves that have been drawn up, giving the number of sites per km^2, show roughly parallel evolutions. 'During the 4th C, densities range between 0.11 and 0.92 sites per km^2, for an average of 0.25 sites per km^2. During the 5th C, they range from 0.14 to 2.08 sites per km^2, the average being 0.60 sites per km^2. These values can be compared with those for the 1st C AD which range between 0.59 and 2.28 sites per km^2, that is an average of 1.15 sites per km^2 (Trément *et al.* 2001). There is therefore a real decrease in the occupation of the landscape, manifesting itself in the loss of a considerable number of Roman *villae*, in particular large *villae* with often ostentatious architecture and medium-sized or small *villae* which secure the weft of the landscape. This decrease is often of a qualitative nature. In Provence, where studies have been conducted, *villae* sites are indeed occupied during the 4th–5th C. But only a very small number of them has the status of *villa* (Carru *et al.* 2001). The others were not necessarily abandoned, but the nature of their occupation changed. What remains of the occupied parts of buildings exhibits a drop in the standard of living. In fact, the situation is close to that described by P. van Ossel and P. Ouzoulias in Northern Gaul, to the extent that his observations merit being applied to the whole of the territory of Gaul (Van Ossel and Ouzoulias 2000). In Northern Gaul, this development is accompanied by the appearance of a type of settlement different in its plan and organisation. In 1980, J. Chapelot and R. Fossier thought that buildings which were partly underground and partly above ground had been brought in by Germanic migrations from the Slavic and Germanic world where such structures are known (Chapelot and Fossier 1980, 131–132). Since then, examples have been excavated in Southern France, in the Languedoc (Ginouvez 1993; Garnier *et al.* 1995; Mauné and Feugère 1999, 391) and in Provence (Bertucchi pers comm; Berato in Bertoncello 1999, 291).

Therefore, one might be justified in asking whether the novelty lies in the type of construction or in its discovery! The difference is of importance: in one case it would be a real innovation and it could correspond to a Germanic settlement (Mercier and Raynaud 1995, 202), in the other it would merely confirm its use.

One element seems certain: in Narbonnaise Gaul, the phenomenon of the palatial *villa* did not experience a growth equivalent to that exhibited in Aquitaine, in North-Eastern Gaul or in Spain in the 4th C. The only known *villa* which is comparable is a *villa maritima* which has been known for some time, the *villa* of Les Beaumelles at Saint-Cyr–Les-Leques to the West of Toulon (Brun 1999, 639–652). The presence of urban elites is nevertheless well documented in the countryside. P.A. Février has been able to prove this from geographical lists (Février 1981), to which archaeological findings can be added. The best known *villa* is now that of Près-Bas at Loupian on the edge of the Etang de Thau reported on by Ch. Pellecuer in a monograph that reconstructs its history from its construction in the early Roman empire up to its definitive abandonment in the 7th C. The site sequence is meticulously reconstructed over the half millennium preceding the building of the architectural project that include the rich polychrome mosaics that have made the *villa* famous. Started at the beginning of the 5th C, it entails a transformation of the local topography, however without breaking with earlier phases. The residential part doubled in size. Whereas previously residential wings and courtyards were laid out following the topography of a slope cut into by small valleys, a new and vast platform was built. The buildings were arranged around a huge peristyle (40 × 26 m including the porticos). Archaeological finds (pottery, coins), combined with stylistic arguments suggest a date around 400 AD for this building programme, a date which would roughly agree with the suggestion by H. Lavagne (1981) that the building dates to the first quarter of the 5th C. Excavations have not revealed agricultural buildings, which—just as the baths of this time—are located outside the confines of the *villa*, in the near or far neighbourhood. The final period of occupation of the site is little known.

All in all, the situation does not evolve in a way that is different from other *villa* sites in the Narbonnaise, like that excavated at Saint-Julien-Les-Martigues (Rivet 1996, 97–111). But what is different is the chronology. At Près Bas, there is indeed evidence for the permanency of the residential occupation of the building for a very long time span; the mosaics reveal that the rooms were occupied continuously. As in Northern Gaul, where such a trend has been observed by P. Van Ossel (Van Ossel 1992, 178), utilitarian and agricultural functions re-colonise certain parts of the building, where they replace residential functions. During the course of the 6th C, the courtyard seems to have housed a hut. The gardens of the residence were no longer looked after. New buildings were erected, in particular sunken-floored structures similar to those discovered at Dassargues (Garnier *et al.* 1995, 36 and fig. 35). Thus Ch. Pellecuer has been able to bring to light evidence of an evolution also observed elsewhere, in particular at Saint-André-de-Codols, where a *villa* site has been the subject of a large rescue archaeology operation (Fiches and Veyrac 1996, 489–491). In the South, the real break in the occupation of the landscape is to be sought in the course of the 7th C.

The Carolingian destiny

Medieval historiography of the 1980s and 1990s, dominated by the question of castles, proposed a unequivocal view of human endeavour prior to the year 1000: in that most classical of schemes inherited from the Italian case, peasants, up to then spread in makeshift settlements, were gathering together under the coercion of lords from the year 950 AD onwards, inside purpose-built fortified settlements so that they could benefit from the benevolent but interested protection of the master. The birth of villages coincided with a will to assemble populations in order to control them better. In the Languedoc, M. Bourin has pointed out from early on that this scenario needed some adjustments: it described the Carolingian settlement pattern as open and dispersed, though not absolutely, with hamlets in the form of clusters or more rarely as tightly-knit communities. Within this very loose structure, the nuclei of the old Gallo-Roman *vici* and those of the cities remained. Similarly, in the growth of the castle network, the part of the ancient, Roman or Carolingian, inheritance is to be taken into account, even if the reorganisation of the settlement pattern was largely under way.

Archaeological research has come to refine, complement, even contradict the general framework, by demonstrating that the growth of villages is a complex phenomenon. At Lunel-Viel—the oldest and most thorough example—the excavations of C. Raynaud have revealed the hesitations and the fluctuations of the settlement between the 7th and 11th C, highlighting the problem of weak discontinuities in the built environment while the site remained occupied continuously since the Roman period. The organisation of this village was slow and took place over a long time around the church area (Raynaud *et alii* 1990). In the Vaunage and the canton of Mauguio, to the west and south of Nîmes, A. Parodi, C. Raynaud and C. Mercier have demonstrated the existence of nuclei of grouped settlements before the year 1000, which, though modest, survived beyond the year 1000, to die out with the new trend for castles in society. A more careful re-reading of Carolingian written documents endorses this point of view: the term *in ipsa villa*, following in the same sentence or at the beginning of the next the expression *in villa de*, shows that the word *villa* means at the same time a tract of land cultivated by peasants and a specific place located within this land, where a settlement has started to nucleate (Bourin and Durand 1994). The use of topographic descriptors such as *super* or *subtus* reifies in the landscape this polarisation of space by taking into account one of the elements of the landscape, its contours. Further, a large number of *castra* of the year 1000 are conceived initially as the inheritors of a mother-*villa*, reflected in the place-names in *-an* or *-argues*. The simultaneous use of two terms, *villa* and *castrum*, in the same place-name in the same document reveals the dual nature of the settlement and the bi-polar use of space, *in ipsa villa* on the one hand, around a *castrum* on the other hand.

The importance of the late Roman inheritance of the 3rd to 6th C in the formation of the Carolingian settlement framework is well established today, through cross-reference of a number of sources. But this continuity of nucleated or even closed settlements (Raynaud *et al.* 1990) does not signify an immobile situation: without going as far as mentioning an itinerant pattern, it must be stressed that the anchorage of the built fabric to specific localities is not yet definitively achieved; the polarisation of the Carolingian rural space is the beginning of a long process of burgeoning settlements reaching a plateau with the birth of villages in the 11th C. These continuities or weak discontinuities do not exclude foundations like Augery-de-Corrège (9th–11th C) in the Camargue, which could be a village colonising marshy zones or former salt marshes. At least this is one possible interpretation. These grouped settlements are still very loosely knit: the settlement buildings of Augery are grouped around enclosed spaces interpreted as courtyards or kitchen gardens and they form the centre of the nucleus. Grouping is also open, flexible and articulated around fields at Dassargues. It therefore appears that the structural organisation of these early forms of villages is rough and ready, even rustic, corresponding to what J.-M. Pesez calls *'infraconstruction'*.

Archaeological evidence has also come to re-evaluate the weight of secular fortifications in the genesis of villages: in Catalonia first, then in the Languedoc in the department of the Aude, and later in the departments of the Hérault and Gard, historians and archaeologists have contrived to describe the *'ensagrerament'*, that is to say the spontaneous congregation of people around the circle of peace of churches, defined as a radius of 30 paces around the ecclesiastic building, in order to protect itself against the violence and increasing demands of *milites* during the advent of the tying of common men to the lord's fief (Baudreu, Cazes 1994; Catafau 1997). In the higher Herault valley, the Carolingian diplomas of the monasteries of Aniane and Gellone also record closed groupings of people around a cult centre. Thus the role of the church and cemetery in the polarisation of the Carolingian rural space has been largely rehabilitated in the last ten years: research activity in the South is at present focused on this subject.

Motte and bailey castles have long been considered as typical of the northern half of Europe. Supported by a national inventory programme on earthen fortifications, research has demonstrated that this feature was also presents in Provence and Languedoc: C. Castelvi (1984) in Roussillon, M. Dauzat (1983) in Lauragais, M. Fixot (1975) and D. Mouton in Provence, P.-Y. Laffont (1998) in Vivarais have listed a not negligable number of mottes. If some re-use or re-cut natural contours, others respond well and truly to the strictest definition of the phenomenon. In chronological terms, it begins in the 10th C and ends during the course of the 13th. Generally featuring wooden constructions and surrounded by storage structures, notably numerous grain storage silos, these mottes have been recognised as part of a timber and earth tradition. Indeed, if J. Chapelot and R. Fossier remained relatively cautious in 1980, writing that in France and Italy 'due to the paucity of excavations, it is difficult to establish the age of this rural stone building tradition, especially in the Mediterranean zone'; they noted, however, the fact that the analysis of documents dating to a period prior to the 12th C recorded stone houses more frequently than timber houses and concluded that stone houses were closely linked to the southern limestone zones of Europe. Since at least the last decade, archaeology has come to contradict such a chronology: during the early Middle Ages as afterwards, medieval houses of earth, timber, mud or wattle and daub existed also in the South, and not just in the Camargue.

Major land organisations

The setting out of land boundaries, roads and drainage, which give to the landscape an enduring framework, were determined by two objectives. The first is economic and consists of the establishment of newly cultivated land and the opening up of the region. The second is constituted by taxation, based on land boundaries. Neither of these two objectives are, a priori, the prerogative of a specific period. But there seems no doubt that in the Roman period particular attention was paid to the system of centuriation, whose establishment and destiny has played an essential part in research.

Orthogonal and concentric land boundaries

The Roman conquest resulted in a vast agrarian restructuring which affected most parts of the plains of Provence, the Languedoc and the valley of the Rhône. In its outline, the Roman landscape remains profoundly marked by this heritage. The publication by A. Piganiol of the Roman marbles of Orange, which give the plans of three centuriations in the Rhône valley, followed by the research of M. Clavel-Lévêque on Béziers, together with, in more general terms, the remarkable work of the Besançon geomorphologists have permitted an estimate of the surfaces involved. The Romans were of course not the only ones to have resorted to geometric divisions into plots of the territory. But in the South of France, they were the only ones to have conceived and put into practice such an organisation over hundreds of km^2. The discovery of fossil centuriation systems has therefore been greeted unanimously by historians as a major feature. Two millennia later, the traces of this organisation continue to mark the landscape, undoubtedly to a lesser degree than in Africa or in Italy, in Campania or the Po plain, but sufficiently clearly to be visible on vertical air photographs and recorded on topographic maps.

At present, research is able to delve deeper into the evidence. In the Rhône valley, work on the cadastres of Orange continues. The three known cadastres are now fairly securely located. Two of them can be pinpointed with certainty: the 'Cadastre B' since the publication of A. Piganiol (Piganiol 1962) and the 'Cadastre A' since the research undertaken by G. Chouquer in 1981 (Chouquer 1981). The 'Cadastre C' has recently been the subject of convincing arguments that vindicate a suggestion of A. Piganiol (Christol *et al.* 1998). In the Languedoc, the research carried out on the cadastres of Béziers have resulted in the publication of an Atlas (Clavel-Lévêque 1995). These results have generally enabled us to evaluate the complexity of the evidence for superimposition and enmeshment of the centuriations, related in the texts of the *Gromatici*. Thus, in the Languedoc, in the territories of Roman colonies, but also in territories dependant on Latin law such as Nîmes, extensive research has been able to isolate a sequence of successive centuriations on the palimpsest of the landscape. Impressed by the success obtained by antiquarians, G. Duby presented centuriation as a 'vast net, whose fine mesh was thrown by Rome over the peasantry of Gaul' (Duby 1975, 30).

But matters did go adrift, as such images justified a simplistic method, which consisted of casting grids onto maps and ending up with a multiplicity of geometric boundary systems attributed systematically to Roman colonisation, while concentric land boundaries were considered as medieval. This approach is absurd, as it aims to attribute to the shape of land boundaries a chronological value. Generated as convenient plots, orthogonal divisions are indeed the basis of all space management on a large scale by a strong power. By contrast, rural communities will create a landscape whose circular character is due to the polarisation of fields towards a central point, the village or the farm. Ease of access to fields favours such an arrangement in a period in which power is splitting up. A priori, it should not be impossible for a central power to allocate plots on a circular model: it has been used in the history of European urbanism (Fabre *et al.* 1996). But concentric forms could just as easily have existed during the Roman period in sectors where the underlying pattern had been respected, while orthogonal layouts had been used in the pre-Roman period in our regions by Phocean colonists and, in the Middle Ages, on newly colonised land. Orthogonal and polarised structures refer first and foremost to social formations—which could coexist—; in second place only, can this phenomenon be interpreted in chronological terms. It nevertheless remains true that non-orthogonal landscape forms are more characteristic of protohistoric and medieval landscapes, whereas the orthogonal treatment of territories represents an 'event', such as the imposition of power from Rome over Southern Gaul.

Like all 'crises', that which affects archaeo-morphological research does not only have negative effects (Leveau 2000). Growing attention is being paid to the decay of the geometric framework associated with five centuries of use of land and tracks and to the relationship between land boundaries and the natural environment. The complexity of the situation is becoming increasingly apparent. Some researchers have sought a confirmation in the field by excavating fields and revealing traces of ploughing, ditches and field boundaries of centuriation systems. The burial conditions ('taphonomy') of field boundaries or the reasons for their destruction through erosion constitute a precise research target, tackled in collaboration with environmentalists. The latter have been able to incorporate into archaeological operations, physical variables associated with sedimentary deposits likely to bury archaeological features. Research protocols put in place on large excavations, such as those occasioned by the construction of the regional airport of Lorraine have been applied to certain sectors of the excavations on the TGV Méditerranée line in the Rhône valley in the area affecting the Cadastre B, the best documented of the three cadastres of Orange. Through cross-reference between the data obtained by the three disciplines involved in this research—archaeological data referring to soil occupation, archaeomorphology and geomorphology—it is possible to refute objections levelled at the method (Chouquer 2000). Geomorphological studies have been instrumental in establishing the phases of use of drainage networks and for comparison with the results from the various palaeoecological, geomorphological and soil studies. Knowledge of the theoretical frameworks of centuriation has enabled us to understand the diversity of 'their initial materialisation (ditches, buried drains, tracks, hedges) and later to sketch their role and function (drainage, irrigation, communication or protection from the wind)' (Berger 1999). In the plain of the Rhône, in the Tricastin, in the locality of Malalones in the parish of Pierrelatte, J. Berger and C. Jung have been able to follow the history of a ditch belonging to the Cadastre B of Orange. Regularly cleaned and recut in the Middle Ages, it was finally obliterated by later deposits. But, remarkably, its line was preserved by a later hedge (Berger and Jung 1996, 100 fig. 5). This example vindicates archaeological research procedures while also demonstrating the determining role played by collective memory in the preservation of land boundaries: in its outline, the modern landscape has inherited ancient forms. Archaeological investigations allow the threads of complex orientations to be unravelled in areas where written sources are not available. Centuriation affected the whole of the plain of the Rhône South of the Roman colony of Orange. The plain of Arles was also subjected to a centuriation system, only known up to now through the orientation it has imprinted on the land boundaries. The cadastre of Orange stops at the foot of the Alpilles, some ten kilometres North of where the town of Arles was established. At present, no network of tracks and ditches comparable to those known in the plain of Orange has been identified through aerial reconnaissance or excavation.

At present, the best example outside that of the plain of Orange is located in the region of Lunel-Dassargues, on the right-hand bank of the Vidourle between the Camargue and the Garrigues of Nîmes, where orientations picked up in excavated areas are probablylinked to three centuriations in the territory of Nîmes, already highlighted in studies of agrarian morphology (Favory 1996). The network of ditches that reveals these territorial divisions was in use up to the end of the 4th C at the latest. Inspite of being backfilled, the orientation of these ditches continue to structure the landscape up to the 7th C: hedges and wooden fences replaced them. A farm and a small cemetery of a few graves were established in this context. There is little archaeological evidence for the Carolingian period, although an 8th C text refers to the existence of a church and houses (Garnier *et al.* 1995).

All in all, recent research has come to confirm the hypothesis of J. Chapelot and R. Fossier of some twenty years ago: 'In the South of France, the maintenance of Roman land boundaries, at least in large areas, can be explained probably by an exploitation of the landscape so much imprinted upon the terrain that an early medieval agricultural exploitation did not alter it' (Chapelot and Fossier, 1980, 70). Advances in archaeological techniques enable current research on the rural world of the Early Middle Ages to review the image of deserted landscapes that prevailed in the past. The image of a general abandonment is to be rejected. But this does not necessarily mean that sectors whose cultivation required rigorous management and important means continued to be exploited.

Agricultural water management

Research by S. Caucanas on mills and irrigation in the Roussillon from the 9th to the 14th C represents the most recent overview on the question of water management in the South of France. Its origins are obscure: historiography hesitates between a Roman, Visigothic or Arabic origin (Caucanas 1995, 20). But, in the absence of precise and explicit archaeological or historical evidence for mills and irrigation systems, it is impossible to decide. The study of the first texts, dated to a time spanning the 9th to 11th C, leads Caucanas to highlight the relationship between agricultural water management and the construction of water mills: it appears to be a relatively common practice. Irrigation of gardens on a small scale has been a feature of farming since the origins of agriculture in agrarian societies, whatever their technical level; there are no reasons for thinking that this was no longer the case. But a real innovation appears at the beginning of the 11th C in the form of canals 'which are no longer just considered a profitable but ancillary means of increasing the income of an estate: on the contrary they are now regarded as essential, even paramount and fundamental for the exploitation of the land' (Caucanas 1995, 27). In the light of documents describing the situation in the decades prior to the year 1000, S. Caucanas concludes that 'everything leads us to believe that constructions of this type were already in existence during the preceding centuries'. There is no cause for surprise: such arrangements are known in the Iberian peninsula since Roman times (Gorges and German Rodrigez Martin 1999).

An identical situation is visible in the neighbouring Languedoc: the existence of veritable hydraulic systems can be linked to the mastery of irrigation from the beginning of the 9th C: before the year 1000, around 30% of mills were equipped with systems for watering the land; this percentage is truly eloquent, considering that these are the beginnings of the mechanisation of the landscape (Durand in press). Furthermore, particularly in the lowlands in the zones of marshland or former salt marshes, a number of fields were passed on *vallo in medio*, but it is not possible to decide whether this refers to a drainage system or an irrigation system or both together. Field archaeology confirms the vision offered by the history of water management given in written documents. At Augery-de-Corrège there are numerous salt water canals on the Carolingian settlement site. The purpose of land snail analysis, undertaken by J. André, on a number of negative features, was to differentiate between their origins, functions and time of use, such as drainage structures, foundation trenches or tracks. Thus, she has been able to recognise beside dry ditches, which had later been rapidly backfilled, drainage ditches which held stagnant water and which were periodically flooded. Results from charcoal analysis, which record salt-loving and humidity-loving species with monocotyledons, do not contradict these findings (Kotarba *et alii*, 1987). Research undertaken by C. Raynaud on the territory of Dassargues has also shown the presence of irrigation and drainage ditches associated with traces of fences and hedges and to plantation furrows: they allow the reconstruction of the limits of a few hectares of a farm established at the beginning of the 6th C on the banks of the Vidourle (André *et al.* 1997, 109–113). Irrigation on a small scale is thus well recorded in the farming economy in Provence as well as in the Languedoc.

In the latter region, contrary to what S. Caucanas records in French Catalonia, there is still no evidence that irrigation on a large scale existed in the Middle Ages (Bourrin-Derruau *et alii*, forthcoming). J. Béthemont had already noted that, just as in the rest of the Rhône valley, large scale irrigation was only developed in Basse Provence in modern times, when the canal of Craponne was built (Béthemont 1972). In the Comtat Venaissin, where the management of water became of particular importance, the historian P. Fournier has recently dated the beginning of the process to the end of the 16th C, a process that ends up with the large scale irrigation of the 19th C (Fournier 1999, 24–25). P. Fournier accepts that there was an 'acceleration' of the process in the Middle Ages but not a 'break'. The documentation which he consulted gives an impression of a constant improvement of procedures needed to control water. Archaeological work is able to contribute new data to this subject. For the Roman period, large scale irrigation, that is to say the construction of structures able to collect, conserve and distribute water to fields on the scale of a whole valley or a plain, was only known in drier regions of the Empire and perhaps in Italy (Quilici-Gigli 1989; Thomas and Wilson 1994). J.-F. Berger and C. Jung suggest they have identified a Roman irrigation network at Bartras in the parish of Bollène in the Tricastin, based on a study of the typical sandy fills of the ditches (Berger and Jung 1993, 103–105). The appear to have established the presence of large scale irrigation in the Roman period which disappears from most areas during the Middle Ages. However hydraulic knowledge was passed on into some historic documents of the Languedoc dating to the 11th–12th C and mentioning *fossatos antiquos*, apparently in working order. Used in a specific context, the adjective *antiquus* refers to a stone-built structure rather than to just a ditch or *vallum*. The Roman period is the most likely.

The scattered information available for the history of water mills points in the same direction. Im the Catalan Pyrenees, V. Izard argues convincingly that the use of water wheels in the context of iron metallurgy goes back some three centuries earlier than thought, that is to around the year 1000 (Izard 1999). In her eyes, this is a veritable technological revolution. It is therefore unlikely that hydraulic techniques had disappeared completely.

The data concerning systems of sluices or outlets speak in general in favour of a preservation of the knowledge required to operate drainage and irrigation on a large scale. Thanks to such systems, the many enclosed depressions that are scattered throughout the calcareous plateaux of Southern France, in Provence as well as in the Languedoc, were put into cultivation, as has been recorded on air photographs: anomalies in land boundaries continue to indicate the shape of these hollows, now almost all drained. Following the research that he has conducted on the wetlands of the eastern Languedoc and on the closing of the lagoon of Narbonne, P. Ambert has recently directed research in the valley of the Aude which opens new perspectives for the history of the landscape in the Roman and Medieval periods. Under the aegis of the Centre d'Anthropologie de l'Ecole des Hautes Etudes at Toulouse and the directorship of J. Guilaine, the lower valley of the Aude between Carcassonne and Narbonne has been the subject of a borehole survey. Meanwhile P. Ambert assembled a palaeoenvironmental team which examined a series of closed depressions isolated from the regional river network and which were naturally marshy, and therefore likely to give a good record of the evolution of the local environments. Some hollows had been developed during historic periods, with tunnels or canals dug into the subsoil to drain them (Ambert 1995, 221). The possibilities for observation and analysis offered by these depressions have been known for some time. They contain, preserved in them, remains of constructions, in particular trenches or outlet tunnels, which are roughly equated with the Roman period or with medieval land clearance. Considering that these are periods in which the techniques of mining had been mastered, canal construction was of no great technical difficulty.

An interesting example of drainage work identified at Suze-la-Rousse in the department of the Drôme, in the Tricastin, has been the focus of some suggestions from P. Poupet. An underground structure maintains at present the drainage of a depression located in the parish of Suze-la-Rousse, being the successor to drainage works carried out in the 17th C: but the marsh kept returning. The first interventions are mentioned in texts of the 11th C. Yet the depression belongs to a zone known to have been cultivated during Roman times and integrated into the area of the cadastre of Orange (Poupet 1994). A similar focus was brought to the are a surrounding the ancient site of Saint-Blaise, on the western side of the Etang de Berre, where F. Trément has studied a number of small depressions. For this zone, there are numerous archaeological and historical records which allow the fluctuations of water levels to be put in relation with the rhythms of occupation of the land and with large scale drainage works which are probably datable to the Roman period (Trément 1999a and b). Further research is being undertaken, in particular on two depressions crossed by the new TGV line at west of Avignon, at Tras-le-Puy (Arthuis and Ambert 1997) and Pujau, where a sluice tunnel is known to have existed.

Traditionally, it used to be thought that these drainage works were the work of powerful individuals or ecclesiastic communities able to command sufficient political and financial support, wanting to increase their arable land or hay meadows on soils with high potential. No doubt this is the case for the most extensive interventions. During the 13th C, the drainage of the depression of Montady near Ensérune in the country of Béziers is indeed presented as the proof of the renewed dynamism of an association of citizens (Bourin 1987, 2, 16). But it is likely that research has been too influenced by extreme examples, the most famous being the drainage of the Fucine lake which required the outlay of the Emperors of Rome and later in the Middle Ages the investment of their Germanic successors to maintain and refurbish this drainage. Too little attention has been paid to smaller scale works. A brief note on this subject by N. Coulet is dedicated to the drainage of a small depression in eastern Basse Provence by a single carpenter! (Coulet 1993). Finally, the remark made by S. Caucanas in relation to irrigation can equally well be applied to drainage: the initiative for the construction of these water works is due to 'the owners of estates, as much the rich landlords as the small landholders' (Caucanas 1995, 31). In this perspective, the study of land improvements, large or small, of their operation and maintenance is an avenue to explore in order to evaluate the will and the ability of societies to master their environment.

The management of slopes

A similar type of question can be asked of cultivated terraces used to manage slopes. At a time of great demographic pressure, these developments extend agrarian surfaces on sloping terrain and maintain a relative humidity. As a result, they stabilise the slopes and help minimise the effects of erosion. In the majority of cases, these terraces do not last long if they are not maintained, perhaps some dozen years, unless they have been buried at the base of slopes. Thus, against the hopes entertained in the 1970s that the presence of this type of development could be established and that one day archaeological excavation would reveal its traces, many archaeologists in the South of France have reacted negatively towards such a proposal. Neither have the methods used by plant geographers proved useful in apprehending the history of ridge and furrow agriculture. In Southern Gaul the technique of terrace construction had already been mastered by Iron Age populations adept at building ramparts. The question has been taken up again by P. Poupet who, in opposition to general opinion, has been able to establish convincingly that slopes have been managed since the protohistoric period on a site occupied by the old Benedictine quarter in Nîmes. He concludes: 'The slope of the Mont Cavalier, on the site of Les Villégiales has been cultivated in fields staged along a terrace system between the 4th C BC and the beginning or middle of the 2nd C BC' (Poupet 2000, 37). No similar research has yet been published nor envisaged for the Roman period, although it could be undertaken by archaeological teams. It is a question of seizing opportunities. Most archaeological operations capable of taking into account such a research objective have been carried out in the plains. Where it could have been possible to study terracing, namely in certain sectors touched by the construction of the TGV Méditerranée line, it has not been considered a priority by those responsible for operations. This is what happened in a section located between the valley of the Durance and the basin of Aix-en-Provence, where the line ran through a landscape that archaeologists and geomorphologists from the University of Aix had just studied.

The question of terraces was becoming a major archaeological challenge. It would permit the apprehension on an archaeological basis, for the protohistoric period, the question of the density of the indigenous farming population on the periphery of the domain of

Marseille and, for the Roman period, the question of a potential reflux of populations towards the higher ground and of an exploitation of slopes in zones integrated into the Roman agricultural system (Leveau 1993, 34). For geomorphologists, the question was to assess the place of human factors in erosion processes during the last two millennia (Jorda 1993).

These are the questions tackled by F. Bertoncello and M. Gazenbeek in the Massif des Maures on the rock of Rochebrune which overlooks the valley of the Argens near Fréjus. There, huts and terrace walls of protohistoric date had encouraged the creation of soil accumulations against or on them (lynchets), on which new occupants settled in the late Roman period, reusing these structures. 'Since the abandonment of the site in the 6th or 7th C, in spite of their partial collapse, these structures continue to retain soil on the slopes' (Bertoncello and Gazenbeek 1997, 619). A small village has been surveyed by F. Bertoncello and M. Gazenbeek on the rock of Rochebrune. Samples were taken and the pollen analysis undertaken by Bui Thi Mai shows that in the 5th and 6th C human activity had somewhat diminished compared with earlier periods.

The author of a remarkable study of the genesis of landscapes and farming communities in Europe in modern times, Ph. Blanchemanche, had called the attention of archaeologists to the absence of mentions of cultivation terraces in historic documents (Blanchemanche 1990). In fact, a few texts dating to the Roman period mention terraces (Poupet 2000, 38). But it is not easy to track down terraces in written medieval sources. In the absence of descriptions in acts, only indirect references can be traced. The first and most secure approach consists of following the term 'faïsse' (*faissa, faxia, fascia*) which bears witness to the development of slopes in a series of chartularies. In the Languedoc, the earliest mentions of 'faïsses' date back to the 9th C, but the zenith of the phenomenon takes place towards the end of the 11th C, following an increase in population. The term 'faïsse' itself encompasses a whole range of different structures and different types of cultivation. It describes steps on rocky slopes as well as terraces on the slopes of garrigues or even, and that is its main meaning, long narrow strips of land established along lagoons or water courses. Indeed, farming on slopes is not just concerned with steep slopes of the hinterland: it develops also and foremost in humid environments, along the edges of rivers, using as its base the contours of quaternary terraces sculpted into steps. The process is well understood: from around the year 1000, the colonisation of river banks following woodland clearance incorporate into the *ager* land dedicated to intensive cereal cultivation which requires drainage, banking or tree planting, using sometimes very specific procedures such as manuring or revetting with grass or turf. But if historical sources shine a fairly strong light on certain aspects of terrace cultivation, they remain silent on other types of development. Yet, from the end of the 10th C, terms (prepositions) meaning a change of level are becoming increasingly frequent in descriptions and naming of goods, and strips of land located on or next to *puechs* (hilltops) are also more common. The long and laborious work of transporting stones and building with stone and earth is not recorded more precisely in written sources: the absence of exploitation contracts or of collective charters suggests that it must have been mostly individual constructions.

Conclusion

The image of the landscape in the Mediterranean South during the second half of the first Millennium that we have been able to present appears to show the sense there is in adopting an approach that integrates palaeo-ecological data. At the level of data useful to historical reflexion, whether they are land units, archaeological sites or agricultural produce, the gain is obviously considerable. But this approach has not just the effect of bringing more data or more precise data to light. An ecological history implies a reinstatement of the 'largue durée', a slightly outdated concept since the rehabilitation of the history of events. Ecological history gives pride of place to the notions of usage and inheritance. The concept of the first known use permits us in particular to avoid falling into the trap of over-interpretation of an archaeological discovery or of negative evidence, and similarly to avoid underestimating a given period. The examples concerning the use of water mills, of iron metallurgy or of terrace cultivation constitute good illustrations. Historians and archaeologists alike are led to abandon simple evolutionary models consisting of progress from 'protohistory' to the 'Roman period' to the 'Dark Ages' to the 'Middle Ages'. In breach with a mythical image that portrays *Romanitas* from which the Middle Ages were breaking off, they insist on the notion of inheritance. Research has shown that, thanks to internal developments and to influences originating in the eastern Mediterranean, the foundations of the farming economy had been laid down during protohistoric times: plant cultivation, animal husbandry, tools, techniques of cultivation, management of the soils (drainage, irrigation, terrace building) form these bases. They continue to exist during the early Middle Ages. The principal novelty introduced by Rome consists of the integration of the region into the commercial economy of the whole Empire. The political and military crisis that accompanies the fall of Rome has had disastrous consequences. But it does not entail a retreat or a regression. Much of what has been acquired remains, broadly paving the way for a take-off in the early Middle Ages, succeeded by the great expansion of the centuries following the year 1000. The growth in farming in the 8th–9th C, resting on a demographic increase combined with intensive land clearance episodes, owes much to the preceding centuries: the change resides more in the intensification than in the introduction of new features.

Archaeological analysis allows us to step back from making obviously simplistic generalisations. At the micro-regional scale, two agricultural economies coexist, a farming economy that has its roots in a protohistoric tradition, and an organised economy ruled by profit ('capitalistic'). Just as any other region, Southern France is not a homogeneous block. In the Roman period, the notion of heterogeneity in space enables us to integrate the opposition between the Roman and indigenous worlds, an opposition that has preoccupied many archaeologists. In the history of environments, it is not possible to talk in general terms of the impact of humans on the natural environment: the concept of anthropisation must be used at the level of the history of the societies being studied (Leveau 1997). Such is also the case in societies. Thus the administrative, social and economic aspects of romanisation can be distinguished. In Narbonnaise Gaul, as in the other provinces during the Roman period, irreducible economic forms exist side by side. 'Rome' signifies in the first place a chronological period; in the second place it qualifies a social formation that has at its disposal means of intervention whose efficiency and whose impact on the environment have no common measure with the preceding protohistoric societies. The term 'Protohistory' contains the same ambiguity: first of all it also identifies a chronological period and secondly a type of economy or a social formation that is otherwise qualified as 'indigenous'. The administrative integration of a geographical zone into the Roman province does not necessarily translate itself into the adoption of methods of space management that are encountered in the more developed sectors—the territories of the Roman colonial foundations for example. This way of reasoning also applies to the Carolingian period. Historians have already underlined on a number of occasions the heterogenous character of Frankish constructions, notably in Septimania and in Provence where Hispanic, Germanic and Gallo-Roman influences are encountered. One of the great merits of the dynasty of Pippin the Brief, Charlemagne and his successors is to have attempted the unification of the Frankish kingdom and later empire, the first form of the future Europe. On an economic level, Carolingian legislation, by means of capitularies, offers a model of organisation, that of the great estate, which possibly may never have been viable nor even attempted, if one follows its most fervent critics. Therefore, the term 'Carolingian' exhibits the same ambiguity as 'Protohistory' or 'Romanisation'. There is no Carolingian economy in the strict sense of the term, but the coexistence of different forms of spatial organisation and exploitation of the land. Bio-archaeological analyses demonstrate that any attempt to construct models on this subject is illusory and reaffirm the processes of human interaction with the landscape in all its complexity.

Finally the concept of transition applied to our period must be criticised. The archaeology of the landscape and of the land shows clearly how much this primitive notion is inadequate and useless. Indeed the historical vocabulary does not have another specific term to designate the span of time between the 4th–5th C and the Carolingian period: this hybrid situation is a perfect reflexion of a historical study that leads nowhere.

Translated by Madeleine Hummler, January 2001

Bibliographie

Acherki, N. (1997). *Analyse palynologique de quatre carottes du Golfe du Lion. Application à la restitution de la végétation et du climat du Midi de la France pendant le dernier cycle climatique et à la stratigraphie marine.* Thèse, Université de Montpellier II, Sciences et Techniques du Languedoc, Montpellier, 158 p.

Alexandre, P. (1987). *Le climat en Europe au Moyen Age.* Maison des Sciences de l'Homme, Paris, 827 p.

Amado, C. (1977). La seigneurie des mines en pays de Béziers et en Razès. Analyse de trois documents de la seconde moitié du XIIe siècle. *In: Mines et mineurs* . . . 1977: 123–144.

Ambert, M. (1986). Le milieu naturel des étangs à l'époque médiévale. *In: Les étangs à l'époque médiévale* . . . : 19–28.

Ambert, M., Ambert, P., Lugand, M. (1993). Le littoral des départements de l'Aude et de l'Hérault. Atlas des changements des lignes de rivage en Méditerranée occidentale au cours des 2000 dernières années. *Archéologie en Languedoc*, 17: 126–134.

Ambert, P. (1995). La branche orientale du delta de l'Hérault ou de l'insularité du volcan d'Agde à l'époque gréco-romaine. Hypothèses archéologiques et données géologiques. *In:* Arcelin *et al.* 1995 (*Études Massaliètes 4*): 105–112.

—— (1995). Le couloir de l'Aude entre Carcassonne et la mer. *In:* Guilaine 1995: 221–224.

Amouretti, M.-C., Brun, J.-P. and Eitam, D. (eds.) (1993). *La production du vin et de l'huile en Méditerranée*. École française, Athènes, 339 p.

Amouric, H., Thernot, R., Vacca-Goutoulli, M., Bruneton, H. (2000). Un moulin à turbine de la fin de l'Antiquité. La Calade du Castellet (Fontvieille; Bouches-du-Rhône). *In*: Leveau and Saquet 2000: 261–274.

André, J., Chabal, L., Bui, Thi Maï, Raynaud, C. (1997). Habitat et environnement autour de l'Etang de l'Or au premier millénaire. *Revue Archéologique de Narbonnaise*, 30, 85–121.

Andrieu, V., Brugiapaglia, E., Cheddadi, R., Reille, M., Beaulieu, J.-L. (de), Barbero, M. (1999). A computerized data base for the palynological recording of human activity in the Mediterranean basin. *In*: Leveau *et al.* 1999: 17–24.

Andrieu-Ponel, V., Ponel, P., Bruneton, H., Leveau, P., Beaulieu, J.-L. (de) (2000 a). Palaeoenvironments and cultural landscape of the last 2000 years reconstructed from pollen and coleopteran record in the Lower Rhône Valley, southern France. *The Holocene* 10, 3: 341–355.

——, Jull, A.-J.-T., Beaulieu, J.-L. (de), Bruneton, H., Leveau, P. (2000 b). 10,000 years of vegetation history in Lower Provence revealed by the pollen analysis of two new sediment profiles from Marais des Baux. *Vegetation History and Archaeobotany*, 9: 71–84.

Arcelin, P., Bats, M., Marchand, G., Schwaller, M. (eds) (1995). *Sur les pas des Grecs en Occident, Études Massaliètes*, 4, 492 p.

Archéologie et espace, Actes des rencontres des 19–20–21 oct. 1989, APDCA, Juan-les-Pins, (1990), 523 p.

Arnaud-Fasetta, G., Beaulieu, J.-L. de, Suc, J.-P., Provansal, M., Williamson, D., Leveau, P., Aloïsi, J.-C., Gadel, F., Giresse, P., Evin, J., Duzer, D. (2000). Evidence for an early landuse in the Rhône delta (mediterranean France) as recorded by late Holocene fluvial paleoenvironments (1640–100 BC). *Geodinamica Acta*, 13: 377–389.

Arthuis, R. and Ambert, P. (1997). Des étangs, un petit lac, de vastes paluds, une prairie assainie: l'évolution naturelle et artificielle des cuvettes périglaciaires dans la dépression de Tras-le-Puy (Gard), durant l'Holocène. *In*: Burnouf *et al.*, 1997: 350–364.

Badan, O., Brun, J.-P., Congès, G., (1995). Les bergeries romaines de la Crau d'Arles. Les origines de la transhumance en Provence. *Gallia*, 52: 263–310.

Bazzana, A. (ed.) (1999). *Castrum* 5, *Archéologie des espaces agraires méditerranéens au Moyen Âge*, Casa de Velazquez, École française de Rome, Ayuntamiento de Murcia, Madrid-Rome, 496 p.

Beaulieu, J.-L. de, Pons, A., et Reille, M. (1988). Histoire de la flore et de la végétation du Massif Central (France) depuis la fin de la dernière glaciation. *Cahiers de micropaléontologie*, N.S., 3, 4: 5–35.

Beaulieu, J.-L. de, (1969). Analyses polliniques dans les Monts de l'Epinouse (Hérault). *Pollen et Spores*, 11: 83–95.

——, (1977). *Contribution pollenalytique à l'histoire tardiglaciaire et holocène de la végétation des Alpes Méridionales Françaises*, Université d'Aix-Marseille III: 358 p.

Bedon, R. (ed.) (1998). Suburbia. *Les faubourgs en Gaule romaine et dans les régions voisines*, Centre de Recherche A. Piganiol, *Caesarodunum*, 32, 356 p.

Bellamy, P. and Hitchner, R.-B. (1996). The villas of Vallée des Baux and the Barbegal Mill: Excavations at La Mérindole Villa and cemetery. *Journal of Roman Archaeology*, 9: 154–176.
Bender, H., Wolff, H. (ed.) (1994). *Ländliche Besiedlung und Landwirtschaft in den Rhein—Donau Provinze des Römischen Reiches*, Passau, 2 vol., 519 p., 183 pl.
Benoit, F. (1940). L'usine de meunerie hydraulique de Barbegal. *Revue Archéologique*, 15, 1: 70–71.
—— (1959). L'Économie du littoral de la Narbonnaise. *Revue d'Études Ligures*, 25, Bordighera, 1959: 87–110.
—— (1965). Le développement de la colonie d'Arles et la centuriation de la Crau. *Compte rendu à l'Académie des Inscriptions et Belles-Lettres*: 156–169.
Benzi, F., Berliocchi, L. (1999). *L'histoire des plantes en Méditerranée. Art et botanique*, Actes Sud/Motta, Milan, 170 p.
Bérato, J., Boreanni, M., Leguilloux, M. (1990). La *villa* gallo-romaine des Laurons (quartier Saint-Pierre). Les Arcs sur Argens, Var. *Documents d'Archéologie Méridionale*, 13: 221–247.
Berger, J.-F. (2001). Evolution des agro- et hydrosystèmes dans la région médio-rhodanienne. *In*: Ouzoulias *et al.* 2001.
—— and Jung, C. (1996). Fonction, évolution et taphonomie des parcellaires en moyenne vallée du Rhône. Un exemple intégré en archéomorphologie et en géo-archéologie. *In*: Chouquer 1996: 95–112.
—— (1999). Developing a methodological approach to the evolution of mid-rhodanian agro-systems during historical periods. *In*: Leveau *et al.* 1999: 155–168.
—— (1995). Facteurs anthropiques et naturels de l'évolution des paysages romains et protomédiévaux du Bassin valdenais (Drôme). *In*: Van der Leeuw 1995: 79–114.
—— (1996). *Le cadre paléogéographique des occupations du bassin valdainais (Drôme) à l'Holocène*, Thèse de l'Université de Paris I, 325 p.
——, Brochier, J.-L., Jung, C., Odiot, T. (1997). Données paléogéographiques et données archéologiques dans le cadre de l'opération de sauvetage archéologique du T.G.V.- Méditerranée. *In*: Burnouf *et al.*, 1997: 155–184.
——, Favory, F., Odiot, T., Zannier, M.-P. (1997). Pédologie et agrologie antique dans le Tricastin central (Drôme Vaucluse), d'après les textes agronomiques et épigraphiques latins et les données géoarchéologiques. *In*: Burnouf *et al.*, 1997: 127–154.
——, Magnin, F., Thiebault, S., Vital, J., 2000. Emprise et déprise culturelle à l'âge du Bronze: l'exemple du bassin valdainais (Drôme) et de la moyenne vallée du Rhône, *Bulletin de la société de Préhistoire française*, 97–1: 95–119.
——, Thiébault, S., Holocene fire history in South East France: Impact of climatic changes and human activities, colloque Fire and the Palaeoenvironment, Sheffield, 13–15 mars 1997.
Bertoncello, F. and Gazanbeek, M. (1997). Dynamiques du peuplement en moyenne montagne: le massif des Maures (Var) entre le deuxième âge du Fer et la fin de l'antiquité. *In*: Burnouf *et al.* 1997: 601–620.
Bertoncello, F. (1999). *Le peuplement de la Basse Vallée de l'Argens et de ses marges (Var) de la fin de l'âge du Fer à la fin de l'Antiquité*, Thèse de doctorat de l'Université de Provence, Aix-en-Provence, 503 p., 205 fig.
Bertrand, G. (1975). Pour une histoire écologique de la France rurale. *In*: DUBY 1975: 34–113.
Bethemont, J. (1972). *Le thème de l'eau dans la vallée du Rhône. Essai de genèse d'un espace hydraulique*, Le Feuillet Blanc, Saint-Etienne, 642 p.
Beug, H.-J. (1975). Changes of climate and vegetation belts in the mountains of mediterranean Europe during the Holocene. *Bulletin of Geology* (*Varsovie*), 19: 101–110.
Bilan scientifique, 22, Rhône-Alpes, 1996. Ministère de la culture, DRAC, Lyon, 208 p.
Bilan scientifique, 11, Languedoc-Roussillon 1999, Ministère de la culture, DRAC, Montpellier, 198 p.

Blanchard, R. (1952). *Les Alpes occidentales. 5 Les grandes Alpes françaises du Sud*, 2 vol., Grenoble.

Blanchemanche, P. (1990). *Bâtisseurs de paysages, terrassements, épierrement et petite hydraulique agricole en Europe XVIIe–XIXe siècle*, Maison des Sciences de l'Homme, Paris, 329 p.

Bloch, M. (1935). Avènement et conquête du moulin à eau. *Annales d'histoire économique et sociale*, 7: 538–563.

Boissinot, P. and Brochier, J.-E. (1997). Pour une archéologie du champ. *In*: Chouquer 1997: 35–56.

Boissinot, P. (1997). Archéologie des façons culturales. *In*: Burnouf *et al.* 1997: 85–112.

Bonifay, M., Carre, M.-B., Rigoir, Y. (1998). *Les fouilles de Marseille. Les mobiliers (Ier–VIIe s.), Etudes Massaliétes* 5, Errance, Paris, 433 p.

Borel, J.-L., Brochier, J.-L., Druard, J.-C. (1996). Séquences climatiques et occupation du sol du VIIIe au XIe siècle dans le terroir de Colletière. *In*: Colardelle 1996: 191–196.

Borréani, M., Brun, J.-P. (1998). Deux moulins hydrauliques du Haut Empire dans le département du Var (*Villae* des Mesclans à La Crau et des Laurons/Saint-Pierre aux Arcs-sur-Argens). *Gallia*, 55: 279–326.

Bourin-Derruau, M. (1987). *Villages médiévaux en Bas-Languedoc*; t. 1, *Genèse d'une sociabilité (X^e–XIVe siècle)*, L'Harmattan, Paris, 339 p.; t. 2, *La démocratie au village, XIIIe–XIVe siècles*, L'Harmattan, Paris, 471 p.

Boyer, J.-P. and Emmanuelli, F.-X. (eds.), *De Provence et d'ailleurs. Mélanges offerts à N. Coulet, Provence historique*, 546 p.

Boyer, J.-P. (1990). *Hommes et communautés du haut pays niçois médiéval. La Vésubie (XIIIe–XVe siècle)*, Centre d'étude médiévale, Nice, 585 p.

Bravard, J.-P. and Presteau, M. (eds.) (1997). *Dynamiques du paysage. Entretiens de géoarchéologie. Table ronde tenue à Lyon, les 17 et 18 novembre 1995*, DARA, Lyon, 282 p.

Brenot, C. (1986). La circulation monétaire sur les sites de Lyon à la Méditerranée (IVe–VIIe siècles). *In*: Fevrier 1986: 197–199.

—— (1996). Du monnayage impérial au monnayage mérovingien; l'exemple d'Arles et de Marseille. *In*: Lepelley 1996: 147–160.

—— (1998). Fouilles de Marseille. Les mobiliers. V^e–VIIIe siècles après J.-C. *In*: Bonifay *et al.* 1998: 358–361.

Brochier, J.-E. (1983). Deux mille ans d'histoire du climat dans le Midi de la France. *Annales (Économies, Sociétés, Civilisations)*, 8: 425–438.

—— (1991). Géoarchéologie du monde agropastoral. *In*: Guilaine 1991: 303–322.

Brochier, J.-L. (1997). Contexte morphodynamique et habitat humain de la moyenne vallée du Rhône au cours de la préhistoire récente. *In*: Bravard and Prestreau: 87–102.

Brun, J.-P. and Congès, G. (1996). Une crise agraire en Provence au troisième siècle? *In*: Fiches 1996: 233–256.

Brun, J.-P. (1986). *L'oléiculture en Provence: les huileries du département du Var*, CNRS, Paris, 312 p., 224 fig.

—— (1993). L'oléiculture et la viticulture antique en Gaule, instruments et installations de production. *In*: Amouretti and Brun 1993: 307–341.

—— (1996). La grande transhumance à l'époque romaine. À propos des recherches sur la Crau d'Arles. *Anthropozoologica*, 24: 31–44.

—— (1999). *Le Var*, 83/1 *et 2, Carte archéologique de la Gaule*, Paris, 984 p.

Brunaux, J.-L., Meniel, P. (1983). L'importation du bœuf à la période romaine: premières données. *Revue Archéologique de Picardie*, 4: 15–20.

Bruneton, H. (1999). *Evolution Holocène d'un hydrosystème nord-méditerranéen et de son environnement géomorphologique. Les plaines d'Arles à l'interface entre le massif des Alpilles et le Rhône*, Doctorat de l'Université d'Aix-Marseille I.

Buffat, L. and Petitot, H. (1998). Une activité métallurgique tardo-antique sur l'établissement de Mayran (Saint-Victor-Lacoste, Gard). *In*: Feugère and Serneels 1998: 175–180.

Burnouf, J., Bravard, J.-P., Chouquer, J.-P. (eds.) (1997). *La dynamique des paysages protohistoriques, antiques, médiévaux et modernes*, APDCA, Sophia-Antipolis, 624 p.

Buxo, I Capdevila, R. (1992). Cueillette et agriculture à Lattes: les ressources végétales d'après les semences et les fruits. *In*: Py 1992: 45–90.

Buxo, R. and Pons, E. (eds.) (2000). *Els productes alimentaris d'origen vegetal a l'edat del ferro de l'Europa occidental: de la produccio al consum. XXIIe colloque international pour l'étude de l'Age du Fer, Monografies del Museu d'Arqueologia de Catalunya-Girona*, 18, Gérone, 413 p.

Caecalho-Quintela, A., Mascarenhas, J.M., Caedoso, J.-L. (1999). Barrages romains au sud du Tage (Portugal). *In*: Gorges and German Rodriguez Martin 1999: 197–226

Carru, D., Gateau, F., Leveau, P., Renaud, N., Berato, J., Bertoncello, F., Meffre, J.-C., Michel, J.-M., Mocci, F., Trément, F., Valentin, F. (2001). Les *villae* en Provence aux IVe et Ve siècles: apports et limites des inventaires archéologiques. *In*: Ouzoulias *et al. 2001.*

Castelvi, G. (1984). Les mottes castrales du Roussillon. *Archéologie du Midi médiéval*, 2: 15–26.

Caucanas, S. (1987). Les premières mentions de moulins en Roussillon. *In:* Grau and Poisson 1987: 167–174.

—— (1995). *Moulins et irrigation en Roussillon, du IXe au XVe siècle*, CNRS, Paris, 421 p.

Chabal, L. (1997). *L'anthracologie, de l'échantillonnage des charbons de bois à l'interprétation du paysage du Néolithique final à la période romaine en Bas Languedoc*, Documents d'Archéologie Française, Paris, 189 p.

Chapelot, J., Fossier, R. (1980). *Le village et la maison au Moyen Age*, Hachette, Paris, 357 p.

Chouquer, G. (ed.) (1997). *Les formes du paysage, 3, L'analyse des systèmes spatiaux*, Errance, Paris, 198 p. VIII pl.

—— (ed.), 1996. *Les formes du paysage*, 2, *Archéologie des parcellaires*, Paris, Errance, 263 p., XVI pl.

—— (2000). *L'étude des paysages. Essais sur leurs formes et leur histoire*, Paris, Errance, 208 p., 23 ill.

—— (1983). Localisation et extension géographique des cadastres affichés à Orange. *In*: Clavel-Lévêque 1983: 275–295.

Christol, M., Layraud, J.-C., Meffre, J.-C. (1998). Le cadastre C d'Orange: révisions épigraphiques et nouvelles données d'onomastique, *Gallia*, 55: 337–343.

Clavel-Lévêque, M. (ed.) (1983 a). *Cadastre et espace rural. Approches et réalités antiques*, CNRS, Paris.

—— and Vignot, A. (eds.) (1998). *Cité et territoire II*, Les Belles Lettres, Paris, 273 p.

—— (1995). *Atlas des Cadastres de Gaule -1–. Le réseau centurié de Béziers B*, Les Belles Lettres, Paris, 116 p.

—— (1983 b). Pratiques impérialistes et implantations cadastrales: 223–244 (le cas de la Transalpine). *Ktéma*, 8: 240–247.

Colardelle, M. (ed.) (1996). *L'homme et la nature du Moyen Age*, Actes du Ve congrès international d'archéologie médiévale, Grenoble, 6–9 octobre 1993, Errance, Paris, 259 p.

Columeau, P. (1996). Pratiques cultuelles et spécialisation pastorale autour de l'Étang de Berre, de l'Âge du Fer à la fin de l'Antiquité. *In*: Gateau 1996: 128–136.

—— (1997). La Poussaraque. Les ressources de l'élevage. *Revue Archéologique de Narbonnaise*, 30: 27–30.

—— (1997). Variation de la hauteur du garrot du boeuf de la fin de l'âge du Fer à l'antiquité tardive dans-sud-est de la Gaule. *In*: Garcia and Meeks 1997: 153–156.

—— (2000). Consommation de viande et élevage dans la vallée des Baux de l'âge du Fer au Moyen Age d'après les vestiges osseux. *In*: Leveau and Saquet 2000: 347–357.

Comet, G. (1999). Moulins de Provence et d'ailleurs. Historiographie, méthode et idéologie chez les historiens. *In*: Boyer and Emmanuelli 1999: 159–168.

Congès, G. (1997). Bergerie et transhumance dans la Crau antique: innovation et adaptation. *In*: Garcia and Meeks 1997: 149–152.

Coste, P., Coulet, N. (1994). Que sait-on des origines de la transhumance en Provence? *In*: Duclos J.-C. and Pitte A., *L'homme et le mouton dans l'espace de la transhumance*, Glénat, Grenoble: 65–70.

Coulet, N. (1993). Une opération de drainage en Basse Provence orientale au XVe siècle. *Rives nord méditerranéennes*, 8, GIS 'Cultures et Civilisations Méridionales (XIe–XXe) (Université de Provence): 58–61.

Darnas, I. (1998). Un castrum artisanal: Calberte en Gévaudan (XIIe–XIVe siècle). *In*: Feller *et al.* 1998: 335–348.

Dauzat, M. (1983). Les mottes castrales du Lauragais: notes préliminaires, *Le Lauragais. Histoire et archéologie.*

Davasse, B., Galop, D., Rendu, C. (1997). Paysages du Néolithique à nos jours dans les Pyrénées de l'Est d'après l'écologie historique et l'archéologie pastorale. *In*: Burnouf *et al.* 1997: 577–599.

Demians, D'Archimbaud, G. (ed.) (1994). *L'oppidum de Saint-Blaise (Bouches-du-Rhône) du Ve au VIIIe s.*, Documents d'Archéologie Française 45, Paris, 264 p., 172 ill.

Dion, R. (1959). *Histoire de la vigne et du vin en France. Des origines au XIXe siècle*, Paris,

Duby, G. (ed.) (1975). *Histoire de la France rurale. T. 1 La formation des campagnes françaises des origines au XIVe siècle*, Seuil, Paris, 624 p.

—— 1975. Avant-propos. *In*: Duby 1975: 19–75.

—— (1962). *L'économie rurale et la vie des campagnes dans l'Occident médiéval (France, Angleterre, Empire, IXe–XIVe siècles)*, t. 1, Aubier, Paris, 285 p.

Durand, A. (1998). *Les paysages médiévaux du Languedoc*, Toulouse, Presses universitaires du Mirail, 491 p.

—— (2002). Les moulins carolingiens du Languedoc de la fin du VIIIe siècle au milieu du XIe siècle. *In*: Mousnier, 2002: 31–52.

——, Forest, V., Gardeisen, A., Ruas, M.-P. (1997). Approches bioarchéologiques de l'habitat castral languedocien: huit sites de la bordure méridionale du Massif central. *Histoire et Sociétés rurales*, 8: 11–32.

Durand-Dastès, F., Favory, F., Fiches, J.-L., Mathian, H., Pumain, D., Raynaud, C., Sanders, L., van der Leeuw, S. (1998). *Des oppida aux métropoles. Archéologues et géographes en vallée du Rhône*, Anthropos, Paris, 280 p.

Fabre, G., Bourin, M., Caille, J., Debord, A. (ed.) (1996). *Morphogenèse du village médiéval (IXe–XIIe siècles). In: Actes de la table ronde de Montpellier (22–23 février 1993)*, Inventaire général, Cahiers du patrimoine, Montpellier, 299 p.

Farizier, M. (1980). *Recherches sur les macroflores des tufs quaternaires du Sud de la France.* DESS., Ecole pratique des Hautes études, Université des Sciences et Techniques du Languedoc-Montpellier II, 326 p. et XXVII planches.

Favory, F. and Fiches, J.-L. (eds.) (1994). *Les campagnes de la France méditerranéenne dans l'Antiquité et le haut Moyen Âge. Études microrégionales*, Paris, Documents d'Archéologie Française 42, 339 p., 205 ill.

Favory, F. (1988). Le site de Lattes et son environnement (France Hérault), d'après les images aériennes et les documents planimétriques. *Lattara* 1: 15–56.

—— (1996). Morphologie agraire isocline avec une limitation romaine. Acquis et problèmes. *In*: Chouquer 1996: 193–200, pl. VI–IX.

Feller, L., Mane, P., Piponnier, F. (eds.) (1998). *Le village médiéval et son environnement. Mélanges offerts à J.-M. Pesez*, Publications de la Sorbonne, Paris, 683 p.

Feugère, M. and Serneels, V. (eds.) (1998). *Recherches sur l'économie du fer en Méditerranée nord occidentale*, (Monographie *Instrumentum*, 4), Monique Mergoil, Montagnac, 263 p.

Février, P.-A. (1978). Problème de l'habitat du Midi méditerranéen à la fin de l'Antiquité et dans le Haut Moyen Age. *Jahrbuch des römisch-germanischen Zentralmuseums Mainz*: 208–247.

—— (ed.), 1986. *Premiers temps chrétiens en Gaule méridionale. Antiquité tardive et haut Moyen Age IIIe–VIIIe siècles, Archéologie médiévale en Rhône-Alpes*, Association Lyonnaise de Sauvegarde des Sites Archéologiques Médiévaux, Lyon, 210 p.

—— (1981). Villes et campagnes des Gaules sous l'Empire. *Ktéma*, n° 6: 359–372.

Fiches, J.-L. (ed.) (1989). *L'oppidum d'Ambrussum et son territoire*, CNRS, Paris, 286 p.

—— (ed.) (1996). *Le IIIe siècle en Gaule Narbonnaise. Données régionales sur la crise de l'Empire*, APDCA, Juan-les-Pins, 404 p.

—— (ed.), Bérato, J., Brentchalof, D., Chouquer, G., Dubar, M., Gazenbeek, M., Latour, J., Rogers, G.B. (1995). Habitats de l'Age du Fer et structures agraires d'époque romaine aux Escaravatiers (Puget-sur-Argens, Var). *Gallia*, 52: 205–261.

Fiches, J.-L. and Veyrac, A. (eds.) (1996). *Nîmes 30/1.* Maison des Sciences de l'Homme, Paris, 634 p., XXXI pl.

Finley, M.I. (ed.) (1976), *Studies in Roman Property*, Cambridge.

Fixot, M. and Zadora, Rio, E. (eds.) (1994). *L'environnement des églises et la topographie religieuse des campagnes médiévales*, Documents d'Archéologie Française 46, Paris, 184 p., 90 ill.

Fixot, M. (1975). La motte et l'habitat fortifié en Provence médiévale, *Château-Gaillard. Etudes de castellologie médiévale*, Actes du colloque international tenu à Blois 2–7 septembre 1974, 7, C.N.R.S.-Université de Caen, Caen: 67–93.

—— (1994). L'église médiévale dans l'espace rural provençal d'après les fouilles récentes. *In*: Fixot and Zadora-Rio 1994: 36–47.

Flaran (1990): *La croissance agricole du haut Moyen Age. Chronologie, modalités, Géographie*, Actes des 10e Journées internationales d'histoire médiévale et moderne tenues au Centre culturel de l'abbaye de Flaran des 9–11 septembre 1988, Comité départemental du Tourisme du Gers, Auch, 1990, 205 p.

—— (1992): *Plantes et cultures nouvelles en Europe occidentale*, au Moyen Age et à l'époque moderne, Actes des 12e Journées internationales d'histoire médiévale et moderne tenues au Centre culturel de l'abbaye de Flaran les 11–13 septembre 1990, Valence-sur-Baïse, Centre culturel de l'abbaye de Flaran, 155 p.

Forest, V. and Rodet-Belarbi, I. (1997). Augmentation du format des bovins en Gaule romaine: problèmes méthodologiques et innovation technique. *In*: Garcia and Meeks, 1997: 166–171.

—— (1998). Ostéométrie du métatarse des bovins en Gaule de la Conquête romaine à l'Antiquité tardive. *Revue Méd. Vétérinaire*, 149, 11: 1033–1056.

Galop, D. (1998). *La forêt, l'homme et le troupeau dans les Pyrénées. 6000 ans d'histoire de l'environnement entre Garonne et Méditerranée. Contribution palynologique*, Géode,Toulouse, 285 p.

Garcia, D. and Meeks, D. (eds.) (1997). *Techniques et économie antiques et médiévales. Le temps de l'innovation*, Errance, Paris, 239 p.

Garcia, D. (1992). Les éléments de pressoirs de Lattes et l'oléiculture antique en Languedoc. *In*: PY 1992: 237–258.

Garmy, P. and Monteil, M. (eds.) (2000), *Le quartier antique des Bénédictins à Nîmes (Gard)*, Documents d'Archéologie Française 81, Paris, 282 p, 236 fig.

Garnier, B., Garnotel, A., Mercier, C., Raynaud, C. (1995). De la ferme au village: Dassargues du Ve au XIIe siècle (Lunel, Hérault). *Archéologie du Midi Médiéval*, 13: 1–78.

Gascou, J. and Leveau, P. (1996). Un témoignage sur l'économie domaniale près d'Arles au début de l'Empire? Un membre d'un collège de *fabri* à Barbegal (Fontvieille, Bouches-du-Rhône). *Ktéma*, 21: 237–250.

Gateau, F. and Gazenbeek (eds.) (1999). *Les Alpilles, 13/2, Carte Archéologique de la Gaule*, Maison des Sciences de l'Homme, Paris, 464 p.

Gateau, F. (1996). *Bouches-du-Rhône*, 13, *Carte Archéologique des communes des rives de l'Étang de Berre*, Carte Archéologique de la Gaule, Éditions de la Maison des Sciences de l'Homme, Paris, 380 p.
—— (1997). L'établissement rural de la Pousarague, *Revue Archéologique de Narbonnaise*, 30: 5–31.
Gazenbeeck, M. (1998). Prospections systématiques autour de *Glanum* (Bouches-du-Rhône): l'extension de l'agglomération. *In*: Bedon 1998: 83–103.
Ginouvèz, O., Janin, T., Vidal, L., Poupet, P. (1990). Paléosols et structures agraires enfuies: quelques exemples d'approche du paysage rural. *In: Archéologie et espace*, 1990: 383–418.
Ginouvez, O., Pomarèdes, H., Feugère, M., 1998. Le travail du fer dans la villa de la Domergue à Sauvian (Hérault). *In*: Feugère and Serneels 1998: 181–185.
Ginouvez, O. (1993). Des maisons excavées à Narbonne autour de l'an Mil. *Archéologie du Midi Médiéval*, 11: 53–68.
Gorgs, J.-G. and German Rodriguez Martin F° (eds.) (1999). *Economie et territoire en Lusitanie romaine*, 65, Casa de Velazquez, Madrid, 555 p.
Goury, D. (1997). L'oppidum du Camp de César à Laudun (Gard): premières acquisitions de la recherche 1990–1994. *Revue Archéologique de Narbonnaise*, 30: 125–172.
Grau, M. and Poisson, O. (eds.) (1987). *Etudes roussillonnaises offertes à Pierre Ponsich. Mélanges d'archéologie, d'histoire et d'histoire de l'art du Roussillon et de la Cerdagne* = Estudis rossellonesos dedicata a en Pere Ponsich: miscellània d'arqueologia, historia de l'art del Rosselo i de la Cerdanya, Le Publicateur, Perpignan, 558 p.
Gros, P. (1995). Hercule à Glanum, sanctuaires de transhumance et développement 'urbain'. *Gallia*, 52: 311–331.
Guilaine, J. (ed.) (1991). *Pour une archéologie agraire*, Colin, Paris, 576 p.
—— (ed.) (1995). *Temps et espace dans le bassin de l'Aude du néolithique à l'Âge du Fer*, Centre d'Anthropologie des Sociétés rurales, Toulouse, 442 p.
Izard, V. (1999). *Les montagnes du fer. Eco-histoire de la métallurgie et des forêts dans les Pyrénées méditerranéennes (de l'Antiquité à nos jours). Pour une histoire de l'environnement*, Thèse de l'université de Toulouse II-le-Mirail, t. I, 560 p., t. II, 192 p.
Jalut, G. (1991). Le pollen, traducteur du paysage agraire. *In*: Guilaine 1991: 345–368.
Jalut, G., Esteban Amat A., Bonnet L., Fontugne M., Gauquelin T., (2000). Holocene climatic changes in the Western Mediterranean, from south-east France to south-west Spain. *Palaeogeography, Palaeoclimatology, Paleoecology*, 160: 255–290.
Jalut, G., Esteban, Amat, A., Riera, Mora S., Fontugne, M., Mook, R., Bonnet, L., Gauquelin, T. (1997). Holocene climatic changes in the western Mediterranean: installations of the Mediterranean climate. *Compte Rendu à l'Académie des Sciences de Paris, Sciences de la terre et des planètes*, 325: 327–334.
Jorda, M. and Mocci, F. (1997). Sites protohistoriques et gallo-romains du massifde Sainte-Victoire dans leur contexte morphodynamique. *In*: Burnouf *et al.* 1997: 212–229.
Jourdan, L. (1976). *La faune du site gallo-romain et paléochrétien de La Bourse à Marseille*, CNRS, Paris.
Journot, F. (1990). *Archéologie des châteaux médiévaux de la montagne héraultaise (bassin de l'Orb et de la Lergue), X^{e}–XIVe siècle*, thèse d'archéologie et d'histoire de l'art de l'Université de Rennes II, t. I, 313 p., t. II, 283, t. III, 302 p.
Kotarba, J., Alessandri, P., Compan, M., Pezin, A., Pomaredes, H. (1987). *Arles-13, Augery de Corrèges- Sauvetage programmé*, rapport de fouille, Service régional de l'archéologie du Languedoc-Roussillon.
Krauss-Marguet, I. (1981). Analyse anthracologique du gisement postglaciaire de la Poujade (Millau, Aveyron). *Paléobiologie Continentale*, 12, 1, 9: 93–110.
Laffont, P.-Y. (1998). *Châteaux, pouvoirs et habitats en Vivarais, X^{e}–XIIIe siècles*, Thèse Université de Lyon II, vol. I, 372 p. and vol. II, 344 p.

Laubenheimer, F. (1985). *La production des amphores en Gaule narbonnaise*, Belles Lettres, Paris, 426 p.
Lavagne, H. (1981). Les nouvelles mosaïques de la villa gallo-romaine de Loupian (Hérault). *Revue Archéologique de Narbonnaise*, 14: 173–203.
Laval, H. and Malléa, M. (1993). Analyse sporopollinique de sédiments médiévaux à Augery, Camargue. *In*: Leveau and Provansal 1993: 387–390.
Laval, H. and Medus, J. (1994).- Une séquence pollinique subboréal-subatlantique dans la vallée des Baux: changements de végétation, climatiques et anthropogéniques de l'âge du Bronze à celui du Fer en Provence. *Archives Sciences de Genève*, 47, 2: 83–94.
Laval, H., Medus, J., Roux, M. (1991). Palynological and sedimentological records of Holocene human impact for the Etang de Berre, southeastern France. *The Holocene*, 1–3: 269–272.
Leenhardt, M., Raynaud, C., Schneider, L. (eds.) (1993). Céramiques languedociennes du haut Moyen Age (VII–XIe s.). Etudes micro-régionales et essai de synthèse. *Archéologie du Midi Médiéval*, 11: 111–228.
Leguilloux, M. (1989). La faune des *villae* gallo-romaines dans le Var: aspects économiques et sociaux. *Revue Archéologique de Narbonnaise*, 22: 311–322.
—— (1998). La faune tardive du port de Marseille (V[e]–VIIe s. ap. J.-C.) d'après les fouilles de la Bourse (1980–1981). *Revue Archéologique de Narbonnaise*, 31: 233–253.
——, L'acquisition des techniques d'élevage en Narbonnaise orientale. *In*: Garcia and Meeks 1997: 172–174.
Lepelley, C. (1996). *La fin de la cité antique et le début de la cité médiévale de la fin du IIIe siècle à l'avènement de Charlemagne. Actes du colloque (Paris, 1–3 avril 1993)*, Edupuglia, Bari: 147–160.
Lepetz, S. (1997). L'amélioration des espèces animales domestiques à la période romaine en France du Nord. *In*: Garcia and Meeks 1997: 157–165;
Leroy, S. (1995). Analyse palynologique du forage Peyriac-Sud. *In*: Guilaine 1995: 369–390.
Les étangs à l'époque médiévale d'Aigues-Mortes à Maguelone, (1986). Catalogue de l'exposition, Musée archéologique, Lattes, 173 p.
Leveau, P. and Provansal, M. (1993). *Archéologie et environnement: de la Sainte-Victoire aux Alpilles*, Publications de l'université de Provence, Aix-en-Provence, 551 p.
Leveau, P. and Saquet, J.-P. (eds.), 2000. *Milieux et société dans la vallée des Baux*, *Revue Archéologique de Narbonnaise*, supl. 31, Montpellier, 2000, 390 p.
Leveau, P. (1993). Sociétés antiques et écologie des milieux montagnards et palustres. (La construction des paysages méditerranéens). *In*: Leveau and Provansal, 1993.
—— (1996). The Barbegal water mill in its environment: and the economic and social history of antiquity. *Journal of Roman Archaeology*, 9: 137–153.
—— (1997). L'archéologie des paysages et les époques historiques: les grands aménagements agraires et leur 'signature' dans le paysage (anthropisation des milieux et complexité des sociétés). *In*: Mornet and Morenzoni 1997: 71–84.
—— (1999). The Integration of archeological, historical and environmental data: the example of the 'Vallée-des-Baux' (Bouches-du-Rhône, France). *In*: Leveau *et al.* 1999: 193–206.
—— (2000). L'archéologie des paysages aux époques historiques. *Annales, Histoire, Sciences sociales*, 3: 555–582.
——, Heinz, C., Laval, H., Marinval, P., Médus, J. (1991). Les origines de l'oléiculture en Gaule du Sud. Données historiques, archéologiques et botaniques. *Revue d'Archéométrie* 15: 83–94.
——, Provansal, M., Bruneton, H., Palet-Martinez, J.-M., Poupet, P. Walsh, K., 2002. La crise environnementale de la fin de l'Antiquité et du haut Moyen Âge: définition d'un modèle et retour au milieu réel. *In*: Richard and Vignot 2002: 291–304.

——, Trément, F., Walsh, K. and Barker, G. (ed.), 1999. *Environmental Reconstruction in Mediterranean Landscape Archaeology*, Oxbow Book, Oxford, 210 p.

Liou, B. and Morel, M. (1977). L'orge des Cavares. *Revue Archéologique de Narbonnaise*, 10: 189–197.

Lorren, C. and Périn, P. (eds.), 1995. *L'habitat rural du haut Moyen Age (France, Pays-Bas, Danemark, Grande-Bretagne). Actes des XIVe journées d'archéologie mérovingienne, Paris, 1993*, Musée des Antiquités de Seine Maritime, Rouen, 237 p.

MacDermott, F., Frisia, S., Huang, Y., Longinelli, A., Spiro, B., Heaton, T., Hawkesworth, C., Borsato, A., Keppens, E., Fairchild, I., Van der Borg, K., Verheyden, S., Selmo, E. (1999). Holocene climate variability in Europe: evidence from δ18O, textural and extension-rate variation in three speleothems. *Quaternary Science Review*, t. 18: 1021–1038.

Magny, M. and Richard, H. (1992). Le climat à la fin de l'Age du Fer et dans l'Antiquité (500 BC–500 AD). Méthodes d'approche et résultats. *Les Nouvelles de l'Archéologie*, 50 p.

Magny, M. (1992). Les fluctuations des lacs jurassiens et subalpins. *In*: Magny and Richard 1992: 32–36.

Marinval, M.-C. and Thiebault, S. (1996). Faune et flore témoins de l'exploitation du territoire rural. *In*: Collardelle 1996: 11–19.

Marinval, P. (1997). Vigne sauvage et vigne cultivée dans le bassin méditerranéen. Émergence de la viticulture. Contribution archéo-botanique. *In*: *L'histoire du vin. Une histoire de rites*, Paris, 137–172.

—— (2000). Agriculture et structuration du paysage agricole à Marseille grecque et dans les sociétés indigènes aux premier et second Ages du Fer. *Pallas*, 52.

Maufras, O., Fabre, L., Colomer, G., Sedraoui, Z. (1998). Une forge tardive (IV–Ve s.) sur le site de La Ramière (Roquemaure, Gard). *In*: Feugère and Serneels 1998: 210–221.

Mauné, S. and Feugère, M. (1999). La villa gallo-romaine de Lieussac (Montagnac, Hérault, France) au VIe s. de notre ère. *Archäologisches Korrespondanzblatt*, 29: 377–394.

Mauné, S. (1998). *Les campagnes de la cité de Béziers dans l'Antiquité (partie nord-orientale) (IIe s. av. J.-C., VIe s. ap. J.-C.)*, Montagnac, Monique Mergoil, 532 p.

—— (1999). Paulhan. Vareilles. *In*: *Bilan scientifique Languedoc-Roussillon 1999*: 142–144.

——, Sanchez, C., Forest, V., Chabal, L., Bouchette, A. (1998). L'établissement rural des Jurières-Basses à Puissalicon (Hérault) Ier s.–VIe s. ap. J.-C., Contribution à l'histoire des campagnes de la cité de Béziers dans l'Antiquité. *In*: Clavel-Lévêque and Vignot 1998: 73–121.

Mazoyer, M. and Roudart, L. (1997). *Histoire des agricultures du monde du néolithique à la crise contemporaine*, Le Seuil, Paris, 564 p.

Mercier, C. and Raynaud, C. (1995). L'habitat rural en Gaule Méditerranéenne aux VIe–VIIe s. Approche régionale et étude de cas. *In*: Lorren and Perrin, 1995: 194–206.

Metailie, J.-P. (1981). *Le feu pastoral dans les Pyrénées centrales (Barousses, Oueil, Larboust)*, CNRS, Paris, 294 p.

Mines et mineurs en Languedoc-Roussillon et régions voisines de l'Antiquité à nos jours, (1976). Actes du XLIXe congrès de la fédération historique du Languedoc et du Roussillon organisé à Alès les 22 et 23 mai 1976, La Fédération, Montpellier, 334 p.

Monteil, M., Barberan, S., Piscorz, M. and Vidal, Bel V., Sauvage, L. (1999). Culture de la vigne et traces de plantation des IIe–Ier s. av. J.-C. dans la proche campagne de Nîmes (Gard, France). *Revue Archéologique de Narbonnaise*, 32: 67–124.

Mornet, E. and Morenzoni, F. (eds.) (1997). *Milieux naturels, espaces sociaux. Études offertes à Robert Delort*, Paris, Publications de la Sorbonne, 161 p.

Mousnier, M. (ed.) (2002). *L'artisan au village dans l'Europe médiévale et moderne*, Actes des 19e journées internationales d'histoire médiévale et moderne tenues à Flaran (septembre 1997), Presses universitaire du Mirail, Toulouse.

—— (ed.) (2002). *Moulins et meuniers dans les campagnes européennes (IXe–XVIIIe siècle)*, Actes des journées internationales d'histoire médiévale et moderne tenues à Flaran (3–5 septembre 1999), Presses universitaires du Mirail, Toulouse, 286 p.

Neboit, R. (1991). *L'homme et l'érosion. L'érosion des sols dans le monde*, Publications de la Faculté des Lettres, Clermont-Ferrand, 269 p.

Odiot, Th. (1996). Donzère. Le Mollard (26). *In: Formes de l'habitat rural en Gaule narbonnaise*, n. 3, Sophia Antipolis, 25 p.

Ouzoulias, P., Pellecuer, C. Raynaud, C. (2001). *Les campagnes de la Gaule à la fin de l'Antiquité. Actes du colloque de Montpellier*, APDCA, Antibes,

Palet, J.-M. (1997). *Estudi territorial del Pla de Barcelona. Estructuracié i evolucié del territori entre l'època iberoromana i l'altmedieval. Segles II–I aC-X–XI dC*, Barcelona, 218 p.

Pals, J.-P. (ed.) (1992). *Festschrift for Professor W. Van Zeist, Review of Paleobotany and Palynology*, 73.

Parodi, A., Raynaud, C., Roger, J.M. (1987). La Vaunage du IIIe siècle au milieu du XIIe siècle. Habitat et occupation du sol. *Archéologie du Midi Médiéval*, 4: 3–59.

Patzelt, G. (1994). Die klimatischen Verhaltnisse im südlichen Mitteleuropa zur Römerzeit. *In*: Bender and Wolff 1994: 7–20.

Pellecuer, C. (1998). Le travail du fer dans la villa des Près-Bas à Loupian (Hérault). *In*: Feugère and Serneels 1998: 166–174.

—— (1996). *Villa* et domaine. *In*: Fiches 1996: 277–291.

—— (2000). *La villa des Prés-Bas (Loupian, Hérault) dans son environnement. Contkibution à l'étude des villae et de l'économie domaniale en Narbonnaise*, Thèse de Doctorat, Université de Provence, 565 p.

Pesez, J.-M. (1991). Outils et techniques agricoles du monde médiéval. *In*: Guilaine 1991: 131–164.

Piganiol, A. (1962). *Les documents cadastraux de la colonie romaine d'Orange, Gallia* suppl. 16, CNRS, Paris, 434 p., 36 fig., 47 pl.

Planchais, N. (1982). Palynologie lagunaire de l'étang de Mauguio. Paléoenvironnement végétal et évolution anthropique. *Pollen et Spores*, XXIV: 93–118.

—— (1985). Analyses polliniques du remplissage holocène de la lagune de Canet (plaine du Roussillon, département des Pyrénées Orientales). *Ecologia mediterranea*, 11, fasc. 1: 117–127.

Pons, A. and Quezel, P. (1998). À propos de la mise en place du climat méditerranéen. *Compte Rendu à l'Académie des Sciences, Paris*, Sciences de la Terre et des planètes, 327, série IIa: 755–760.

Poupet, P. (1989). La société agricole et son rapport avec l'espace. *In*: Fiches 1989: 263–266.

—— (1994). Quelques éléments pour l'histoire de l'espace rural et de l'agriculture antique en Tricastin: le quartier des Hauts-Palus, Suze-la-Rousse (Drôme). *In*: Favory and Fiches 1994: 108–116.

—— (2000). L'anthropisation des pentes du mont Cavalier: archéologie agraire en milieu urbain. *In*: Garmy and Monteil 2000: 27–40.

Provansal, M., Berger, J.-F., Bravard, J.-P., Salvador, P.-G., Arnaud-Fassetta, G., Bruneton, H., Vérot-Bourrely, A. (1999). Le régime du Rhône et les mutations des environnements fluviaux du lac de Genève à la mer. *Gallia* 56: 13–32.

Provansal, M. (1996). The part of climate in morphogenesis from the Bronze Age in Provence, southern France. *The Holocene*, 5, 3: 348–353.

Provost, M. (1984). L'homme et les fluctuations climatiques en Gaule dans la deuxième moitié du IIe siècle après J.-C. *Revue Archéologique*, 1: 71–78.

Puertas, O. (1998). *Palynologie dans le delta du Lez. Contribution à l'histoire du paysage de Lattes. Lattara* 11, Lattes, 181 p.

—— (2000). Spatialisation des activités agricoles dans le delta du Lez à partir de l'analyse pollinique. *In*: Buxo and Pons 2000: 43–49.

Py, M. (ed.), 1992. *Recherches sur l'économie vivrière des Lattarenses. Lattara 5*, Lattes, 343 p.

Quilici Gigli, S. (1989). Paesaggi storici dell'agro falisco. I prata di Corchiano. *Opuscola Romana*, 17: 123–135.

Quilici, L. and Quilici-Gigli, S. (ed.) (1995). *Interventi di bonifica agraria nell'Italia romana, Atlante tematico di topografia antica*, 4, L'Erma di Bretschneider, Roma, 248 p.

Quilici-Gigli, S. (1995). Bonifica agraria e difesa dei territori montani. Alcuni interventi nella bassa Sabina. *In*: Quilici and Quilici-Gigli 1995: 129–156.

Raynaud, C. (ed.), Brien-Poitevin, F., Chabal, L., Columeau, P., Diot, M.-F., Durant, A., Manniez, Y., Ruas, M.-P. (1990). *Le village gallo-romain et médiéval de Lunel Viel (Hérault), La fouille du quartier ouest (1981–1983).* Annales littéraires de l'université de Besançon, Besançon, 353 p.

Raynaud, C. and Schneider, L. (2000). L'habitat en marge. Grottes et sites perchés en Languedoc et en Provence. *In*: Ouzoulias *et al.* 2001.

Raynaud, C. (1996). Les Campagnes rhodaniennes: quelle crise? *In*: Fiches 1996: 189–212.

——, 1998. L'activité métallurgique à Lunel-Vieil (Hérault) du Ier au XIe s. *In*: Feugère and Serneels 1998: 155–165.

Reille, M. (1991). L'origine de la station de pin à crochets de la tourbière de Pinet (Aude) et de quelques stations isolées de cet arbre dans les Vosges et le Jura. *Bulletin de la Société Botanique de France*, 138, 2: 123–48.

Richard, H. and Vignot, A. (eds.), 2002. *Équilibres et rupture dans les écosystèmes durant les 20 derniers millénaires: durabilité et mutation. Les Belles lettres*, Paris, 488 p.

Riera, I. and Mora, S. (1995). *Evolucio del paisatge vegetal holocè al Pla de Barcelona a partir de les dades polliniques*, Barcelone, Universitat de Barcelona. Colleccio de Tesis Doctorals. Microfixades.

—— (2000). Anthropisation du paysage végétal dans la vallée des Baux: premiers résultats de prélèvements paléo-polliniques effectués durant l'opération 'Artère du Midi. *In*: Leveau and Saquet 2000: 359–372.

Rivet, A.L.F. (1988). *Gallia Narbonensis*, Batsford, London, 370 p.

Rivet, L. (1996). Saint-Julien-lès-Martigues. *In*: Gateau 1996: 249–254.

Roth-Congès, A. (1997). La fortune éphémère de *Glanum*: du religieux à l'économique (à propos d'un article récent). *Gallia*, 54: 157–202.

Royet, R. (1996). Saint-Martin de Jalionas. *In: Bilan scientifique Rhône-Alpes*, 1996: 116.

Ruas, M.P. and Marinval, P. (1991). Alimentation végétale et agriculture d'après les semences archéologiques (de 9,000 avant J.-C. au XIVe siècle). *In*: Guilaine 1991: 409–439.

Ruas, M.-P. (1992). Les plantes exploitées en France d'après les semences archéologiques. *In: Flaran* 1992: 9–35.

—— (1992). The archeobotanical record of cultivated and collected plants of economic importance from medieval sites in France. *In*: Pals 1992: 301–314.

—— (1996). Eléments pour une histoire de la fructiculture en France: données archéo-botaniques de l'Antiquité au XVIIe siècle. *In*: Colardelle 1996: 92–105.

—— (1999). Semences archéologiques, miroir des productions agraires en France méridionale du VIe au XVIe siècle. *In*: Bazzana 1999: 301–316.

Sapin, J. (1981). Jalons géographiques pour l'histoire d'un milieu de vie antique: 'La Vaunage'. *Documents d'archéologie méridionale*, 4: 169–178.

Sclafert, T. (1959). *Cultures en Haute Provence: déboisement et pâturages au Moyen Age*, Editions de la Maison des Sciences de l'Homme, Paris, 271 p.

Serres, F. (1979). Résultats dendroclimatiques pour les Alpes méridionales françaises. *In: Evolution des atmosphères planétaire et climatologiques de la Terre*, colloque international, CNE S: 381–386.

Sigaut, F. (1975). *L'agriculture et le feu*, Editions de la Maison des Sciences de l'Homme Paris, 320 p.

Stouff, L. (1988). L'olivier et l'huile d'olive en Provence aux derniers siècles du Moyen Age. *Provence historique*, 38: 181–191.

—— (1993). La lutte contre les eaux dans les pays du Bas-Rhône (XIIe–XVe siècles). L'exemple du pays d'Arles. *Méditerranée*, 3/4: 57–68.
Terral, J.-F. (1997). Le début de la domestication de l'olivier (*Olea europea* L.) en Méditerranée nord-occidentale, mise en évidence par l'analyse morphométrique appliquée à du matériel anthracologique. *Compte Rendu de l'Académie des Sciences Paris*, 324, série IIa: 417–425.
Thomas, A. and Wilson, A. (1994). Water supply for Roman farms in Latium and South Etruria. *Papers of the British School at Rome (Macmillan London)*, 99: 157–158.
Trément, F. (ed.), Berato, J., Berger, J.-F., Bertoncello, F., Borréani, M., Gateau, F., Gazenbeek, M., Landurée, C., Mocci, F., Meffre, J.-C., Odiot, T., Pasqualini, M. (2001). Le peuplement rural de la Provence, de la basse et moyenne vallée du Rhône aux IVe et Ve s. *In*: Ouzoulias *et al.* 2001.
Trément, F. (1999a). *Archéologie d'un paysage. Les étangs de Saint-Blaise*, Documents d'Archéologie Française, Editions de la Maison des Sciences de l'Homme, Paris, 314 p.
—— (1999b). The integration of historical, archaeological and paleoenvironmental data at the regional scale: the Étang de Berre, southern France. *In*: Leveau *et al.* (eds.) 1999: 193–205.
Triat-Laval, H. (1978). *Contribution pollenanalytique à l'histoire tardi- et postglaciaire de la végétation de la basse vallée du Rhône*. Thèse, Université Aix-Marseille III, 3, 343 p.
—— (1982). Pollenanalyse de sédiments quaternaires récents du pourtour de l'Étang de Berre. *Ecologia Mediterranea*, VIII, 4: 97–115.
Van der Leeuw, S. (ed.) (1995). *L'homme et la dégradation de l'environnement, XVe Rencontres internationales d'Archéologie et d'Histoire d'Antibes*, APDCA, Sophia Antipolis, 514 p.
Van Ossel, P. and Ouzoulias, P. (2000). Rural settlement economy in Northern Gaul in the Late Empire: a overview and assessment. *Journal of Roman Archaeology*, 13: 134–160.
Van Ossel, P. (1992). *Etablissements ruraux de l'Antiquité tardive dans le Nord de la Gaule*, CNRS, Paris, 470 p.
Vernet, J.-L. (1973). Étude sur l'histoire de la végétation de la France au Quaternaire d'après les charbons de bois principalement. *Paléobiologie continentale*, 4, 1 Montpellier, 90 p. 13 p.
Vernet, J.-L., Pachiaudi, C., Bazile, F., Chabal, L., Durand, A., Fabre, L., Heinz, C., Solari, M.-E., Thiebault, S. (1996). Les variations du δ C13 sur une série de charbons de bois préhistoriques et historiques méditerranéens de 35,000 BP à l'actuel. Premiers résultats. *Compte Rendu à l'Académie des Sciences de Paris*, t. 323, série IIA: 323–324.
Vidal, L. (2000). *Aménagement et mise en valeur des campagnes de la Protohistoire au Moyen Âge dans le sud de la France: l'exemple du Languedoc central et oriental*, thèse de doctorat de l'Université de Montpellier III-Paul Valéry, 475 p., 282 fig.
Villedieu, F. (1986). Importations africaines, orientales et hispaniques à Marseille, Lyon, Arles et Narbonne. *In*: Février 1986: 182–183.
Vita Finzi, C. (1969). *The Mediterranean Valley: Geological changes in Historical Times*, Cambridge University Press, Cambridge, 143 p.
Wegmüller, S. (1977). *Pollenanalystische Untersuchungen zur spät- und postglazialen Vegetationsgeschichte der französischen Alpen (Dauphiné)*, Bern, 185 p.
Whittaker, C.R. (1976). Agri deserti. *In*: Finley 1976: 137–165.
Wilson, A. (1995). Water-power in North Africa and the development of the horizontal-wheel. *Journal of Roman Archaeology*, 8: 499–510.

THE MISSING WATER-MILL: A QUESTION OF TECHNOLOGICAL DIFFUSION IN THE HIGH MIDDLE AGES*

Miquel Barceló

How wide and thick a shadow M. Bloch's 1935 article on the advent and triumph of the water-mill still casts on medieval historiography can be readily seen by observing that in fact only one of the questions he posed has been properly addressed. That is, Roman knowledge and use of water-mills though scantily documented in the written record were recognisably a part of the agrarian technology that can be archaeologically registered in Antiquity. Ö. Wikander (1979, 1984, 1985, 2000), as is well known, has painstakingly examined the archaeological record—a list of forty finds *in situ* (2000: 373)—to show that all types of water-mills, excepting the dubious case of the horizontal water-wheel mill, wrongly labelled "Greek" or "Norse" mill, were in use in Roman times and consequently there were no grounds for signalling a stagnation of technology in late Antiquity. Concurrently, the remarkable upsurge, documented in the early medieval charters, of water-mills would have occurred within a previous technological context, which makes the advent and triumph of water-mills both much less dramatic and innovative that M. Bloch ever suggested.

But in fact Bloch never went so far as to propose the existence of a technological break previous to the ample diffusion of the water-mill in the High Middle Ages. Bloch, in perhaps the more quoted sentence of his text, emphatically proclaimed that water-mills were an invention of Antiquity, even though its true expansion took place in the medieval period. Set forth like that such an assertion can hardly be denied. Ö. Wikander's work tends precisely to be a rotund confirmation of the first part of the enunciation. As for the veracity of the second part, its extent and details can only reasonably be

* Eugènia Sitjes typed the changing manuscript. M. Teresa Márquez and Helena Kirchner took care of the drawings and figures. Special thanks are due to Thomas F. Glick for editing the text.

argued about, in my view. In effect, the existence of water-mills has been easily detected in the written documents, whether in the Carolingian polyptiques (Lohrmann 1990; Champion 1996), in Lombard diplomas (Chiappa Mauri 1984) or in the laconic charters issued at the monastic scriptoria of the North of Spain (Gautier Dalché 1974; García de Cortázar 1976), just to mention a few selected examples. It is also clear enough that by the eleventh century water-mills are a common item in the written record.

But there are two most confusing and tortuous sides in this otherwise simple sequence. The first one has been built through a persistent awkwardness in recognising and properly differentiating the technological identities of the water-mills. The other dark side is plainly a resulting effect of the deep historiographical ambiguity in M. Bloch's formulation of the problem. Lets take a brief look at both of these aspects.

M. Bloch certainly made reference to the horizontal-wheeled mill and to the vertical-wheeled mill. But in fact, if an ingenuous reading of his text is still possible, the water-mill that Bloch considers as adventitiously triumphal is the so-called Vitruvian mill, the vertical wheeled water-mill that contained all the mechanical factors necessary for a further marking of technological advance: "Par leurs mécanisme interne également, les moulins à eau marquaient, dans l'équipement de l'humanité, un progrès dont la portée dépasse beaucoup l'histoire, en somme modeste, de la meunerie" (Bloch 1935: 805). These are big words indeed. Milling for flour could make modest history but the mechanical implications of the machine had a lasting effect on the technological equipment of mankind.

Obviously, the horizontal-wheeled water mill was a tool of a different kind. And certainly it was not a part of that step towards a change in the technological advance of mankind. M. Bloch is clear on this point. But at the same time, after unambiguously having described the horizontally-wheeled mill as "singulièrement rudimentaire" and "assez primitif," he goes on to point out how this type of water-mill "n'est pas sans poser de troublants problèmes" (Bloch 1935: 805). The only troubling problem seems to arise from the fact of the wide diffusion of the simple machine. M. Bloch mentions the work of R. Bennett and J. Elton (1898–1904) as the standing reference to the existence of this disturbing body of evidence and suggests the authors might have been exaggerating its spread. The simple engine does not reappear in M. Bloch's text, the only subject of his inquiry being clearly the vertical-wheeled water-mill, the Vitruvian one, the flour milling machines working in suburban areas of the Roman Empire (Bloch 1935: 812) (Fig. 1). Those were a comforting Roman Mediterranean invention while the other ones could not be ascribed to any "civilisation bien determinée" (Bloch 1935: 805). Thus they appear in the discussion as lurking non-descripts, a continuous source of uneasiness and ambiguity in research. I will for the moment dwell upon only two examples of it. By the early seventies of the last century it was patent how inconvenient the insistence on analysing the two types of water-mill as forming part of a single technological and historical sequence turned out to be. B.B. Blaine (1976) reasonably considered the water-mill to be an "enigma", in his presentation of a summary review of the question. B.B. Blaine is conscious of the extreme difficulties entailed in combining in the same scheme the Barbegal series of overshot water-mills and any horizontal-wheeled water-mill in (he mentions) Scandinavia (Blaine 1976: 164). A ready-made solution to the enigma was to postulate that because of its simplicity the horizontal-wheeled water-mill was the earliest stage of hydraulic milling, destined to be eventually ousted by the more efficient and powerful vertical-wheeled engine already known to Romans. But the evidence at hand did not permit such an assumption. As B.B. Blaine himself admitted, "descriptive evidence of the horizontal mill during the late classical and medieval periods is exceptionally rare" (Blaine 1976: 166). It could always be claimed that the horizontal-wheeled water mill was so common and widespread that specific written mention of it was considered unnecessary. More recent archaeological evidence, as we will later see, made untenable the two-phase technological model, consecutive in time.

But the confusion of the identity of water-mills can have particularly devastating effects on historical research based only on medieval written documents. An example, perhaps extreme, will suffice. A remarkable recent study on water-mills and irrigation in Roussillon (France), from the ninth to the fifteenth century, dismally concludes:

> Nous ignorons en particulier quel type de roue fut utilisé durant la période médiévale en Roussillon. Tout nous porte à croire, cependant, que, comme en Catalogne et dans l'ensemble du midi de la France, le moulin à roue horizontale et à axe vertical était largement majoritaire . . .

(Caucanas 1995: 155). And further down this historian has no doubts in mentioning as "décevantes" her conclusions on the spread and hydraulic set-up of water-mills between the ninth and eleventh centuries (Caucanas 1995: 180).

It is nevertheless clear that in spite of deep uncertainty surrounding the technological identity of the medieval water-mill a general question on diffusion and technological choices had been raised. M. Bloch's suggested time span of the tenth and eleventh centuries for that diffusion to have occurred seems to fit in nicely with the evidence uncovered everywhere. Whether, on the contrary, the spread of water-mills could be best described and understood as directed by a technological choice or technical borrowing is far from clear. The two types of water-mills, although coexistent, cannot be conjectured as variant parts of the same innovative thrust.

The other side of darkness bordering the simple sequence of the spreading of water-mills after Antiquity as set forth by M. Bloch stems from a different kind of proposition. Whereas the references to Antiquity and Feudalism convey primarily a sense of sequential chronology the following statement by M. Bloch points to a complicated frame of social relations which is not easily or immediately intelligible: "En fait, tous ceux des moulins à eau dont nous suivons, tant bien que mal, l'histoire, s'avèrent d'origine seigneuriale" (Bloch 1935: 813). Certainly, "Antiquity" and "Feudalism" might conceal conceptual intricacies beneath the mere chronological reference. But "l'origine seigneuriale" presupposes a political and social order with no explicit temporal dimension.

M. Bloch clearly made, then, two unequal propositions concerning how technological diffusion of the mill occurred. The first proposition set loosely the span of time in which it took place, between the ninth and the eleventh centuries. It also indicated that the main subject of that diffusion, the vertical wheeled water-mill, could be adequately dealt with both by archaeological means and technological research and analysis. The second proposition, however, required previous conceptualisation concerning how feudal powers could induce and control the spread of a specific tool recognisably existing in Antiquity. Obviously that entails putting technological innovation in a social and historical context. In that sense if M. Bloch really erred, which he did, in appreciating the extent of the use of water-mills in Roman times, that issue turns out to be largely irrelevant because, in fact, as far as the evidence goes, from the eleventh century onwards a large increase of water-mills is everywhere visible.

However the main questions underlying M. Bloch's proposition remain very much alive, still demanding to be properly addressed: the technological identity of the water-mills and how their diffusion was governed.

* * *

Other shadows, too, loom large over the question of the advent and triumph of water-mills in feudal societies as conceived by M. Bloch. C. Curwen's (Curwen 1944) article on the problem of early water-mills projected a peculiarly resilient shadow. C. Curwen appears not to have known M. Bloch's paper. His approach to the question is technological and relies heavily on his personal fieldwork or that of others. R. Bennet and J. Elton (1899, II) constituted his main reference work and he made of it a quite different reading than M. Bloch's.

For C. Curwen, the horizontal wheeled water-mill—which he called "vertical mill" due to its "vertical shaft or axle carrying a small horizontal wheel at its lower end . . ." (p. 130)—is by far the more widespread type of water-mill used "between Italy and Palestine within the last few hundred years" (p. 136). He goes on to suggest the existence of an interrupted tradition of form and function of the machine from earlier times. It is noteworthy, however, that he fails to distinguish the different way in which, in Eastern water-mills, water arrives at the wheel, making the feature of the horizontal water-wheel fixed to a vertical shaft, which turns the upper stone with no intermediate gearing, the basis of what he also considered to be "presumably the oldest" (p. 134) form of water-mill. That conviction led C. Curwen to suggest a chronological priority of the horizontally wheeled water-mill over whatever dating could be attributed to the "Vitruvian" water-mill. A question of origins was thus also implied. The resulting map of the information handled by C. Curwen was certainly perplexing, as can be appreciated in figure 2.

Just from where horizontal wheeled water-mills spread and the particular course its diffusion took are most enigmatic. C. Curwen was, as far as I know, the first author to raise the problem in a complex way. Compared to M. Bloch's proposition, C. Curwen's was considerably more informed and more consistently presented. But at the same time it was in deep agreement with Bloch's concerning the (if I may say so) otherness of the simple machine coming from nowhere, possibly in the last instance from "the ingenious brains of a Chinese" (p. 145), with regard to the "Vitruvian" water-mill, in a sense still the good old Roman engine. Yet C. Curwen showed a much greater concern for the horizontal-wheeled water-mill than M. Bloch for whom, as I have mentioned above, this type of mill albeit widely spread—Syria, Romania, Norway and the Shetland Islands—did not constitute a step in the path of bettering the technological equipment of mankind. In fact, M. Bloch suggested that "... on est amené à se demander s'il ne nous offre pas, tout bonnement, l'exemple d'un régression technique, telle qu'il a pu s'en manifester parmi des populations habituées à une vie matérielle fort grossière; imiter l'emploi d'une force connue de tous, comme celle de l'eau, devait paraître plus aisé que de reproduire des agencements déjà complexes" (Bloch 1935: 805).

The distorting effects that this assertion has had on subsequent research can hardly be exaggerated. Primitive, inconsequential, so technically rudimentary that it could not be ascribed to any civilisation, the horizontal wheeled water-mill could be brushed aside as a barbarian tool. It was the vertical wheeled water-mill, known to the Romans and complexly engineered, whose near disappearance (or at least undocumented survival) and final triumph that needed to be explained.

C. Curwen, instead, made the other type of water-mill his main concern. He presented excellent drawings and pictures of its features and of particular mills, some based on earlier sketches made by travellers in distant lands—for example, a mill at Lampsaki, Dardanelles, seen by A.L. Castellan, published in 1911 and copied later by T.P. O'Reilly in 1902–1904 (Curwen 1944: 136) (Fig. 3). C. Curwen's readers had a fair idea of the machines that were under discussion (Fig.4). His whole approach was tightly related to a tradition of antiquarian research, mainly Irish, carried out on a regional level. Only some years later, significantly, did A.T. Lucas (1953) produce a memorable article on the horizontal water mill in Ireland giving to it a consistent archaeological footing. Though no precise date is suggested for these Irish mills—Killogrone (Kerry), Moret (Laoighis) and others (Fig. 5)—some important descriptions of structural features of the mills are made. I will mention only two that permitted Lucas to suggest a close affinity between Irish horizontal-wheeled water-mills and Mediterranean mills—from the north of Spain (based on T.P. O'Reilly 1902–1904 and Aranzadi 1931) (Fig. 6), Mounts Lebanon and Carmel, Dardanelles and Salonika—observing that the Irish ones could have been "the most northerly extension of the type" (Lucas 1953: 34). For the first time due attention was given to differences of form in the paddles of the wheel. According to A.T. Lucas the then known Irish water-mills displayed wheels with hollow paddles instead of the "simple flat ones, upright or oblique", which characterised the Scottish and Scandinavian mills (Lucas 1953: 34). It is important to value these kind of efforts to introduce to the discussion specific features of the machinery of the mills so as to eventually permit distinctions to be made among blocks of technological solutions.

A second useful description focused on aspects of the overall hydraulic setting of mills such as, for example, that it was local practice to build them on races rather than on streams (Lucas 1953: 33). From that A.T. Lucas went on to observe that Irish mills "were designed to work with a much less powerful jet of water than was normal in such mills elsewhere" (Lucas 1953: 34). Thus the question of steepness of flumes conducting water to the wheels was properly raised. Without clearly stating as much, A.T. Lucas went far enough in suggesting the need to study water-mills in the context of an integrated hydraulic system previously designed—dams, ponds, mill races—and not as singular outfits. That implied also a clear perception of how to estimate the efficiency in output of these type of water-mills. Certainly, as A.T. Lucas puts it, efficiency is a very relative thing to calculate when "time was a less merchantable commodity than it is today" (p. 34). But besides that obvious point lies the fact that clustered technological solutions adopted and retained over time at a regional level could not be inefficient. Another thing would be the pertinence of discussing whether the other type of water-mill, the vertical-wheeled, might be technically more capable or efficient in output. Be that as it may, it was not a discussion that seems to have much bothered either the builders or the users of Irish water-mills. Both types of water-mill, the horizontal and the vertical-wheeled mill were known to them, actually designed and constructed. C. Rynne (1989) presents the archaeological evidence for both types of water-mills constructed around the seventh and the eighth centuries. The (as A.T. Lucas had put it) "prevalent local theory" (Lucas 1953: 34) accounted for both types and made possible technological choice according to local convenience.

That C. Curwen and the antiquarian tradition he relied upon would lead to archaeological projects should by now be unsurprising. A couple of years after A.T. Lucas' article, E.M. Fahy (1956) published the results of the archaeological survey on the site of Mashanaglass (Co. Cork). Though no conclusive dating evidence could be advanced, an early use "from about the seventh century A.D." (Fahy 1956: 47) of the horizontal-wheeled mill, of which type the one excavated at Mashanaglass was a specimen, was proposed. Already C. Curwen and A.T. Lucas, on the basis of ancient written sources, had suggested a mid-seventh century date. E.M. Fahy again described a broad technological context in which to inscribe Irish horizontal wheeled water-mills, closely following C. Curwen and A.T. Lucas.

Finally, M. Baillie (Baillie 1975, 1980) made a dendrochronological analysis of timbers from a horizontal-wheeled mill found at Drumard (Co. Derry) resulting in a mid- seventh-century dating (Baillie 1975, 1980). Some years later, M. Baillie presented a series of twelve dendrochronologically dated water-mills, ranging from the early seventh century to the early tenth century (Baillie 1982). Moreover he was able to determine that most of them "were built within a remarkably short period and since we have dealt with a totally random sample the suggestion must be that all archaeologically discovered horizontal mills in Ireland tend to belong to this same period" (Baillie 1982: 62). Samples coming from the excavated mill at Tamworth (Rahtz 1981; and Neeson 1992) suggested a date around A.D. 855 (Baillie 1982: 62–63), fitting neatly within the chronological span obtained for Irish mills.

An accurate and unprecedented systematic description of "the most common component associated with these mills," the chute or penstock "used to develop and direct a water jet on the mill-wheel" (Rynne 1989: 54) was finally provided. The steeply-inclined wooden penstock was a well-defined way to produce a water jet on a horizontal wheel. But there is a great possible range of variants in steepness, jet-developing bores or head-races to build up water-pressure in the form of ponds or reservoirs, that are necessarily to be considered for the study of millwrighting traditions. As C. Rynne observes, Irish mill penstocks "are the earliest known examples of the steeply-inclined type characteristic of the traditional horizontal-wheeled mills of both Asia and Europe" (p. 67). But there was an alternative procedure for directing a water-jet to the wheel as mentioned by C. Rynne (p. 66): a hydraulic head built up in vertical masonry towers (the *arubah* penstock). Many travellers and scholars had alluded before to that specific method of delivering water under pressure.

But no one had presented the question with both the systemic understanding and the empirical knowledge of C. Rynne.

There is no doubt that the body of archaeological evidence for mill sites in Ireland before the eleventh century is the largest in the world. But it is also true, as C. Rynne recently remarked (2000: 12), that the "general absence of suitable comparanda outside of Ireland" severely curbs its possibilities of generating proper understanding on such questions as technological diffusion and selection which have been for so long an object of inconclusive speculation.

A thorough and lively review of that impressive body of evidence can be read in the C. Rynne's contribution to the volume on *Working with Water in Medieval Europe* (Squatriti, ed. 2000: 1–50). I would like to highlight three aspects particularly relevant to my argument.

First, the chronology of the Irish water-mills, as early as the first half of the seventh century forces an end to confusing conjectures about connections between the spread of water-mills and feudalism. While M. Bloch's proposition about its antiquity and its medieval diffusion cannot be denied, it has turned out to be a most useless historiographical truism. The grand argument about whatever link there was between the decline of slavery and the upsurge of saving labour and expense by building water-mills is also irrelevant.

Secondly, the spread of water-mills into Ireland included both known types of engines, horizontal- and vertical-wheeled. The provision of water for these mills was ensured by a range of technical resources. Significantly, the earliest archaeologically known water-mills in Ireland, dated *circa* A.D. 630, at Little Island, Co. Cork, were one horizontal- wheeled, employing two wheels, and a neighbouring vertical-wheeled one. There are strong possibilities, too, that they were tide mills due to their proximity to the estuarine waters of Lough Mahon (Rynne 1992).

There is no question anymore of having to consider a scenario whereby a more efficient and more expensive and complicated-to-build water-mill ousted a rudimentary precedent one which in turn, to make the sequence complete, had displaced the hand mill, a portable adaptation of the rotary quern. This is the sequence as imagined by C. Curwen (1944: 130). All water-mill students, however, including of course M. Bloch and C. Curwen, had to agree on the fact of the conspicuous coexistence between the different types of mills until well into the twentieth century. The confusion about that made uncertain the use of ethnographical data for establishing the possible connections of contemporary water-mills and milling traditions with earlier ones.

And thirdly, who did it? Who directed the medieval diffusion of the water-mill, or, if you wish to put it this way, who were the innovators?

M. Bloch did not seem to hesitate about the identity of the hidden hand that ordered and moved the diffusion of mills. In spite of the difficulty of establishing the details of the process, the water-mills "s'avèrent d'origine seigneuriale. Beaucoup dépendent de monastères" (Bloch 1935: 813). If one puts aside the rudimentary, inefficient, low-cost, tending "to be owned in common" (Curwen 1944: 130) and most widely spread horizontal wheeled water-mill, it is not hard to draw a picture wherein connections in the written record between feudal lords and institutions and monastic centres and bishoprics and water-mills are plain for all to see. The far fetched claim of a "révolution énergétique," albeit placed modestly between the rivers Seine and Loire (Philippe 1984), is based on the ease with which a record of such links can be established through charts that would fit neatly into the frame required to explain the successful diffusion of a technically sophisticated, high-cost machine. An entrepreneurial class emerged from the written sources as the most likely author of technological change and social dynamism. Thus, the old horizontal-wheeled mill had to be confined within the boundaries of a stern peasantry, resistant to change. That view introduced a permanent twist and opacity into historical research.

A subject of technological change was identified on condition of doing away with the hard evidence pointing to the antiquity and endurance of a reputedly inefficient water-mill. But any progress in research, whether documentary or archaeological, would inevitably propitiate evidence of the lowly horizontal-wheeled water-mill, left out in a sort of peasant reservation. The most telling case, in my opinion, is the knowledge recently gained by French medievalists and archaeologists of the early and wide-spread existence—"déjà aux VIIIe et IXe siècles" in the Languedoc (Durand 2002: 45)—of this type of water-mill, "les petits moulins ruraux de bois" (p. 45). A. Durand describes the recent archaeological work at the mill sites of Audun-le-Tiche and Belle-Église (Rohmer 1996; Bernard 1998) as giant steps. But that does not take us very far in the understanding either of who the builders of hydraulic works that made the water-mill possible (who . . .) were certainly older than once was thought were, or of how the process of formation of what A. Durand (2002: 45) calls "... un marché des moulins", plausibly by the tenth century, unfolded.

How different the hydraulic lay-outs at a regional level of horizontal-wheeled water mills in Languedoc and vertical-wheeled water mills between the Loire and the Rhine (Champion 1996) or La Neustrie (Lohrmann 1990) might have been in Carolingian times is something that now nobody seems to know.

The confusion about the earliest builders of water-mills stems in part from the fact that the feudal class was designated as the subject of technological innovation more congruent with the large, complicated and expensive machine that the vertical-wheeled, geared water-mill surely was. In part it is also due to an inability to distinguish adequately between the feudal class's increasing hold on water-mills and the wide range of skills needed to design and construct them.

It was C. Rynne (1992, 2000: 18) who repeatedly pointed to the existence of "a specialised craft of an elite body of craftsmen" amply recognised in ancient Irish legal tracts (p. 18). No similar indications of such an early millwright tradition are elsewhere known. How these craftsmen were engaged or recruited to construct water-mills is most uncertain. But the complex milling sites of High Island (Rynne 1997) or Little Island (Rynne 1992) clearly associated with very early monastic settlements cannot be thought of as conceived, designed and built by anyone other than specialised craftsmen, whether monks or not. How millwright skills developed and upon whose demand is clearly the crux of the diffusion of the water-mill which can not be anymore postulated as a sweeping wave of technological innovation. The diffusion of a technique by craftsmen or by wholesale migration of peasants could produce similar space selection for the construction either of singular isolated or lined-up water-mills.

It should be clear by now to the reader how much I have been oversimplifying the whole question by reducing it to the corn grinding water-mill and failing to consider all the other geared machines moved by water power. I grant this. I also avoided the delicate technical aspects as to the diverse quality of the flour produced or as to how the availability of water-mills could induce changes in the size of the local peasantry planning the harvest (Rynne 1990). I can adduce two reasons for this. First, the vast majority of early medieval water-mills known were for grinding corn. And secondly, it was this particular type of water-mill that was at the centre of M. Bloch's influential statement and at the centre also of the almost literary genre it, perhaps unintentionally, helped to create. In a sense, that is how the story goes, or how, at least, until recently, it went.

* * *

Another dense body of research overshadowing the simple sequence, as formulated by M. Bloch, is the one elaborated by historians of technology. L. White Jr.'s brief study of medieval technology and social change (White 1962, 2nd printing, 1966) has been enormously influential among medievalists concerned about the origins of feudalism. For the first time, an author made an explicit case about how technology could be related to "the alteration of social forms" (p. vi) and, not the least important, how "sources and means" (p. v) rarely used before could shed light on "the unlettered portions of the past" (p. v) and make sense out of it. An alternative way of writing history, not based on written records, largely a clerical production, was thus put forth. Finally "the peasant was the last to find his voice" (p. v). Thus the advantages of new ways of writing medieval history were numerous and of recognisable quality. Soon though, they all seem to have merged into a single, unmanageable agglomeration. History of technology, studies of "material culture", anthropological and ethnological perspectives, archaeology, agrarian history, and the awesome idiom of economics ended up in a tangled stage where peasants were certainly bound consistently to miss their lines.

Significantly, L. White Jr dedicated his book to the memory of M. Bloch whose efforts to introduce technological studies into medievalism were thus acknowledged. Already in his early article (White 1940: 155) on technology and invention in the Middle Ages, which constituted a sketchy programme of future work, he mentioned M. Block's "brilliant and thoroughly documented investigation of the origin and spread of the water-driven mill" (p. 155). There was, then, much technological activity and invention at the bottom of the Dark Ages to be found and properly valued. And that became the watch-word for many historians of technology.

It should be remarked that in his 1962 book L. White Jr. was rather laconic concerning both the horizontal water-mill and the "so-called Vitruvian mill" (1940: 81–82, 160). His main interest clearly centred on water-mills as a case of having achieved a good design "of continuously powered machinery" (p. 81). Consequently, water-mills are neatly placed in a chapter dealing with "medieval exploration of mechanical power and devices" (pp. 79–134), and so its ties to corn production and local peasant activity or to the structuring of feudal dominions were evaded.

L. White Jr. knew C. Curwen's 1944 paper on the problem of early water-mill (White 1966: 160) but he confined its use to make conjectures on the puzzling aspect of its irradiation from a "still unknown centre, presumably north and east of the Roman empire" (p. 81). The more solid information provided by C. Curwen is ignored. In more recent histories of engineering in classical and medieval times (Hill 1982: 161–163) the problem of the horizontal-wheeled water-mill is just briefly announced as if it were a persistent mysterious anomaly, exactly the place where M. Bloch put it. In contrast, C. Curwen's work, outside, as it has been show above, of the circle of Irish and British antiquarians and archaeologists, seems to have dwindled away. In fact, R.J. Forbes (1965: 88–105) mentioned (p. 127, n. 10) T.P. O'Reilly, C. Curwen and A.T. Lucas only in a concise description of the mechanics of the horizontal-wheeled water-mill and went on to say: "It is essentially an element of peasant culture" (p. 89). That it is tantamount to conceding its origin could have been anywhere—in this instance, "the mountain region of the Near East" (p. 89)—and its diffusion understood as the adoption of a weak innovation. However, as both R.J. Forbes (1965: 90) and D. Hill (1982: 162) pointed out, the horizontal-wheeled water-mill was the "precursor" or "direct ancestor" of the modern water turbine, an unexpected possibility of mechanical development deriving from such a simple peasant machine.

Most of the ambiguities over the horizontal-wheeled water-mill are found anew in T. Reynold's book (1983), mainly on the vertical-wheeled water-mill. Again the work of C. Curwen and others using a similar approach are underestimated. How to explain the widespread use of horizontal-wheeled water-mills in spite of their supposed technical deficiencies proved to be an impossible task, to T. Reynolds or any other author. There seemed to be some faulty reasoning somewhere in the process of stating the problem. Such an inefficient tool could be accepted as an innovation only if the recipients of it would readily settle for a lesser grinding machine, a barbarian engine for peasants. After all, they would be better served by the horizontal-wheeled water-mill than by the tiresome grinding querns. T. Reynold's perplexity had ancient roots. He tried to work his way out of it by means similar to M. Bloch's. The horizontal-wheeled water-mill was only "capable of generating little more power than a donkey or horse, and often not that much" (p. 7); it could only been used for milling grain and it was also wasteful of water (p. 7). Its possibilities of performing "large-scale industrial work" (p. 7). were nil. And then: "It remained largely an item of peasant culture (p. 7).

The vertical water wheel, then, was the engine called to "become the mainstay of European power technology in the medieval period and was to remain the mainstay well into the nineteenth century" (p. 7). That obviously is the state of the matter as it had been left by M. Bloch. T. Reynolds wrote ostensibly a book on vertical wheeled water-mills grinding corn and increasingly performing industrial tasks. But he clearly missed the historical sense of the already visible body of research on Irish mills. In spite of his acquaintance with most of the literature on the subject, he failed to see its value or to recognize its capacity to suggest a way out of the Blochian choreography.

It was clear also that this choreography made rendering an explanation of why the better water machine never quite succeeded in ousting the worse hardly feasible. In fact, Reynolds does not even try to offer a formal consideration of the question. The inconclusive and repetitious literature on the subject shows how difficult it proved to avoid weighing the terms fixed by R.J. Forbes (1965: II, 98–106) of "obstacles retarding the introduction of the water-mill."

To study why the diffusion of a supposedly better water-mill was not taking place, or not doing it at the speed that the logical adoption seemed to require, is not the same thing as describing and understanding the actual set of tools, in this case the horizontal-wheeled water mills, fully in use and obstinately resistant to replacement by better ones. It seems to me that the latter option is to be preferred.

There are, in my opinion, two major contributions to the study of water-mills originating in the history of technology or anthropology. N.A.F. Smith (1977) broke sharply with the conventional idea about the inferior efficiency of the horizontal water-wheel compared to vertical undershot wheels. Thus a usual range of 10–15 per cent for the horizontal water-wheel "is not so much worse than that of the undershot wheels which for many centuries were the principal hydraulic motors in the West" (p. 228). He also remarked that horizontal water wheels were ultimately "a major influence on the evolution of the first water turbines" (p. 229). And even more importantly, he observed that millwrighting practice was "yielding buckets and blades whose shapes are tending towards, but by no means reaching, those which rational design requires" (p. 230). The rational design would be, as formalised by J.Ch. Borda (1767), shockless entry and zero velocity of exit. In a sense, then, all water-wheels "are basically the same machine and in principle it no longer matters whether a wheel is set vertically or horizontally" (p. 230). The overshot vertical water-wheel is, by contrast, an exception" to all other types because in this one case the action of the water is essentially different" (p. 219). The wheel could be moved by any other substance, solid or liquid, but water is the more practical means because "the entry and egress of the water are not difficult to arrange" (p. 219).

These quotations of N.A.F. Smith show how rudimentary the discussion on water-mills has been from a technological point of view and of how little use it has been to the understanding of concrete, historical, water-mill lay-outs and their hydraulic and social contexts. Some years later, N.A.F. Smith (1983–1984) dealt with the problem from a more historical point of view than he had before. Some powerful new insights were advanced on the question of origins. N.A.F. Smith (1983–1984: 73) did not see any grounds for accepting R. Bennet and J. Elton's (1898–1904) explanation about the lack of written evidence for horizontal wheeled water-mills in the Roman times as having been so commonplace in Italy that it was not worth mentioning them. N.A.F. Smith's explanation is equally simple: "the horizontal waterwheel was unknown" (p. 73) Now, while this explanation might be faulty, it forced N.A.F. Smith to direct a sharp focus on an aspect of the question that had been left aside until then. Since the horizontal wheeled water-mill had gone indistinctly under two names, "Norse mill" and "Greek mill" (Bennet, Alton 1898–1904: II, 6, 12; Wailes 1982: 163–164), the two names were in fact a confused perception of the original hearths of the water-powered tool diffusion. "Norse mill" seems to have been an early local name mentioned already by J.P. O'Reilly (1902: 81) as still then alive in Scotland. And descriptions of "Greek mills" were given in English translation from the original French text of A.L. Castellan, a painter and traveller to the Eastern Mediterranean (O'Reilly 1902: 66; Curwen 1944: 136–137). At the time N.A.F. Smith wrote his paper the main body of the Irish water-mill evidence was still unpublished. He was aware, though, of some archaeological finds and documents dating water-mills in Ireland to the early seventh century; and he also knew of the water-mill at Tamworth (Rathtz, Sheridan 1972: 9–16; Rahtz 1981: 1–15).

Now, not disposing of any hard chronological evidence for the "Greek mill" comparable to that existing for the "Norse mill" he proposed that the term "Greek mill" should be rejected and "Norse mill" be adopted as the only name for the horizontal-wheeled water-mill, as usually described in the literature. The dubious example of the archaeological remnants of Bylle in Jutland (Denmark) are significant for their location, if they really were part of a water-mill (which has been seriously questioned; see Wikander 1985: 154; 2000: 394–395). However, the question of an existing eastern horizontal-wheeled water-mill could not be properly accounted for and N.A.F. Smith saw in the water-mill described by S. Avitsur (1969: 389–407; 1960) a specimen that might reveal "two distinct Mediterranean traditions" (Smith 1983–1984: 73). S. Avitsur had described a horizontal-wheeled water-mill with a *arubah* penstock, a vertical water-tower used to generate a water-jet. The real difference, then, with the "Norse mill" consisted in how the water-jet was produced. But that observation was full of implications that at the moment went unperceived. The reported "extra-European evidence" (as N.A.F. Smith put it) meant not only a locational displacement of the problem with regard to the "Greek mill," not quite fully "eastern," but also a reconsideration of two separate origins for the two types of wheel. This N.A.F. Smith did by formulating an elegant and illuminating paradox which can be stated as follows: the *arubah* type of horizontal-wheeled water-mill could be understood as emerging within the general context of mechanisation of water in places where irrigation was the important issue and the one that instigated hydro-mechanical combinations. In such a context, the animal-driven noria was an accessible model for a right-angle gear-drive from which a vertical-wheeled water-mill, the Vitruvian one, could be derived. Consequently, "nowhere does the horizontal waterwheel appear simply because it was not and could not be part of the tradition." By contrast, "in a region where there was no existing hydro-mechanical tradition to interfere, the watermill [that is, the "Norse mill"] was designed logically" on "a clean sheet of paper without reference to traditional concepts of mechanised irrigation" (p. 75).

It is clear that N.A.F. Smith, when referring to "irrigation" means the technology of raising water and not the complex networks of watered fields for which there was not then, in 1984, any kind of consistent description. N.A.F. Smith's reasoning made it impossible to continue looking for a single pattern of diffusion for the two types of water-mill nor for successive phases of diffusion and substitution. Vertical-wheeled and horizontal-wheeled water-mills had different origins and "the interpenetration of the two traditions"—the extinction of the Norse mill by the Vitruvian one in England and Wales, or the Norse mill reaching Italy, for example—would have occurred according "to patterns which on the face of it are unexpected" (p. 76). If that scenario were really true, then one mill type was omitted, a missing water-mill wandering the Mediterranean shores: the *arubah* water-mill. Twice N.A.F. Smith (pp. 74–75) alluded to such a missing water mill and he went so far as to pose clearly the question of how Middle Eastern water power technology could spread along the North African coast in a movement of diffusion similar "to those which can be made in relation to the propagation of irrigation techniques and the migration of the piston-pump" (p. 74).

During the same years T.F. Glick (1970, 1988, 1990, 1992, 1993) and myself (Barceló 1988) were, separately, doing research on irrigation systems in al-Andalus and the place and function of water-mills within them. Those were the missing water-mills that N.A.F. Smith sought and to which I will turn in the last part of this paper.

Meanwhile, the anthropologist R. Creswell (1993, 1996) contributed a keen analysis to the stale question of the inefficiency of the horizontal-wheeled water-mill. Using a then still active water-mill at Imlil, in the upper valley of the Oued Rherhaya in the High Atlas 70 km south of Marrakech, R. Creswell developed a thorough study aiming to untangle the "hidden parameters of technological choice." The most outstanding characteristic of the Imlil water-mill, the one that prompted R. Creswell's inquiry, was the "vertical axle in whose lower end are inserted 28 blades set at an angle of 39° from the horizontal" (Creswell 1993, p. 183). This angle would normally, according to the builders, be of 45°. That feature gives a very particular aspect to the water-mill machinery. This type of mill has a wide incidence in the country, from the Rif to the Anti-Atlas (Bouderbala *et al.* 1994: 283–306; Cressier 1998). It seems then to be a question of a homogeneous diffusion of a variant of a waterwheel nowhere else recorded.

We are ignorant too of the chronology of the adoption, obviously successful, of the water-mill with such a notoriously specific wheel, the remaining features of the machines being familiar to us already. The water-jet is provided by an open sluice or chute.

R. Creswell's close analysis of the physics and mechanical workings of the Imlil water-mill shows that in spite of the rare shape of the blades of the wheel, the Moroccan mills "are anything but exceptional" (p. 197). That ostensible normality includes all their functional characteristics: "the mechanical advantage of the wheel for starting the runner stone moving; the torque to develop; the rate of production of flour; the force of the water jet; the minimal flow needed to operate the mill" (pp. 196–197). There could be no question about their being inefficient. There was a further conclusion of importance to historians as the graphs of torque of different active water-mills from Persia, Lebanon and Turkey "display no grouping that could explain their historical or geographical background" (p. 197). As such, then, the peculiar form of the Moroccan water-mill should be understood as a local solution undetermined by any other specific, historical or genealogical—A begat B, B begat C . . . etc.—, water-wheel. But, on the contrary, it can be reasonably placed within a lineage—a logical succession of forms and functions—as a "possible development of the Mediterranean type, the wheel with narrow blades and carved extremities" (p. 206). A great diversity of forms, genealogically unconnected, might be produced by individual initiatives (Cresswell 1993: 206; 1996: 127–149). Historians and archaeologists would eventually recognise effects of that principle in the clustered distribution of water-mills sharing similar technological solutions. The problem would be dating them and identifying the local conditions that could explain the modification of functionally linked components.

I believe the contributions of N.A.F. Smith and R. Creswell represent a break in the study of the problems around the advent and triumph of water-mills in the high Middle Ages. Their success is not owing to any reworking of M. Bloch's or L. White Jr.'s suggestions or proposals, but by neatly stepping around them.

* * *

One probably undesired but persistent side-effect of M. Bloch's ambiguous propositions concerning the origins and spread of water-mills in the high Middle Ages is the uncritical projection of agricultural growth supposedly occurring from the ninth century onwards (and "taking off" in the eleventh century) as the result of the introduction of the water-mill. That the notion of a high medieval "take-off" was mainly a product of the dominant branch of French

Medievalism is not worth disputing, in as much as A. Guerreau (1980: 29–40), some time ago, provided an accurate description of how that concept was constructed academically. Consequently, I will only consider here the function that water-mills were made to play in the growth scheme. But first I think it should be noted that the presumption of a "take-off" had powerful distorting effects on post-Franco Spanish medievalism—so conceptually defenceless—and most particularly Catalan medievalism, precisely the regions that could have produced relevant evidence, as I hope to show later, to change the terms of the problem of water-mills. A subaltern archaeology and historiography, its pronouncements on the question were shallow and repetitious. I fail to understand how M. Bloch's identification of the "seigneurie" as the social group encouraging and erecting water-mills (Bloch 1935: 813) could be later taken to mean that water-mills played an essential role in an as yet inconclusively described agricultural growth. Certainly, the mention of a growing "seigneurie," interested in promoting the use of a machine under its control, points to a phenomenon of the tenth and eleventh centuries. And it also true that, as I have remarked before, M. Bloch (1935: 805) considered the triumph of the vertical-wheeled water-mill as a step in the progress of mankind. But in no case, I think, can either the growth of the nobility or the spread of the water-mill be reckoned as the basis of a specific and chronologically precise spurt of agricultural growth.

Now, R. Latouche (1956: 261–262) mentioned the water-mill, without further revealing its technical identity, in the list of factors contributing to "l'essor agricole du XIe siècle." His sources on the question were M. Bloch (1935) and R. Grand (1950). Unsurprisingly, G. Duby makes a consistent, dual appeal to water-mills both as a tool spread among the peasantry by calculating lords and as an indication of the increase in the consumption of bread (Duby 1973: 212). The widespread growth of cereals, then, went hand-in-hand with the appearance of grist mills throughout the countryside. The obvious problem of how a tool that figures only in the last phase of cereal production, that of consumption, could affect the initial, decisive phases of cultivation wherein questions regarding the density and extent of planting were decided, for example, is entirely overlooked.

The assumption of water-mills as an already commonplace factor of agricultural growth may well have reached its climax in 1988 at the Flaran meeting devoted to "*La croissance agricole du Haut Moyen Age*" (1990). There, G. Bois (Bois 1990: 42) was enormously eloquent on all the certitudes regarding the issue of agricultural growth. Thus, agricultural growth preceded "feudal revolution." Whatever water-mills could have been found in the written records were already in place by the tenth century (p. 42). Their documented presence both in the "grand domaine" and in the countryside signaled a "révolution energetique:" If the precise hand or principle spawning and guiding the stage of agricultural growth that preceded the "feudal revolution" is not quite identified by G. Bois, Ch. Dyer had no doubt that the spread of water-mills occurring between the eighth and eleventh centuries—some 6,000 recorded in the Domesday Book in 1086—was due "une part . . . [à] l'esprit des seigneurs qui étaient soucieux d'obtenir des bénéfices avec les taxes et d'autre part [à] la pénurie de main-d'oeuvre à une époque ou l'esclavage était en déclin" (Dyer 1990: 127). Although Ch. Dyer attributes this conclusion to M. Bloch, I fail to see any consistency in such a claim.

Curiously, in the paper supposedly making the case for Catalonia, "le nord-est de la Péninsule Iberique," J.M. Salrach (1990: 133–151) did not list water-mills among the factors of agricultural growth because at the time he wrote (1988) mills had not yet become an item of local academic concern. The exuberant expansion of M. Bloch's originally quite sketchy arguments was equally visible in the work of historians of technology such as J. Gimpel (1975) or sociologists like P. Dockès (1986), whose approaches combine the medievalist view of economic growth and the enthusiastic perception of technological progress. J. Gimpel's work was briskly and duly criticised by R. Holt (1990) who described this type of analysis as a "*genre*" that "feeds largely on itself, as each work is based largely and sometimes entirely on the (often highly subjective) interpretation of secondary sources . . . In other words, the errors go round and round, becoming ever more eccentric" (p. 51).

I know of no better description of the *genre* of high medieval agricultural growth literature. Why and how M. Bloch's keen albeit elusive arguments could be transformed into so rigid a set of references, without leading to any research programme designed to prove or disprove them should be a matter for scholarly concern.

It is noteworthy that P. Toubert (1973: I, 460–461), in his study of medieval Lazio (Italy) confined the discussion of water-mills to a long footnote in which he referred to how, after M. Bloch's article, "le moulin à eau est devenu une sorte de morceau de bravoure obligé pour tous ceux que parlent du grand domaine aux VIII^{è}–IX^{è} siècles" (p. 460). How true! F. Sigaut (1988: 29) seems to be lukewarm about the historians' understanding of medieval and modern water-mills but clearly states that the great medieval innovation, with reference to Roman Antiquity, was to have placed the water-mill in the countryside, an act that implied the introduction of a new mode of hydraulic management. And he also declares that the problem of the "non-development" of the water-mill between Antiquity and the tenth century, as formulated by M. Bloch, has remained unsolved (p. 29).

It is significant that M. Montanari (1979) in his thorough book on peasant food consumption in the high Middle Ages gave no particular attention to a supposedly decisive tool, as the water-mill had been presented, in the process of what has been called "cerealization." Now that was certainly not deliberate academic oversight, but rather a sign that the question had been so poorly framed up to that time that historians could evade it without harming their research programmes.

But the attitude of the authors mentioned above is quite exceptional. The question of water-mills as derived from M. Bloch lingers on untouched in such otherwise important works as G. Comet's (1992: 389–397) or M.C. Amouretti (1986). Water-mills have been recently revisited at Flaran (Mousner Ed. 2002), in 1999, by mostly French scholars.

In the work of A. Durand (2000: 31–52) progress in knowledge derived from anthracology can be easily detected. For example, the spread of water-mills could be linked to the "cerealization" movement of the seventh and eighth centuries and not quite to the accelerating decline of slavery. Besides the significant change in chronology there is a suggestion of a more anonymous agricultural growth. Following in the path of her magnificent book (Durand 1998) Durand places the water-mill in Languedoc at the active centre of a larger process of water regulation. She says: "Ainsi la grande vague conquérante du Moyen Âge central qui intègre à l'agrosystème les nouveaux terroirs de rivages a-t-ell éte preparée de longue date par l'implantation du moulin à paissière, premier maillon de la chaîne colonisatrice, durant la periode carolingienn" (p. 41). A. Durand's book is, to my knowledge, the first thorough description of how a complex organisation of agricultural production was constructed in the high Middle Ages. Central to it was the mastery of water-courses and their banks. Finally, then, the countryside water-mill was no longer a solitary tool left stranded in the landscape.

Less clear, however, is the picture of the social groups implicated in or directing the works. Now, as we have seen, high medieval water-mills certainly raise a set of necessarily connected questions: form and function, chronology, spatial distribution, innovation and diffusion, and how and by whom they were operated and driven. All that needs to be measured, drawn, and mapped.

If, for instance, a case could be found of a specific water-mill forming part of a agricultural technological complex introduced by a reasonably well-dated movement of migration, considerable light would be thrown on the question. Such a case, I believe, exists and can be properly described.

The *arubah* type of horizontal wheeled water-mill had been somehow present in the discussion at least since C. Curwen's (1944) article on the problem of early water-mills. It was not noticed, however, for its most outstanding feature—the stone tower-like well producing a water column generating a water jet—but was merely a faint reference usually hidden behind vague allusions to water-mills from Syria, Greece, Persia, Turkey, the Levant, or Spain. This hazy mixture was represented in a map drawn by C. Curwen (1945) and reproduced above. The "Norse" and "Greek" horizontal-wheeled water-mills were shown neatly and widely distributed, albeit bereft of a recognisable single origin. If one could have added, in 1945, the extended presence of *arubah* and other type of water-mills in the Iberian Peninsula, from the Ebro river to the extreme south and the Balearic Islands, the overall picture would have become still considerably more confusing. No "trade-route" along the North-African coast, known at C. Curwen's time, could have been credited for that diffusion. The Cantabrian (Santander, Spain) example of water-mill, that C. Curwen took from J.P. O'Reilly (1902–1904) would have revealed itself as clearly distinct from the *arubah* penstock which moved the horizontal wheeled water-mills in Los Velez (Almería), at least from the sixteenth century on (Cara *et alii*, 1996) and in the Sierra de Cádiz (Escalera 1970). Consequently the sequence of the water-mill's diffusion would have been greatly altered, even if an unconnected double origin—"Greek" and "Norse"—had been accepted as the basis of geographical distribution. Additional information on *arubah*-type horizontal-wheeled water-mills in certain regions of North

Africa and al-Andalus would not have properly filled a gap in C. Curwen's map (because there is no arguable technological reason why this specific engine should have diffused in that particular way), but it might have introduced a new kind of problem by putting the diffusion of a particular water-mill in a social context not contemplated in M. Bloch's perspective. The "seigneurie," as has been pointed out above, could easily be transformed into the factor spurring and directing economic growth by means of chance technological change. So it did.

In spite of slight changes in the narrative's dressing it was clear that it was all along the same character acting under a different disguise: a strong, adventurous ruling class who forced the logic of its technological options on society. And that result might well appear to historians either as economic growth or the complex emergence of political power, indistinctly. The spread of the *arubah* type of water-mill, by contrast, would have taken place in social and historical contexts where the agents of diffusion lacked the social compactness that would made them readily identifiable. Before proceeding further with my argument it is worth observing that at least in the articles by J.P. O'Reilly (1902–1904) and C. Curwen (1944), the information on water-mills came mainly from ethnographical data or travel literature. The question of the validity of considering still-surviving mills as the uninterrupted survival of an ancient consolidated practice is, of course, a classic problem. My own view, after extensive reading of the literature and years of field surveys, is that while it is certain that contemporaneous milling traditions are not in themselves indicative of their antiquity it is nevertheless true that taken singly they acquire historical meaning as specific technological adaptations to solve local and regional problems. Thus, they do indeed tend to exhibit remarkable technological identity and stability. Variations are produced within a single type of chosen water-mill from the beginning of the process of diffusion. Single, different water-mills eventually turn up that are easily recognisable as extraneous to some homogeneous cluster. The question then is limited to the initial chronology of the replicating technological choice. The diffusion and technical stability of the tool are in each particular case a proof of the mechanical soundness of the choice. P.-L. Pelet (Pelet 1988) showed the dazzling technical persistence of the horizontal wheeled water-mill in the mountainous region of Valais (Switzerland). The author traces back a first documentary mention of a vertical axle of a water-mill to 1457 (Pelet 1988: 128). But his most outstanding contribution resides in the detailed survey of the spatial distribution of horizontal and vertical wheeled water-mills and the criteria leading to specific choices. Overall P.-L. Pelet identified 28 "*modèles*" of horizontal wheels which in turn could be traced back to four technological "families" (Pelet 1988: 132) found everywhere. The possible permutations in assembling the different parts of the machine, together with the shape and number of the blades, combine around 1,270 variants. P.-L. Pelet's general conclusion could not be more simple: it is difficult to establish a hierarchy of efficiency among them. Even worn-out engines could be made to work efficiently by introducing small, new variants in their lay-out. That would explain the persistence of water-mill types hardly modified over the last two millennia (Pelet 1988: 159).

A study on planned modifications introduced by an outside agency into working traditional horizontal wheeled water-mills in the Himalayan mountains recommended that the range of variations to be tested be limited to the simple designs traditionally used "for centuries . . . in many thousands of water-mills" (Bachmann, Man Nakarmi 1983: 24). "Low initial investment" was also mentioned as a desirable incitement to peasants for preserving the traditional technology in the event of having to build new mills. Obviously no recommendation was made about introducing any other kind of water-mill. Clearly the "new" Himalayan water-mill was the ancient one. That was not exactly the case in the Valais where the horizontal-wheeled water-mill, coexisted, from dates uncertain, with the vertical one. P.L. Pelet (1988: 130–132) shows how millers would shift from horizontal to vertical wheeled according to the varying size of the water course—a feeble one would require adopting a horizontal wheeled—and to variable market demand. It is hardly then a case of a victorious technology ousting an irretrievably rudimentary one.

In the island of Crete a well attested tradition of *arubah* horizontal-wheeled water-mills has been known to have survived until quite recently. Around 200 such mills were counted (Clutton, Kennt 1977), though Ph. Rahtz and L. Watts (1981) estimated the number to be considerably larger. No initial date for the introduction of that technology in the island could be proffered with any consistency. The Turkish occupation up to 1898 is seen as the most likely period for the diffusion to have occurred, although the origin of a few mills may well be prior to the 16th century, i.e. Venetian (Rahtz, Watts 1981: 9). Consequently, the authors speculated on the possibility of establishing a link with Byzantium. Lacking, as they admitted, both field surveys and archives, it is anybody's guess. Since all is conjecture anyway, it should not be forgotten that a great migration of refugees from al-Andalus fled from Cordoba after the Ummayad emir routed the popular revolt in the *rabad* (202 H./A.D. 817). Thousands of them went by sea to the East towards Alexandria, and ended up settling in Crete, "inhabiting it and tilling it . . . and there remained until nowadays". Thus did Ibn al-Qutiyyah, an eleventh century tradition writer, report on the fate of *rabadiyya* (Ibn Hayyan 2001: 107). The *arubah* water-mill known in al-Andalus, although we lack information on the initial dates of its diffusion, could have figured in the tool kit of these wandering refugees. But given the state of research it cannot be known. Significantly, a similar kind of speculation concerning possible technological links between Irish monastic communities and north-west Spanish Christian centres might also be made, as trade links have been shown to exist (Hillgarth 1984; Edwards 1990). But again the non-existence of any sort of field survey in Spain precludes going any further than sheer speculation.

The earliest date for the arrival of *arubah* horizontal wheeled water-mill in Crete can not be ascertained. But it is nevertheless clear that it was upon the *arubah* type of water-mill, whenever its adoption took place, that the technological tradition was tightly built, leaving no room for different types of water-mill to be established there. Now, that could easily and perhaps rightly be taken as a proof that the *arubah* water-mill was best suited to the water supply conditions in the island. But we still do not know who made the initial technological choice that proved to be so efficient, just as we are also ignorant as to whether the original builders of *arubah* water-mills had been in command of a vaster technological repertoire and could have chosen differently. It is trivial then to assert only that the *arubah* water-mill made a "very efficient use of steep, fast, and variable mountain streams (Rackham, Moody 1996: 175). If it is argued that the earlier water-mills in Crete were indeed medieval (Rackham, Moody 1996: 176)—that is, the technological choice that subsequently proved so successful is placed as far back as permitted by the historical record—a Byzantine, Venetian or Turkish precedent can not be wholly accepted. There is not, as far as research goes, any type of water-mill that can be singularly identified as Byzantine.

A.A.M. Bryer (1980: 408) shows that the modern "Pontic mill" is one with a steeply inclined penstock with a scoop-vaned wheel and he presents as evidence the same drawing of the water-mill at

Lampsaki, Dardanelles, by A.L. Castellan (1811) which was reproduced with some simplification by C. Curwen (1944: 136) and which the reader can see above. A.A.M. Bryer suggests that "the common late Byzantine and medieval Pontic mill was the same". Moreover, both the drawing and figure number 22, corresponding to a picture of a Pontic water-mill at work in 1967 (Bryer 1980: 462) show clearly a cylindrical penstock very similar to the "conduites forcées" of water-mills still in use in Turkey in 1983. One of those at Karapinar has been described and put in its regional context (Sadler 1988). Unsurprisingly the water-mills, associated with villages in the piedmont, have been erected in clusters and, although they display some mechanical variants, are all of the same type.

Obviously this type of water-mill can not be considered, in the absence of comprehensive field surveys, to represent a unique type of water-mill in "Byzantium" or in Turkey. But certainly it was the hegemonic type in the regions where they have been described. And clearly the *arubah* water-mill in Crete can hardly have had a diffusionary link with the either the "Pontic" or Turkish type, as they have been thus far described.

An interesting list of supposed *arubah* water-mills in ancient Mauretania was compiled by T. Schioler (1986: 200) based mainly on French colonial surveys of Roman archaeological remains. A. Wilson (1995: 506–507) easily points out that most of the water-mills are not Roman and some of them could have been built in modern times. Nevertheless he thinks that T. Schioler's list is useful "in illustrating that the topography of parts of Algeria as far as south as the Aurès mountains allows milling by water-power" (Wilson 1995: 507). I will return to that point later. It is worth noting that T. Schioler's list of water-mills, some of them of the *arubah* or drop-tower type, together with the excavated mills at Chemtou and Testour (Röder 1989; Röder, Röder 1993; Rakob 1993; Wilson 1995), loosely dated around late 3rd Century and early 4th Century and described as "helix-turbine mill" (Wilson 1995: 502) points, nevertheless, to the existence of forgotten milling traditions that are not necessarily connected nor contemporaneous. If the Chemtou and Testour mills can be reasonably considered of a late Roman period there is no way, at least to my knowledge, of making a case for the diffusion of an *arubah* type of water-mill before the Arab conquests of the second half of the 7th century. A passing remark by A. Wilson (Wilson 1995: 509) discloses the problem of how stark a discontinuity was the replacement of the older milling traditions—whether the "helixturbine mill" or the *arubah* type water-mill—for "the Norse mills used in the area today" (Wilson 1995: 509). Those "Norse mills" that "look nothing" like the ancient ones in ruins surely must look like the Moroccan water-mills partially described by J. Chiche (Bouderbala *et alii*, 1984: 283–306)—only the grinding mechanisms are illustrated with any detail, while how the water arrives to turn the wheel is left aside—and more thoroughly as shown above by R. Cresswell (1993, 1996). Neither author, however, deals specifically with the question of the antiquity of the present density and distribution of water-mills, all of them, it seems, horizontal wheeled with steeply inclined penstocks. The map presented by J. Chiche (Bouderbala *et alii*, 1984: 298) which depicts the changing state of water-mills between 1970 and 1983, is reproduced by P. Cressier (1998: 153). Now, Cressier goes further than J. Chiche's descriptive presentation. Whereas J. Chiche (Bouderbala *et alii*, 1984: 302) maintains that the history of the water-mill in Morocco "reste à faire" pointing to a possible transfer from Spain, undetermined in time, P. Cressier (1998) tries to develop a complicated argument, finally desultory, around the fact that the horizontal-wheeled water-mill with a steeply inclined penstock was indeed the generalised type. So far so good. But P. Cressier goes on to suggest, with due caution, that that could have been a medieval generalisation. If that were to be true, a considerable insight into the spread and consolidation of a specific form of a water-mill belonging clearly to the so-called "Norse type" very much present in the northern regions of the Iberian Peninsula would be gained. But the cases adduced—in fact only three and no details or drawings are given besides their localisation, Fes, Agmat and Tajsa—are insufficient proof. Even the more so as P. Cressier insists on placing the diffusion of that specific form of water-mill at the beginning of the Arab and Berber conquest ". . . del inicio de la conquista arábigo bereber . . ." (Cressier 1998: 161). That supposition leads the author and the reader to an understandable bafflement. How come the Arab conquest introduced into Morocco a water-mill of a "Norse" type whereas in al-Andalus the *arubah* type was by far the dominant variety? Both diffusions must have been roughly contemporaneous but obviously were carried out by distinct agents of technological selection. Now, there is, I believe, a further nuance to the problem as stated by P. Cressier. If there was, as it is known, a Berber migration towards al-Andalus that, together with the Arab migrants, led to peasant settlements, it would seem likely that both the western Maghrib and al-Andalus would share a technological feature as significant as the water-mill. But that would be credible only within the context of a linear spread of a particular form of water-mill from the Middle East to the West along the North African Coast which, at least in such a straightforward way, did not occur. Besides, that context would not account for a simultaneous spreading of both forms of water-mill—the "Norse" one and the *arubah*—if indeed the Arab clans handled them indistinctly—if the selective criteria upon which the adoption of one of the forms was made in preference of the other could not be identified. This understanding would be crucial as we know that the persistence of the form adopted is a clear sign of its efficiency. It is also clear that the introduction into this distinctive technological cluster of a different mill type would usually be the result of external intervention and it is easily detected. Thus, for instance, P. Cressier (1998: 160–161) notes the "anomaly" of the *arubah* water-mills in the city of Ceuta and its immediate surroundings possibly resulting from Andalusian influence.

So there is finally no known historical explanation for the living tradition of the steep inclined penstock horizontal wheeled water-mill in Morocco. But there is also no doubt that this most predominant type constituted an efficient technological choice. We do not know, though, when it was done and who did it.

An early Arab agency in its diffusion seems difficult to substantiate because there is for the moment no reliable information confirming that Arab clans made use of that type of water-mill in their places of origin. On the contrary, it appears certain that the *arubah* type of water-mill was a part of the technological repertory of the Arab immigrants in Hispania, soon to become al-Andalus.

The record of the *arubah* water-mill in Spain is considerably dense and straight-forward. The persistence of this type of water-mill down to the second half of the 20th century is well attested in regions of Valencia (Selma, 1993; Glick, Guinot, Martínez, 2000), in Mallorca (Kirchner, 1997; Argemí, 1997), and Almería (Cara *et alii*, 1996, 1999).

Most milling complexes can be dated back to the second half of the thirteenth century in Catalan colonial documentation after the conquests of Mallorca and the Valencian region. In Almería the mill lay-outs can be easily dated throughout the sixteenth century after the Castilian conquest and during the survival of the indigenous population of Moriscos under a heavy Castilian colonial yoke. What is most significant is the fact that the spectacular growth in the number of working mills in the eighteenth and nineteenth centuries remained faithful to the technological tradition of the *arubah* watermills of the native peasants of al-Andalus.

I hope then that an answer can be given to the initial question about the validity of using currently extant mills as regressive evidence for a more ancient technological practice. Part of the answer is a qualified negative to the possibility of, without written or archaeological information, dating the initial technological choice that gave rise to the extant milling tradition. In the sense established by R. Cresswell (1993, 1996) knowledge about a technological lineage—a logical succession of forms and functions—is not by itself conducive to the understanding of the genealogy of any given concrete social use of technology.

But another part of the answer is that if the technological choice initially made proves to be efficient, then only under changing historical conditions will social groups be prepared to adopt new, different tools to compete with or oust the traditional ones. Hydraulic archaeological surveys would in any case detect that type of induced change and its effects on the previous technological cluster.

* * *

In 1960 S. Avitsur (Avitsur 1960) had already described the main structural and operational features of the *arubah* penstock water-mill. I will here summarise some of them, avoiding the question of the date and place of origin of the invention as developed by S. Avitsur (1960, 1971). The *arubah* penstock made it possible to employ the pressure of a water column, 4 to 8 m. high as the usual standard, as the source of power moving the horizontal wheel. It was, then, a markedly different mechanism than that of an inclined chute open from above that produced kinetic energy (Figs. 7, 8). In fact, as calculated by S. Avitsur (1960: 41) water requirements to move millstones of 53–55 cm. of diameter, similar to the ones moved by an open, steeply-inclined penstock, were around less of one third for an *arubah* (from 100 litres to 25 or even to 12–15 per second). Consequently more streams could be used as a source of water-power.

It is also remarkable that water filling the *arubah* penstock, as high as the fall, gushed out at the bottom through a narrow orifice and struck the wheel with considerable force (Avitsur 1960: 40). Changes in the size of the inner wooden nozzle would permit regulations in the flow and management of the outflow adapted to the seasonally varied water supply of streams (Avitsur 1960: 40–41). Certainly, changes in diameters of affixing nozzles is not, as C. Rynne (1992, 2000) observes, a means singularly used in *arubah* penstocks as some Irish medieval water-mills also made use of the mechanism. But it is an accepted fact that the *arubah* penstock has mechanical aspects that made it specially suited "to regulate highly variable seasonal *wadi* flow to create a controlled power source: in periods of low flow it will fill up less frequently, but the mill is still able to operate when it is full" (Wilson 1995: 509). As A. Wilson also observes the *arubah* penstock is suited to avoiding, when the *wadi* runs full, disfunctions or damage to the machinery as "water exits from the nozzle at the same rate under the head of pressure" (Wilson 1995: 509).

Awareness of the existence of this peculiar type of water-mill led N.A.F. Smith (1983–1984) to state that "an early Middle Eastern/North African history of water power which is separate from that of southern Europe" cannot be ruled out (Smith 1983–1984: 74). That diffusion, as I already commented above, would have been similar to that of the propagation of irrigation techniques.

Later, A. Wilson (1995: 509) considers that N.A.F. Smith's provisional conclusions concerning an early Middle Eastern/North African history of water power distinct from that of southern Europe appeared to have been strengthened by recent archaeological finds from Chemtou, Testour (Tunisia) and elsewhere in North Africa.

There was clearly a pressing need to identify the missing mill whose existence had been detected through a technological analysis of standing historical evidence, some as old as that gathered by R. Bennet and J. Elton (1898–1904), and some recent archaeological finds. The lack of information about water-mills and water power in Spain and in al-Andalus made the identification impossible and neither author could go further in the process than to postulate a separate technological development of water power originating in the Middle East and proceeding through North Africa. No agents for the diffusion were clearly identified and its chronology was losely put at some time after the late Roman Empire. No connection with Arab migrants during the complex phenomenon known as the Muslim expansion was postulated. Had information regarding hydraulic technology in al-Andalus been available to them, such a discussion would have been unavoidable.

Th. F. Glick, in his magisterial book on comparative perspectives on social and cultural formation of *Islamic and Christian Spain in the Early Middle Ages* (1979) observed that historians had made no effort to distinguish horizontal from vertical mills when the word *molendinum* and its romance cognates appeared in documents, and that Castilian, *molino*, was assumed to be a cognate of *aceña* (from Arabic *saniya*, generically a *noria*) (pp. 231–235). But, because his typology was based on English, not Iberian, mill types, he presumed that "[horizontal] grist mills both in Islamic and Christian Spain" were identical, both displaying the "typical southern European pattern of the massing of small mills on natural watercourses or irrigation canals" (Glick 1979: 232). That turned out to be far too simple and also a bit confusing because he was unaware of the technical differences between "Christian" and "Islamic" water-mills. But nowhere in Spanish medievalism or in the writings on history of technology could this type of concern be found at that time. In fact, I don't recall before Th. F. Glick's book any attempt to discern any differences between al-Andalus and the northern feudal conquering societies other than religious or cultural ones. His book opened a field of study where complex social processes such as conquest, culture contact, or even extermination, the obvious end result of what was then called "cultural exchange", could be submitted to rational verification, especially through comparative analysis.

The question of irrigation and hydraulic technology in general had been already dealt with by Th. F. Glick (1970) but unsurprisingly water-mills and millers were only a slight reference in the study of medieval society of Valencia. Later on Th. F. Glick (1990), in a debate with the geographer V.M. Rosselló (1989) concerning the water-mills of the huerta of Valencia, initiated a reconsideration of the problem. For the first time basic questions regarding the technological identities of the water-mills-overshot or undershot vertical or horizontal wheeled mills—were clearly discussed with reference to ongoing post-Blochian European research.

Somewhat earlier I had essayed (Barceló 1988) to formulate the problem by introducing a distinction between a feudal water-mill—a vertical-wheeled mill, a big machine made, built and strictly controlled by lords—and the peasant water-mill of al-Andalus—a small, peasant-engineered, community-owned, horizontal-wheeled water-mill. Needless to say the idea of such a distinction owed much to M. Bloch's grand technological design. My interest in C. Curwen's line of research was a later development stimulated by my increasing awareness, as I gained experience from hydraulic field surveys, of the shallow inadequacy of my original proposal. Now, whereas feudal rent, certainly, would finally direct and determine milling in most of European societies in a process clearly visible in the written record at the end of the twelfth century, it is not at all certain that the production of flour, the last phase of cereal production, would have required a mill of some particular shape or distinctive mechanical structure. Moreover, growth of feudal authority over peasant work and more concretely over those aspects requiring complex and solid tools could end up by precisely selecting those tools which could enhance the social logic of its power through the application of technology.

Another weak aspect of the concept of the "feudal mill" has to do with the whole "economic growth" process deemed a consequence of medieval technological change (as depicted by M. Bloch and L. White Jr.) and the role that vertical-wheeled water-mills supposedly played in it. Simply stated it goes like this: how could a tool that plays no role in the process of corn cultivation be made retroactively to affect the size, volume and density of the initial phases of plant growing? How might a tool that appears only to make possible a certain way of cereal consumption through grinding, exert so deep an influence on the complex set of peasant decisions that determine field size, seed management and the agricultural calendar? How could such a tool be properly held as indicative of an augmentative process of agricultural production combining many factors previously at work? As far as I know those were questions not considered in the post Blochian agenda. To be sure, L.A. Moritz's (1958) interesting discussion of grain-mills and flour in classical Antiquity showed the complexity and technical constraints through which that last phase of grinding before consumption moves. But its connection with any previous growing process of the plant is left out.

If the "feudal mill" idea was wrong, the idea of a specific peasant water-mill in al-Andalus was partially true, and generally on the mark. It was partially wrong because the water-mill presented as an important piece of the argument was understood only at the most general level of a technological item suposedly ousting a more primitive one. That, as it will be seen later, was also wrong. We also failed (Barceló 1988; Martí 1988) in not properly identifying as an *arubah* penstock the horizontal-wheeled water-mill we had encountered in our surveys.

Of course we saw it and described it as a tower well—in Catalan *cup*, in Spanish *cubo*—and all its main properties were also by that time understood. But a comprehension of its technical singularity and the foggy course of its diffusion was clearly wanting.

* * *

In fact, S. Avitsur's (1960) work went unmentioned in the Spanish literature until S. Selma (1993), in his book on water-mills of eastern al-Andalus, cited it in reference to the size of mill wheels. In his pre-doctoral work under my direction, presented at the Universitat Autònoma de Barcelona in May 1990, of which the book is an adaptation, Selma ignores it. That is a minor but crucial detail in the research of water-mills in al-Andalus and in Spain. In spite of abundant examples of the spread of the *arubah* type of water-mill that had recently come to light, their significance went unrecognised. Nevertheless S. Selma's (1993, 2000) work constitutes a decisive contribution to the understanding of the spread, use and dimensions of *arubah* type water-mills associated with peasant production in Valencia and the eastern parts of al-Andalus before the Catalan conquest.

The principal contribution of my text of 1988 is, I believe, the description of the horizontal wheeled water-mill as an integrated part of irrigation schemes (Barceló 1988: 241–243, 245–250). The siting of water-mills at the end of the hydraulic systems, closing them, was the first trait observed that could be held to constitute a pattern. However, as field work made the sample larger, it became clear that tail-end siting was only one amongst other possible choices within the system available to those peasants responsible for the overall design. Soon it was found that, in fact, such water-mills might also be located at the beginning of irigation canals or closing blocs of irrigated fields succeeded by another bloc, and so on until the finally the canal's water dissipated.

That particular feature was, to the best of my knowledge, first identified and mapped (Barceló 1988: 247–248) in a field survey in Castellitx (Algaida, Mallorca). The first detailed study of an irrigated system in Ain and Artana (Serra d'Espadà, Castelló) containing four and three, respectively, *arubah*-type horizontal-wheeled water-mills was the work of S. Selma (1989, 1991). The Artana system was surmised to have been designed by the Berber clan of the Iraten (Arabized as Artana), of which *qarya* there is written reference by the geographer al-ʿUdhri, in the middle of the fifth century H./A.D. eleventh (Selma 1991: 85–86; Barceló 1995: 30–33).

Some years later H. Kirchner (1997) published a book on the construction of rural space by peasants migrating from al-Andalus to four valleys in the north of the island of Mallorca, dating from the early fourth century H./A.D. tenth onwards. In the book the intricacy, breadth, and consistency of designing and constructing irrigated systems containing *arubah* water-mills are plainly demonstrated.

In spite, then, of faulty propositions about different water-mill forms for different societies, al-Andalus covering most of the Iberian Península, and the feudal North, some good results were obtained and a growing body of new evidence has been produced. The connection between the *arubah* water-mills as a tightly integrated part of circuitous irrigation schemes and Arab and Berber peasants migrations was alluded to but hardly considered in a systematic way. Not even in the rich and learned debate (Glick, Guinot, Martínez eds. 2000) prompted by my incorrect 1988 formulation of two mill forms for two different societies is the question properly addressed. In fact one can say that it is overlooked. The magnificent paper by Th. F. Glick and L.P. Martínez (2000) reviewing the question of water-mills in the Valencian region ends up by rightly rejecting the dichotomy between the horizontal wheeled and the vertical wheeled water-mills as of little historical meaning in as much as "traditional hydraulics of milling"—my translation- "is richer and more complex than the schematic dichotomy allows for" (Glick, Martínez 2000: 97). But the *arubah* water-mills are, anyway, left as forming part of the wider context of Valencian mills and milling in general. Equally vague on this point is S. Selma (2000) in an excellent paper on the evolution of the water-mill in the Valencian region.

There are, it seems to me, two main reasons for that negligence. The first one stems from the fact that these scholars are very much aware that the *arubah* type of water-mill is one amongst other types existing in al-Andalus and easily documented in the written record (Lagardère 1991). But they also probably know that this record requires much more analysis and classification, since surveys like V. Lagardère's are most confusing.

The second has to do with chronology and geographical distribution. At the time, neither an *arubah* water-mill nor any other type could have been conveniently dated according to the common procedures of archaeological excavation. Written Arab texts, on the other hand, were rich in allusions to water-mills but in general lacked precision and details and thus made technological identification uncertain. But as soon as it was established that *arubah* water-mills were a functional part of designed irrigation networks it was reasonable to assume that their dating must coincide with the chronology of the overall architecture of the hydraulic space in which there were inserted. It should be noted than once a hydraulic space is constructed, its constitutive elements—water source, slopes through which water is gathered main and secondary canals, then transported and distributed, and fields designed to be watered, cannot be meaningfully modified. Any change will inevitably alter its physical order in such a way as to impair its initial efficiency or even make it impossible to function.

The wave of migration into the Balearic Islands, starting around 290 H./A.D. 902, permits us to date reasonably the whole tool-kit that the migrants used to colonise the islands, and which had already been deployed by peasants in peninsular al-Andalus a considerable number of generations before. What was transported to the islands was a consistent agrarian order, from estimation of field sizes to be built congruently with the size of the migrating population, to specific plant and animal breeding selections, to managing water, capturing it, moving it, and socially organising its allocation. The resulting field morphology contains markers of all the factors involved in that precise agrarian architecture.

In figures n° 9, 10, 11 some examples can be seen of the tightness, consistency, and size of those hydraulic spaces. Another property they have is the rigidity of the ensemble of fields and the irrigation canal system which obliged the initial social group of builders to exercise strict vigilance over population increase or else find institutional ways, like segmentation for instance, to resolve uncontained growth (Barceló 1989, 1995).

Obviously *arubah* water-mills are a prominent element in those hydraulic spaces. In figures 12 and 13 a profile sketch can be seen of how water-mills are placed at intervals on the irrigation canal following the descending slope in such a way as to insure adequate inflow to the next *arubah*. Consequently each *arubah* interval in the course of the flow signals the new descending gradient until its final levelling out.

I have also represented in profile sketches the differences in the physical lay-out that determined whether an *arubah* or a steep-inclined penstock were used. It must be said that the latter possibility is a mere speculation as I do not know a single example of chain water-mills of this type forming part of an irrigation network. The initial slope required would be shallower, the height of the interruption of the water flow shorter and the distance between water-mills, less (Figs. 12, 13). I introduce this example to contradict the deceptive remark made by P. Cressier (1998: 166) concerning the possibility of "transforming a steep-inclined penstock water-mill into a *arubah* penstock type without any perturbation whatsoever of the irrigation lay-out in which it is integrated" (my translation from Spanish). That is not true. The whole irrigation lay-out could indeed be severely altered were *arubah* water-mills replaced by steep-inclined open chute water-mills. The modifications would be so great as to be technically unthinkable. Certainly P. Cressier believes such a scenario to be an exercise of imagination—"podemos perfectamente imaginar" (Cressier 1998: 166)—but the consequences of that imagination would be too wild to let them go uncontested.

Besides this general early dating of *arubah* water-mills as a part of a complex technological agrarian system there are other clear chronological references in the written and archaeological record. S. Selma (1993: 28–29; 2000: 107–108) makes a wise use of a detailed, part-by-part description of an *arubah* water-mill by Ibn Rushd (grandfather of the philosopher) in 507 H./A.D. 1114, copied from Ibn al-ʿAttar's standard notarial formulary of the 4th H./10th century.

A horizontal-wheeled water-mill has been recently excavated nearby an irrigation canal in *Madinat Balansiya*, today's Valencia (Arnau, Martí 2000). However it is not yet possible to ascertain whether an *arubah* penstock or an open sluice fed the wheel. The fact that it doubtless was a twin flume, double water-mill further complicates the question. It can then be said that by at least the 4th H./A.D. 10th the horizontal-wheeled water-mill of the *arubah* type is already documented. The view from the Balearic Islands reveals that when the colonising migrants arrived there in the early 4th H./A.D. 10th, spatial selection for settlement was done according to already experienced and well established technological procedures. Consequently the agrarian order was previously developed elsewhere in peninsular al-Andalus at least in the course of the third H./A.D. 9th century (Barceló 2002). The best evidence we have of that agrarian order are the irrigation systems identified, mapped and studied by means of hydraulic archaeology whose aims and methods have been recently summarised (Glick, Kirchner 2000). Its geography, however, is still very much unevenly established. A reliable body of evidence has been gathered for the Balearic Islands and for some parts of the Valencian region but other parts of eastern al-Andalus remain unstudied. The sample, however, permits us to identify the patterns of not only, in some cases, the initial migration settlements but also the enduring technological applications used six or seven generations later to carry out successful new migrations, the one to the Balearic Islands being a significant case.

The known geography, then, of the spread of the *arubah* water-mill depends heavily on the state of research, which is certainly uneven. But it shows a chronological depth and complexity rarely perceived in archaeological surveys. The colonising agrarian systems used in the Balearic Islands were of no different quality than the ones used in mainland al-Andalus by earlier generations of migrants. While waiting for new research to establish the extent of the technological combinations in which the *arubah* water-mill is but one element, it can be said that the *arubah* was one of a number of mill types contained in the technological repertory of early Arab peasant migrants. But the proper study of these other types remains to be done. That is not going to be an easy task as Spanish medievalism so far does not assure sufficient solid ground. I will give an illustrative example. T.S. Reynolds (1983: 119) mentions evidence of a "common" mill converted by means of an open wooden sluice into an overshot wheel "when the amount of water available was too small" (Reynolds, 1983: 119). Now, that skilful piece of mechanics was supposedly performed in the island of Mallorca. It is enough to follow up the bibliographical chain reference through R.J. Forbes (1955: 91–92) to find that the modern scholarly origin was a note of E. Wiedemann (1916) commenting on a text by al-Qazwini (d. 682 H./A.D. 1283) which was previously referred to by C. F. Seybold (1913). Al-Qazwini identified a place called Waluta with a *madina* in the island of Mayurqa, while copying from al-ʿUdhri (writing in the second half of the 5th H./A.D. 11th century) the description of a mechanical device to supposedly ensure an over-shot flow to a water-mill. But Waluta never was a city in Mallorca. A sporadic Arabic mint and a more ancient bishop's seat in Visigothic times, "Waluta" is an Arabization of Elota, today's Elda (Mateu 1956). More uncertain is the interpretation of the mechanical device implemented to conduct scarce water to the wheel. No analysis has ever been undertaken. It is clear though that the water-mills referred to are not of the *arubah* type. At first view it does not seem to be an over-shot type of solution. Rather a cylinder penstock conducting water to strike a horizontal wheel seems to be what is described in the text, as Th. F. Glick and L.P. Martínez recently pointed out (2000: 52). In Waluta, then, from at least the second half of the 5th/A.D. 11th century there was a concentration of water-mills which probably were not of the *arubah* type. The authors involved in that misunderstanding are not certainly Spanish but the whole chain of errors went unnoticed by Spanish scholars who were supposed to know better or at least to have an easy access to the documents and to the field.

It is also perhaps significant that for some scholars dealing with the question, the source, in fact unique, for traditional *arubah* water-mills in the south of Spain was G. Brenan's *South from Granada* (1954), a narrative by that intelligent British longtime resident in the mountainous region of La Alpujarra. Thus, A. Brier (1980: 406) and P.A. Rahtz (1981: 14) both referred to G. Brenan's memoir. P.A. Rahtz also visited Mallorca in 1980 and observed many examples of "Cretan type"—*arubah*—water-mills there. To my knowledge that might well have been the first time in which the Mallorcan *arubah* mills were put in a wider scholarly context.

If, in effect, the *arubah* water-mill is an engine forming part of complex irrigation designs in al-Andalus, it is less certain that it played the same role in wider hydraulic schemes in the Eastern regions from where it was transported. Before going further into that question, it is worth noting that the *arubah* water-mills were not the main elements in the design but, on the contrary, were manifestly subaltern. For example, in one case (Kirchner in press) a hydraulic survey and analysis has revealed that if a choice has to be made between the possibility of erecting a water-mill inside an irrigation network that would imply cutting short the circuit of water and the irrigated space, or declining to build a water-mill to ensure the larger irrigation capacity, the latter possibility would likely be adopted.

There is a more positive and consistent example. In Mallorca (Kirchner 1997; Argemí 1999) and Eivissa (Barceló coord. 1997; Glick, Kirchner 2000) *arubah* water-mills are a technical feature integrated within hydraulic spaces. But in the island of Menorca they are conspicuously absent, even though all the migrants of early 4th H./A.D. 10th were carriers of the same repertory of hydraulic techniques. The same social groupings—Berbers and Arabs—are discernible in the three islands. In Menorca the immigrants concentrated mainly on organising an irrigated agriculture in the deep gullies running down the south of the island. F. Retamero (1998, 2000) has called them "gorge builders" and the apellation describes with precision the hydraulic and field constructions they undertook. But it seems that water-mills were excluded from these irrigation lay-outs. An alternative for grinding was easily found. A considerable number of querns, mostly fragments but also some whole pieces, were found in archaeological sites. On further study, the connection with Islamic sherds became clear and a project was developed to find and map the stone quarries which could have provided the material for quern fabrication. The results have been recently published (Sánchez 2002). Sixteen quarries have been located, all of them close to the sea, but they were unequally productive. Geological analysis shows that three of them account for most of the quern production (Punta Quintana in Ciutadella, Punta de Sa Miloca/Es Corral Falç in the Mitjorn and Calà Morlà in St Lluís). An estimate of overall production of between 20,000 and 30,000 pieces seems to be reasonable. The Catalan conquest took place in 1287. That would represent *grosso modo* a yearly mean production of 80 pieces if 290 H./A.D. 902 is taken as the start of production (Sánchez 2002: 99–100). That is certainly not much but it is congruent with the sizes of peasant settlements we know in Menorca (Barceló, Retamero eds. in press), Eivissa (Barceló coord. 1997) and Mallorca (Barceló 1995; Kirchner 1997; Argemí 1999).

On the basis of the evidence presented above two major, related points could, in my opinion, be made. First, *arubah* water-mills, while figuring in some irrigation designs, seem in no case to have determined them. In fact they just were a subordinate piece which could be omitted if necessary. Consequently they are hardly a good indicator of the overall efficiency of peasant settlements, or at least of those specific peasant settlements. And secondly, the hydraulic surveys in the Balearic Islands reveal that whatever the ethnic composition of the migrating groups may have been, the technological criteria around which agrarian colonisation was organised is recognisably unified. All known procedures to capture, handle and allocate water—*qanat*(s), dams, springs control, river or torrent derivation, etc.—are found in the design of irrigation schemes. There is no discernible way, at least none known to me, to attribute specific hydraulic features to any particular social or ethnic group, be they Berber clans or

Arab. Techniques were adopted and combined on criteria having to do with efficiency, simplicity of use or necessity, without regard to the identity of the initial users. *Qanat(s)* are found, for example, at the head of irrigated settlements constructed by heterogeneous social groups, on the basis of quite unpredictable rules or proportions. No ethnic loyalty can be detected with respect to technology.

Now I can return to the question of whether *arubah* water-mills were in the East a feature of larger hydraulic networks or just a separate machine set up wherever hydraulic conditions would permit. There is not, to my knowledge, a clear answer to that question. M. Harverson's study on watermills in Iran (1993) shows how *arubah* or drop-tower water-mills are integrated into larger hydraulic systems, both stream-fed or *qanat*-fed. He clearly states that "the proportion of the *qanat*'s flow which was allotted to the mill would end up irrigating more distant fields . . ." (Harverson 1993: 153–154). But nowhere else does he go further into the description of that integration. Still less helpful is P. Mohebbi's chapter on water-mills in his book on techniques and resources in Iran from the seventh to nineteenth centuries (Mohebbi 1996: 114–143).

It is in the surveys of ancient fields in Sohar (Oman) conducted by T.J. Wilkinson (Wilkinson 1975, 1976, 1977; Costa, Wilkinson 1987) where an integrated design of irrigated fields and *arubah* water-mills can be observed. In spite of the poor conservation of ancient fields due to abandonment and erosion, T.J. Wilkinson has perceptively succeeded in making the connections visible. *Qanat*—locally called *falaj*—techniques for tapping underground water, field construction, slope management and *arubah* water-mills were conjoined coordinately. It is noteworthy that water-mills are placed on *qanat(s)* forming part of the water course. Those hydraulic systems of Sohar, according to T.J. Wilkinson (1977: 16), "went out of use soon after the tenth century A.D." Consequently we do have a hydraulic peasant design contemporaneous with and similar to those of Mallorca (Coanegra) with water originating in a *qanat* (fig. 9) and in Sohar (Oman). On the Batinah coast of Oman T.J. Wilkinson has identified 12 *arubah* mills, whose connection with field systems is reasonably posed (Wilkinson 1980: 129). Surface pottery fragments suggested that some "mills could be assigned to the Abbasid period" and "others may prove to be earlier—even Sasanian in date" (Wilkinson 1980: 128). There is, it seems, some reference in al-Hamdani mentioning water-mills to the north of Sanʿaʾ (Wilkinson 1980: 129), but I have not been able to check it. The hydraulic surveys conducted extensively in the region of Zafar (Barceló *et al.* 1999, 2003) have failed to find any water-mills.

Although there is evidence of the contemporaneous existence in Oman and the Balearic Islands of similar technological patterns in integrated irrigation schemes, that does not, in my opinion, mean that this strict combination of technical elements was transported intact to al-Andalus early on. I am rather inclined, on the basis on the hydraulic surveys so far conducted, to the view that specific, concrete combinations of techniques for producing agrarian settlements were the result of selection from a dense pool of peasant knowledge stored up along the migration route.

We should not neglect the possibility that the specific design of irrigated systems we find in the eastern regions of al-Andalus were locally invented combinations, called into being and then sustained by migration and settlement. If that is so, to focus on a single item of an integrated technological assembly would produce a blurred vision of how diffusion occurred. Plants, irrigation systems, and field construction were all elements participating in concrete spatial selection by migrating peasants. Consequently *arubah* water-mills should be viewed as a feature of a wider technological ensemble. Clearly stated, the *arubah* water-mill was not a technical choice that could be made in disregard of all the other components of the assembly. It could be, though, selectively adopted much later on after the Catalan conquest (starting with Mallorca in 1229) of the eastern regions of al-Andalus, but that would take place under strong constraints severely limiting the spatial and social options for such a choice.

The migration route was not only geographically, but temporally as well, measured in terms of human generations. The example of the voyage of some clans from central Yemen will, I think, sufficiently illustrate the point. The Banu Ruʿayn left the mountainous region of Zafar around A.D. 640 and its clans were found in the *jund* (Islamic army) in Kufa, Damascus and al-Qayrawan. The Banu Ruʿayn that reached al-Andalus were thus the sons and grandsons of the migrants from Zafar (Barceló *in press*).

By contrast, Berber clans had a shorter road to go both in terms of spatial and social distance. All technological combinations had a long time to be nurtured but it was the organisational migration to al-Andalus, during 2nd–3rd H./A.D. 8th–9th centuries, that precipitated them. The much later migration to the Balearic Islands shows how consolidated those settlement experiences were, as they were mobilised in a new process of colonisation according to the plan already established.

Neither migration was organised and directed by a state, and that has been clear enough ever since P. Guichard (1975) elaborated their tribal geographies. Neither can the diffusion of plants be attributed to a state action, in spite of specific instances of caliphal interest in botanical gardens (Watson 1977). Hydraulic wisdom travelled West inside the heads of Arab and Berber clansmen (Barceló 1995, 2003).

The *arubah* water-mill was thus spread into the West Mediterranean as an engine forming a subordinate part of the complex agrarian knowledge of migrating peasants. It was not a singular technological choice picked up out of context on account of private, specific technical advantages. Certainly there was an authority regulating the process of migration. But such authority was a loosely distributed function. Technological diffusion in this case did not proceed as a selective result decided by an authority watching over the rationality of an integral process of statecraft. Such a technological setting was, then, far removed from the one imagined by M. Bloch.

Concluding remarks

M. Bloch's assertion on water-mills was neither true or false. It was ambiguous enough to be not quite either. That peculiar property ensured its long academic success and vitality. And that is also why the pathway it opened to more precise and consistent research has been so short. The wisest trail to follow proved to be the one opened by C. Curwen and the prior work of Irish and British antiquarians.

Some historians of technology, in trying to disentangle the confusion created by forcing water-mills into a dichotomous scheme (horizontal and vertical) suspected the existence of a missing water-mill and signalled the possibility of the scholarly loss of a North African or Middle Eastern tradition. They were right. The *arubah* water-mill was missed mainly because of an imperfect and some times awkward approach to technological diffusion and choice. Some years ago K. Greene advised not to "pluck individual technical items out of their contexts to make comparisons" (Greene 1994: 33). I have followed his advice. Knowledge of the spread and function of early medieval water-mills in Europe continues, in my opinion, to be contraverted by unsound reasoning and a related lack of field surveys and research. It is clearly not enough to concentrate only on water-mills. The whole hydraulic set-up, its design and implementation, should be the unit of analysis. A large number of implicated field modifications are indispensable for hydraulic management. A. Durand (1998) has given an excellent example of the complexity of field construction by the medieval peasants of Languedoc. But the task of a comparative study between agrarian hydraulic practices of, let us say, "feudal" peasants and the settlement patterns of peasants of al-Andalus is long overdue since Th. F. Glick issued the challenge in 1979. *Arubah* water-mills, not missing anymore, and the horizontal wheeled "Norse" mills can now finally be placed in their proper technological and social context.

References

Amouretti, M.-C. (1986): *Le pain et l'huile dans la Grèce antique*. Paris.

Aranzadi, T. (1931): *Folklore y Costumbres de España*. Vol. I. Barcelona.

Argemí, M. (1999): *A les vores dels torrents. Una prospecció dels assentaments pagesos andalusins de Pollença*. Pollença (Mallorca).

Arnau, B.; Martí, J. (2000): "Aigua i desenvolupament urbà a *Madinat Balansiya* (València). L'excavació d'un molí hidràulic de l'època califal". Glick, T.F.; Guinot, E.; Martínez, L.P., (eds.): *Els molins hidràulics valencians. Tecnologia, història i context social*, València: 165–182.

Avitsur, S. (1960): "On the History and Exploitation of Water Power in Eretz-Israel". *Israel Exploration Journal* 10: 37–44.

—— (1969): "Watermills in Eretz Israel, and Their Contribution to Water Power Technology". International Symposium on Molinology, *Transactions* 2: 389–407.

Bachmann, A.; Nakarmi, A.M. (1983): *New Himalayan water wheels*. Kathmandu (Nepal).

Baillie, M. (1975) "A horizontal Mill of the 8th century A.D. at Drumard, Co. Derry". *Ulster Journal of Archaeology* 38: 25–32.

—— (1982): "Dendrochronology—the Irish view". *Current Archaeology* 73: 61–63.

—— (1982): *Tree-Ring Dating and Archaeology*. London.

Barceló, M. (1989): "El diseño de espacios irrigados en al-Andalus: Un enunciado de principios generales." *I Coloquio de Historia y Medio Físico. El agua en zonas áridas. Arqueología e historia*, Vol. I, Almería: XV–XLV.

—— (1995): "De la congruencia y la homogeneidad de los espacios hidráulicos en Al-Andalus". *El agua en la agricultura de al-Andalus*. Granada: 25–39.

—— (1997): "Assaig d'identificació del rastre dels assentaments de la immigració berber més primerenca". M. Barceló (coord.): *El curs de les aigües. Treballs sobre els pagesos de Yabisa (290–633H./902–1235D.C.)*. Conselleria de Cultura del Consell Insular d'Eivissa i Formentera, Eivissa: 9–28.

—— (2003): *Los Banu Ru'ayn en Al-Andalus. Una memoria singular y persistente*. Granada.

Barceló, M.; Kirchner, H.; Lluró, J.; Martí, R.; Torres, J. (1988): *Arqueología medieval. En las afueras del "medievalismo"*. Barcelona.

Barceló, M.; Kirchner, H.; Torró, J. (2000): "Going around Zafar (Yemen), the Banu Ru'ayn field survey: hydraulic archaeology and peasant work". *Seminar for Arabian Studies* 30: 27–39.
Barceló, M.; Ortega, J.; Piera, A.; Torró, J. (2003): "The search for the Hararah *aṣdād* in the area of Ẓafār, Governorate of Ibb, Yemen". *Proceedings of the Seminar for Arabian Studies* 33: 133–142.
Barceló, M.; Retamero, F. (in press): *Pautes dels assentaments pagesos andalusins a l'illa de Menorca (segles X–XIII)*. Menorca.
Bennet, R.; Elton, J. (1898–1904): *History of Corn Milling*. Vols 1–4. London & Liverpool.
Bernard, V. (1998): "Autour du moulin carolingien de Belle-Eglise (Oise): élements de techniques de charpenterie hydraulique". *L'innovation technique au Moyen Âge*: 6–8. XXX
Blaine, B. (1976): "The enigmatic water-mill". Hall, B.S; West D.C (ed.): *On pre-modern technology and science studies in honor of Lynn White, Jr.* Los Angeles: 163–176.
Bloch, M. (1935): "Avènement et conquête du Moulin a eau". *Annales* 36/VII: 538–563. Rep. (1963): *Mélanges Historiques* II: 800–821.
Bois, G. (1990): "La croissance agricole du Haut Moyen Age: le Maconnais au Xe siècle". *La croissance agricole du Haut Moyen Age. Chronologie, modalités, géographie.* Flaran X. Auch: 37–52.
Borda, J.-C. (1767): "Mémoire sur les roues hydrauliques". *Histoire de l'Académie.* Quoted by Smith 1977: 256.
Bouderbala, N.; Chiche, J.; Herzenni, A.; Pascon, P. (1984): *La question hydraulique. Petite et moyenne hydraulique au Maroc*, I. Rabat.
Bryer, A. (1980): *The Empire of Trebizond and the Pontos.* Londres.
Cara, L.; García, J.L.; Lentisco, J.D.; Ortiz, D. (1996): *Los molinos hidráulicos tradicionales de Los Vélez (Almeria).* Almería.
Castellan, A.L. (1811): *Lettres sur Constantinople.* Quoted by T.P. O'Reilly in *Proceedings of the Royal Irish Academy* 1902–4, XXIV, sect. C: 68–73.
Caucanas, S. (1995): *Moulins et irrigation en Roussillon du IXe au XIVe siècle.* Paris.
Champion, E. (1996): *Moulins et meuniers carolingiens, dans les polyptyques entre Loire et Rhin.* Paris.
Chiappa, L. (1984): *I mulini ad Acqua nel Milanese (secoli X–XV). Nuova Rivista Storica* 36. Italy.
Clutton, A.E; Kenny, A. (1977): "A vertical-axle water mill near Drosia, Crete". *Kretologia:* 139–158.
Corriente, F.; Makki, M.A. (2001): *Crónica de los emires Alhakam I y Abdarrahman II entre los años 796 y 847 [Almuqtabis II–1].* Zaragoza.
Costa, P.M.; Wilkinson, T.J. (1987): "The Hinterland of Sohar. Archaeological Surveys and Excavations within the Region of an Omani Seafaring City". *Journal of Oman Studies* 9: 1–92.
Cressier, P. (1998): "El resbalón de Sitan. Observaciones sobre el molino hidráulico en Al-Andalus y Marruecos". *Homenaje a Tomás Quesada Quesada*, Granada: 151–171.
Creswell, R. (1993): "Of Mills and Waterwheels: The Hidden Parameters of Technological Choice". Lemonnier, P. (ed.): *Technological Choices: Transformation in Material Cultures since the Neolithic.* London & New York: 181–213.
——(1996): *Prométhée ou Pandore? Propos de technologie culturelle.* Paris.
Comet, G. (1992): *Le paysan et son outil. Essay d'Histoire Technique des céreales (France, VIIIe–XVe siècle).* Rome.
Curwen, E.C. (1944): "The problem of early water-mills. *Antiquity* XVIII: 130–146.
Dockès, P. (1986): "'Grands' moulins hydrauliques, rapports sociaux et systèmes d'exploitation". *Review* X/2: 348–397.
Duby, G. (1973): *Guerriers et paysans (VIIe–XIIe siècle). Premier essor de l'économie européenne.* France.
Durand, A. (1998): *Les paysages médiévaux du Languedoc (X[e]–XIIe siècles).* Tolouse.
—— (2000): "Les moulins Carolingiens du Languedoc (fin VIIIe siècle-début XIe

siècle". Mousnier, M. (ed.): *Moulins et Meuniers dans les Campagnes européennes (IXe–XVIIIe siècle). Flaran* XXI. Tolouse: 31–52

Dyer, C. (1990): "Les problèmes de la croissance agricole du Haut Moyen Age en Angleterre". Mousnier, M. (ed.): *La croissance agricole du Haut Moyen Age. Chronologie, modalités, géographie,* Flaran X. Auch: 117–130.

Escalera, R. (1980): "Molinos de agua en la Sierra de Cadiz", *Etnografía Española* I: 269–373.

Edwards, N. (1990): *The archaeology of early medieval Ireland.* London.

Fahy, E. (1956): "A horizontal Mill at Mashanaglass, Co. Cork", The *Journal of the Cork Historical and Archaeological Society* 16: 13–57.

Forbes, R.J. (1965, 2nd ed.): *Studies in Ancient Technology,* vol. II. Leiden.

García de Cortazar, J.A. (1976): "El equipamiento molinar en la Rioja Alta en los siglos X a XIII". *Studia Silensia* III: 387–405.

Gautier Dalché, J. (1974): "Moulin à eau, seigneurie, communauté rurale dans le nord de l'Espagne (IXe–XIIe siècles)". *Mélanges en l'honneur de E.R. Labande.* Poitiers: 337–348.

Gimpel, J. (1975): *La révolution industrielle du Moyen Age.* France.

Glick, T. (1970): *Irrigation and Society in Medieval Valencia.* Cambridge MA.

—— (1979): *Islamic and Christian Spain in the Early Middle Ages.* Princeton.

—— (1988): "El sentido arqueológico de las instituciones hidráulicas. Regadío beréber y regadío español". *Aragón vive su historia: II Jornadas Internacionales de Cultura Islámica.* Teruel:165–171.

—— (1990): "Historia del regadío y las técnicas hidráulicas en la España medieval y moderna. Bibliografía comentada"—*Chrónica Nova* (Granada) 18: 121–153; 19: 167–192; 20: 209–232.

—— (1992): *Tecnología, ciencia y cultura en la España medieval.* Madrid.

—— (1993): "Sobre la tipologia convencional dels molins hidràulics". *Afers* 15: 53–56.

Glick, T.F.; Guinot, E.; Martínez, L.P., (eds.) (2000): *Els molins hidràulics valencians. Tecnologia, història i context social.* València.

Glick, T.F.; Kirchner, H, (2000): "Hydraulic systems and Technologies of Islamic Spain: History and Archaeology". Squatriti, P. (ed.): *Working with Water in Medieval Europe. Technology and Resource-Use,* Leiden-Boston-Köln: 267–329.

Grand, R. (1950): *L'agriculture au Moyen Âge. L'agriculture à travers les âges,* vol. III. Paris.

Greene, K. (1994): "Technology and innovation in context: the Roman background to mediaeval and later developments". *Journal of Roman Archaeology* 7: 22–33.

Guerreau, A. (1980): *Le féodalisme. Un horizon théorique.* Paris.

Guichard, P. (1976): *Al-Andalus.* Barcelona.

Harverson, M. (1993): "Watermills in Iran". *Iran* 31: 149–177.

Hill, D. (1984): *A History of Engineering in Classical and Medieval Times.* London & Sydney.

Hillgarth, J.N. (1984): "Ireland and Spain in the seventh century". *Peritia* 3: 1–16.

Holt, R. (1988): *The Mills of Medieval England.* Oxford.

—— (1990): "Milling Technology in the Middle Ages: The Direction of Recent Research". *Indurstrial Archaeology Review* 13/1: 50–58.

Kirchner, H. (1997): *La construcció de l'espai pagès a Mayurqa: les valls de Bunyola, Orient, Coanegra i Alaró.* Palma de Mallorca.

Lagardère, V. (1991): "Moulins d'occident musulman au moyen age (IX au XVe siècles): Al-Andalus". *Al-Qantara* XII: 59–118.

Latouche, R. (1956): *Les origines de l'économie occidentale.* Paris.

Lohrmann, D. (1984a): "Entre Arras et Douai: les moulins de la Scarpe au XIe siècle et les détournements de la *Satis*". *Revue du Nord* 56/263: 1023–1050.

—— (1984b): "Mühlenbau, Schiffahrt und Flussumleitungen im Süden der Grafschaft Flandern-Artois". *Francia: Forschungen zur Westeuropais chen Geschichte* 12: 149–192.

—— (1990): "Le moulin à eau dans le cadre de l'économie rurale de la Neustrie

(VIIe–IXe siècles)", *La Neustrie. Le pays au nord de la Loire de 650*, Sigmaringe: 367–404.

Lucas, A. T. (1953): "The horizontal mill in Ireland", *The Journal of the Royal Society of Antiquaries of Ireland* LXXXIII: 1–36.

—— (1955): "A horizontal mill at Ballykilleen, Co. Offaly", *The Journal of the Royal Society of Antiquaries of Irelan* LXXXV: 100–115.

Mateu, F. (1956): "Sobre la identificación toponímica de 'Elota'", *Homenaje a Millás-Vallicrosa*, II: 31–39.

Mohebbi, P. (1996): *Techniques et Ressources en Iran du 7e au 19e siècle.* Téhéran.

Montanari, M. (1979): *L'alimentazione contadina nell'alto Medioevo.* Napoli.

Moritz, L.A. (1958): *Grain-mills and flour in classical antiquity.* Oxford.

O'Reilly, J. (1902–1904): "Some further notes on ancient horizontal water-mills, native and foreign". *Proceedings of the Royal Irish Academy* XXIV, sec. C: 55–84.

Pelet, P.-L. (1988): "Turbit et turbine. les roues hydrauliques horizontales du Valais". *Vallesia* XLIII: 125–164.

Philippe, R. (1984): "L'église et l'énergie pendant le XIe siècle dans les pays d'entre Seine et Loire". *Cahiers de Civilisation Medievale* XXVII/1–2: 107–128.

Rackham, O.; Moody, J. (1996): *The making of the Cretan landscape.* Manchester & New York.

Rahtz, P.A; Sheridan, K. (1972): "A Saxon water-mill in Bolebridge St, Tamworth", XXX *Trans S Staffs Archaeol Hist Soc* 13: 9–16.

Rahtz, P.A.; and Watts, L. (1981): "Medieval Milling", Crossley, D.W (ed.): *Medieval Industry, Research Report* 40: 1–15.

Rahtz, P.A; Meeson, R. (1992): *An Anglo-Saxon Watermill at Tamworth. Research Report* 83. Oxford.

Rakob, F. (1993): "Der Neufund einer römischen Turbinenmühle in Tunesien". *Antike Welt* 24: 286–7.

Retamero, F. (1998): "Espacios agrarios andalusíes en el Barranco de Algendar (Menorca). Primeras consideraciones". *Arqueología del paisaje*: 261–270.

—— (2000): "Gorge builders. Andalusi peasant settlements in the South of Minorca (10th–13th). *Ruralia II*: 177–186.

Reynolds, T.S. (1983): *Stronger than a hundred men. A History of the Vertical Water Wheel.* Baltimore & London.

Röder, G. (1989): "Die Mühle am Medjerda-Fluss: High-Tech vor 1700 Jahren". *Bild der Wissenschaft* 12: 94–100.

Röder, J.; Röder, G. (1993): "Die antike Turbinenmühle in Chemtou". *Simitthus*, vol. I, ed. F. Rakob: *Die Steinbrücke und die antike Stadt*, Mainz: 95–102.

Rohmer, P. (1996): "Le moulin carolingien d'Audun-le-Tiche". *L'archéologue* 22: 6–8.

Rosselló, V.M (1989): "Els molins d'aigua de l'horta de València", *Los paisajes del agua. Libro jubilar dedicado al profesor Antonio López Gómez.* València-Alacant, 1989: 317–346.

Rynne, C. (1989): "The introduction of the Vertical Watermill into Ireland: Some Recent Archaeological Evidence". *Medieval Archaeology* 33: 21–31.

—— (1990): "Some Observations on the Production of Flour and Meal in the Early Historic Period". *The Journal of the Cork Historical and Archaeological Studies* 95: 20–29.

—— (1992): "Early Medieval Horizontal-Wheeled Mill Penstocks from Co. Cork". *The Journal of the Cork Historical and Archaelogical Studies* 97: 54–68.

—— (1992): "Milling in the 7th century—Europe's Earliest Tide Mills". *Archaeology Ireland* 62: 22–25.

—— (2000): "Waterpower in Medieval Ireland". Squatriti, P (ed.): *Working with Water in Medieval Europe. Technology and Resource-Use*, Leiden-Boston-Köln: 1–50.

Sadler S. (1988): "Le moulin hydraulique a conduites forcees de Karapinar (Turquie)". *Techniques et culture* 12: 121–149.

Salrach, J.M. (1990): "Défrichement et croissance agricole dans la Septimanie et le Nord-Est de la Péninsule Ibérique", *La croissance agricole du Haut Moyen Age. Chronologie, modalités, géographie*, Flaran X. Auch: 133–152.

Sánchez, J. (2002): "Estudi de les pedres de molins manuals i de les seves zones d'extracció a Menorca", *Publicacions des Born*: 49–179.
Schioler, T. (1986): "Note di antica tecnica idraulica", *Il trionfo dell'acqua. Acque e acquedotti a Roma, IV sec. a.C.–XX sec*: 157–163.
Selma, S. (1989): "La integración de los molinos en un sistema hidráulico: la Alqueria de Artana (Serra d'Espadà, Castelló)". *Actas del I coloquio de historia y medio físico. El agua en zonas áridas: arqueología e historia*, vol. II. Almeria: 716–730.
—— (1991): "El molí hidràulic de farina i l'organització de l'espai rural andalusí. Dos exemples d'estudi arqueològic espacial a la Serra d'Espadà (Castelló)". *Mélanges de la Casa de Velázquez* XXVII /1: 65–100.
—— (1993): *Els molins d'aigua medieval a Sharq al-Andalus. Aproximació a través de la documentació escrita dels segles X–XIII (IV–VII H.)*. Onda (Castelló).
—— (2000): "De la construcció islàmica al casalici modern: l'evolució del molí hidràulic valencià". Glick, T.F.; Guinot, E.; Martínez, L.P. eds.: *Els molins hidràulics valencians. Tecnologia, història i context social.* València: 101–163.
Seybold, C.F. (1913): "Hispano-Arabiga I. Alwuta en estas notícias; Alvta en las monedas y Valûta en Qazwînî". *Revista del Centro de Estudios Históricos de Granada y su reino* III: 25–29.
Sigaut, F. (1988): "L'évolution technique des agricultures européennes avant l'époque industrielle". *Revue Archéologique du Centre de la France* 27/1: 8–41.
Smith, N.A.F. (1977): "The Origins of the water turbine and the invention of its name". Rupert Hall, R. and Smith, N. (Ed.): *History of Technology, Second Annual Volume.* London, 215–259.
—— (1983–1984): "The origins of water-power: A problem of evidence and expectations". *Transactions of the Newcomen Society* 55: 67–84.
Squatriti, P. (ed.) (2000): *Working with Water in Medieval Europe. Technology and Resource-Use.* Leiden-Boston-Köln.
Toubert, P. (1973): *Les Structures du Latium Médiéval. Le Latium Méridional et la Sabine du IXe à la fin du XIIe siècle.* Rome.
Wailes, R. (1982): "The 'Greek' and 'Norse' waterwheels", *Trans. Fourth Symposium International Molinological Society 1977*: 163–164.
Watson, A. (1977): "The rise and spread of old-world cotton", *Studies in textile history in memory of Harold B. Burnham*: 355–368.
White, L. Jr. (1940): "Technology and invention in the middle ages". *Speculum* XV/2: 141–159.
—— (1962, rep. 1966): *Medieval technology and social change.* Oxford.
Wiedemann, E. (1916): "Mitteilungen zur Geschichte der Medizin und der Naturwissenchaften". XXX 15: 368–371.
Wikander, Ö. (1979): "Water mills in ancient Rome". *Opuscula Romana* 12/2: 13–36.
—— (1984): *Exploitation of water-power or technological stagnation? A reappraisal of the productive forces in the Roman Empire.* Lund.
—— (1985): "Archaeological evidence for early water-mills—an interim report", *History of Technology* 10: 151–79.
—— (2000): "The water mill". Wikander, Ö (ed.): *Handbook of Ancient Water Technology:* 371–400. Leiden-Boston-Köln.
Wilkinson, T.J. (1975): "Sohar Ancient Fields Project. Interim Report no. 1", *Journal of Oman Studies* 1: 159–166.
—— (1976): "Sohar Ancient Fields Project. Interim Report no. 2", *Journal of Oman Studies* 2: 75–80.
—— (1977): "Sohar Ancient Fields Project: Interim Report no. 3", *Journal of Oman Studies* 3: 13–16.
—— (1980): "Water mills of the Batinah Coast of Oman", *Seminar for Arabian Studies* 10: 127–132.
Wilson, A.I. (1995): "Water-power in North Africa and the development of the horizontal water-wheel". *Journal of Roman Archaeology* 8: 499–510.

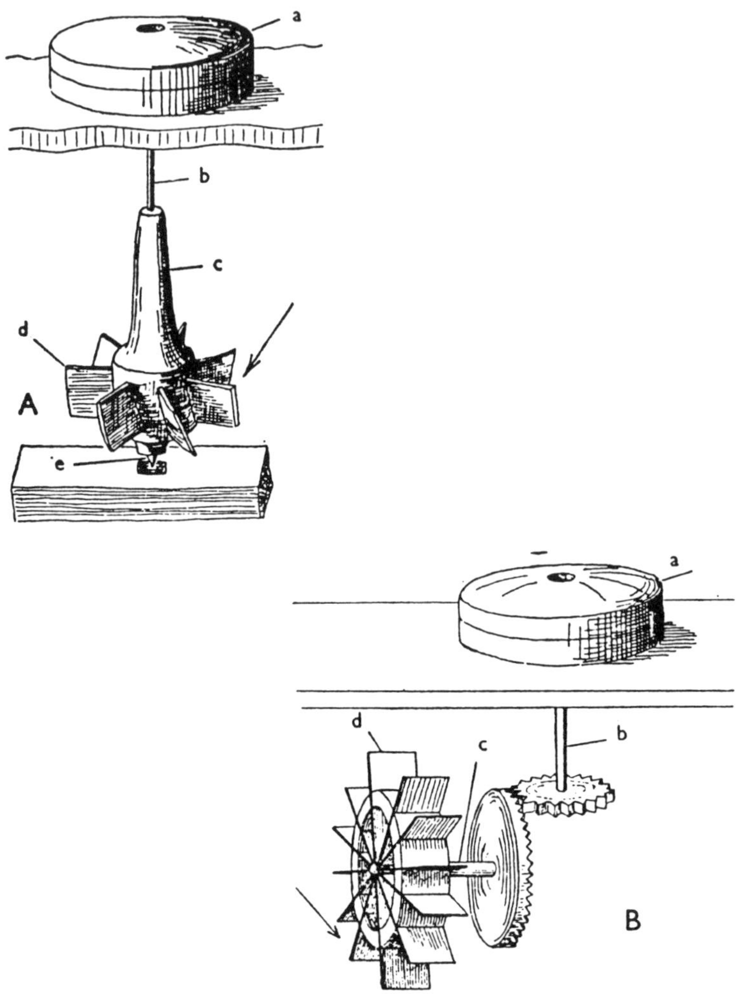

Fig. 1. The essential features of (A) the vertical mill and (B) the Vitruvian mill with undershot wheel, a- mill-stones; b- spindle; c- shaft; d- vanes; e- gudgeon. Source: Curwen 1944: 131, fig. 1.

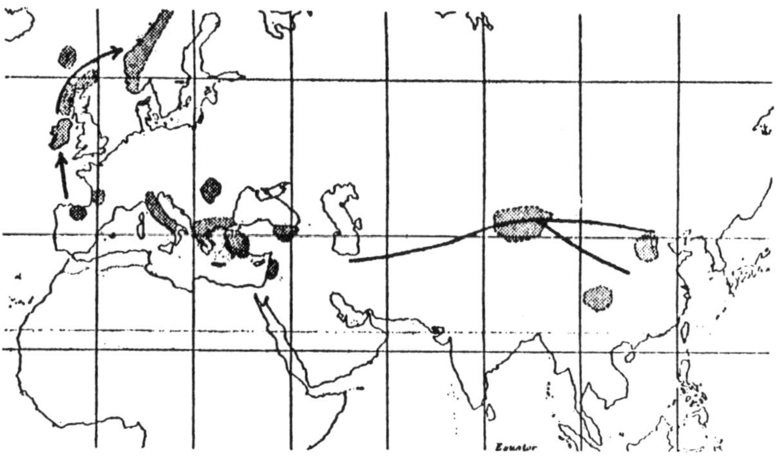

Fig. 2. Approximate distribution of the vertical mill, with central Asian and Atlantic coast trade-routes.
Source: Curwen 1944: 145, fig. 6.

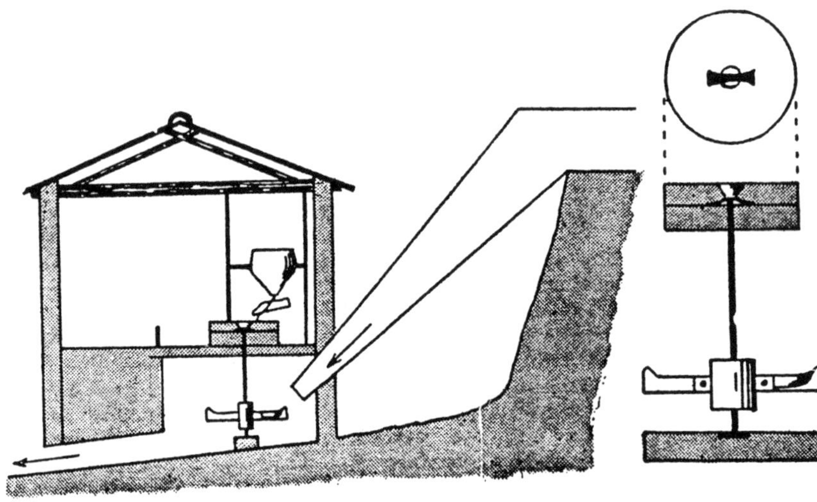

Fig. 3. Vertical mill at Lampsaki, Dardanelles 1808 (Based on Castellan, simplified). Source: Curwen 1944: 136, fig. 3.

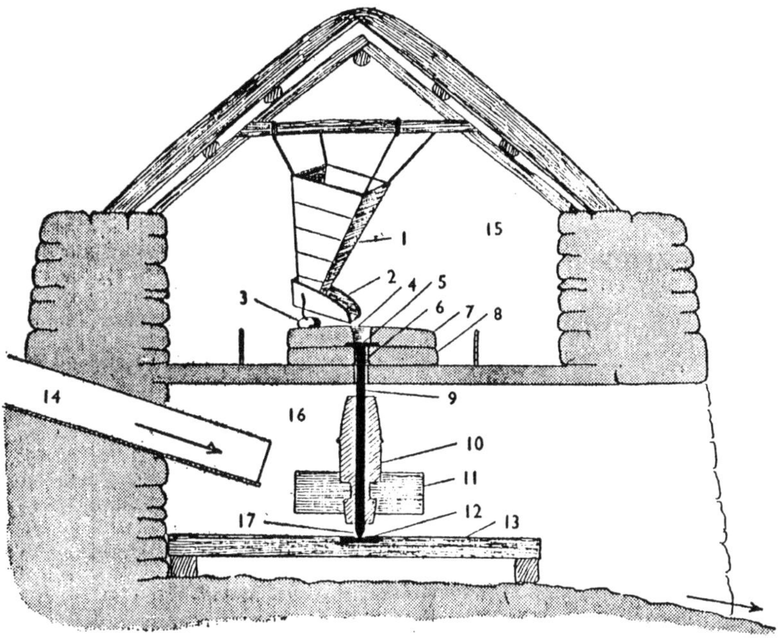

FIG. 5. SECTION OF VERTICAL MILL IN LEWIS, WITH NAMES OF PARTS
(Apparatus for adjusting level of upper stone is not shown)

	English	*Shetland* (*after* Goudie)	*Norwegian* (*after* Goudie)	*Gaelic* (*after* Goudie)	*Old Irish*
1.	Hopper	Hopper	Kverntina *or* Tina	Treabhailt *or* Sleaghag	Cup
2.	—	Shoe	—	Brog (=shoe)	—
3.	—	Clapper	Skaketein	Clabhan	—
4.	Eye	Eye	Kvernauga (=quern-eye)	Suil (=eye)	Comla
5.	Rynd	Sile	Sigle	Crascan an iarunn mhor (=cross-bar of the big iron)	Tual
6.	—	Grütte	Grøtte	—	Cub
7.	Upper Stone	Overstane	Oversten	Clach uachdair) (=upper stone)	Liae (=stone)
8.	Lower Stone	Understane	Understen	Clach iochdair (=lower stone)	Indeoin (=anvil)
9.	Spindle	Spindle	Spenol (Spenvol)	Iarunn mhor (=big iron)	Milaire
10.	Shaft	Tirl	Kall *or* Kvernkall	Bodach a' mhuilinn (=old man of the mill)	Mol (=shaft)
11.	Vanes, Floats, *or* Paddles	Feathers	Spjeld *or* Fjøl	Sgiathain (=wings)	Oircél (=trough) *or* Sgiatha (=wings)
12.	—	Ground-sile	Grundmusa	—	—
13.	—	Sole-tree *or* under-balk	Grundskida	—	—
14.	Chute	Trough	—	Amair (=trough)	—
15.	—	Ludr	Ludr	Leibhinn	—
16.	—	Under-house	—	—	—
17.	Gudgeon	—	—	—	Ermtiud (=spike)

Fig. 4. Section of vertical mill in Lewis, with names of parts. Source: Curwen 1944: 141, fig. 5.

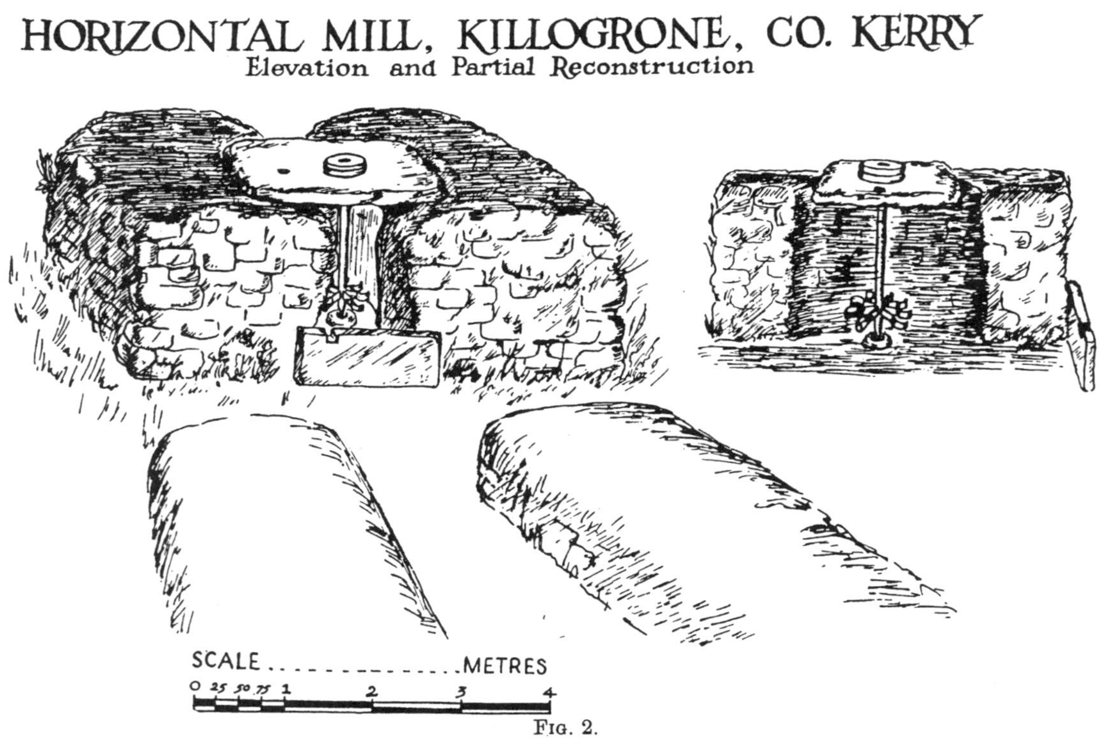

Fig. 5. Horizontal mill, Killogrone, Co. Kerry (Ireland). Elevation and Partial Reconstruction. Source: Lucas 1953: 13.

Fig. 6. Vertical mill near Comillas, Santander, North Spain (1960).
(Based on O'Reilly, simplified)
Source: Curwen 1944: 137, fig. 4.

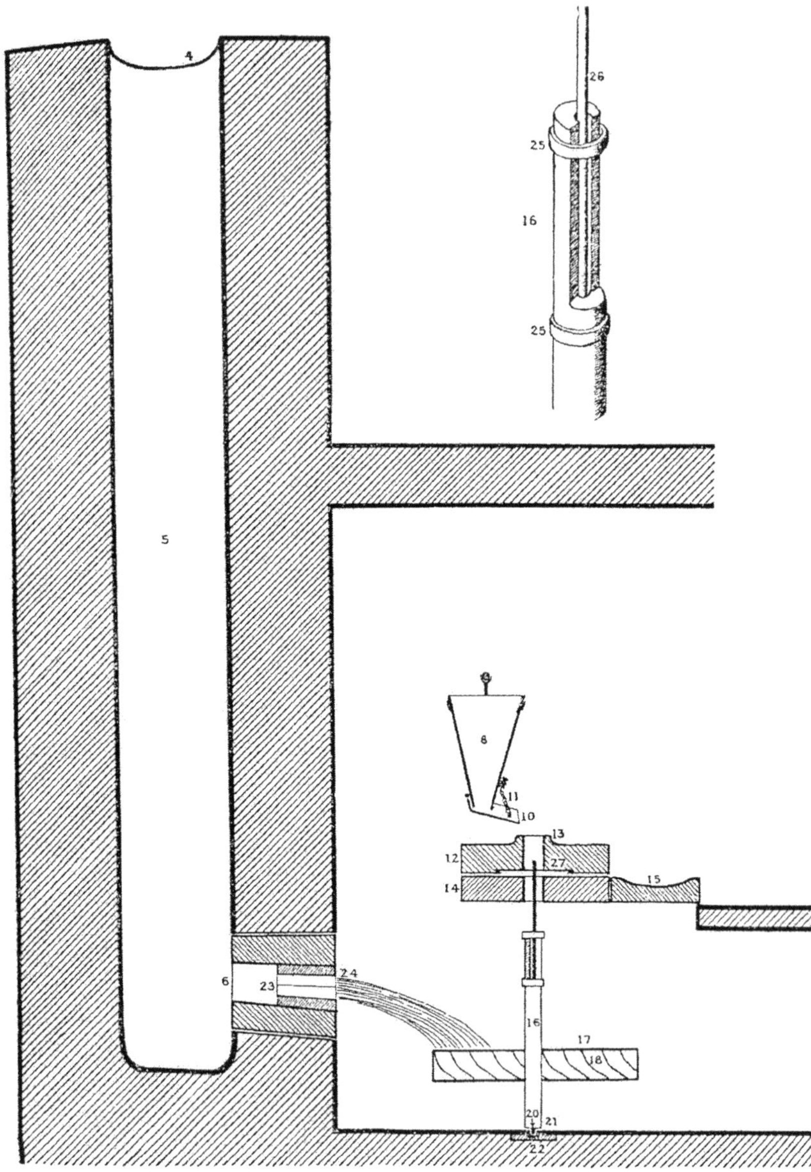

12. Runner (upper stone)
13. 'Neck' (eye)
14. Bedstone
15. Flour container
16. Wooden wheel-shaft
17. Wheel (iron)
18. Vanes
19. Wheel tunnel (wheel-pit)
20. Rotary shaft point
21. Shaft bearing (steel)
22. Bearing base (board fitted into face of cut stone)
23. (Inner) nozzle
24. Nozzle ring
25. Shaft rings
26. Iron shaft (fitted in the wooden shaft)
27. *'Aqrab* (scorpion = rynd)

Fig. 7. Structure of the aruba -water tower- horizontal wheeled mill.

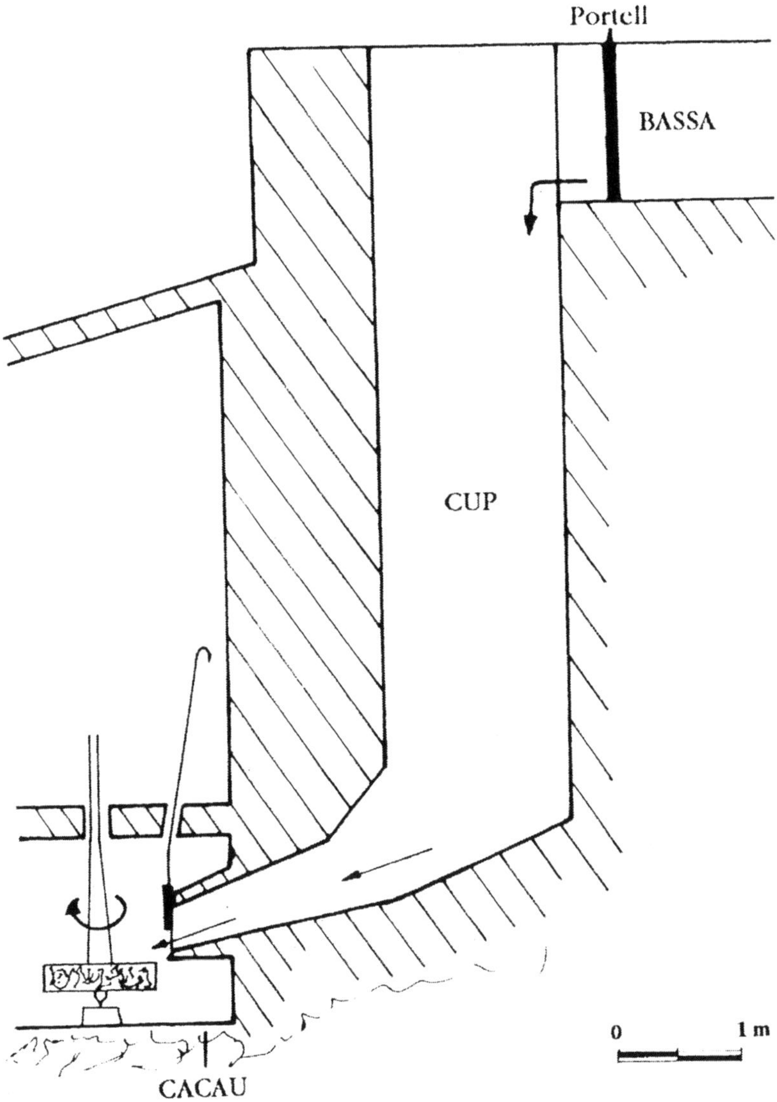

Fig. 8. Structure of the aruba -water tower- horizontal wheeled mill. Source: Selma 1991: 68, fig. 2.

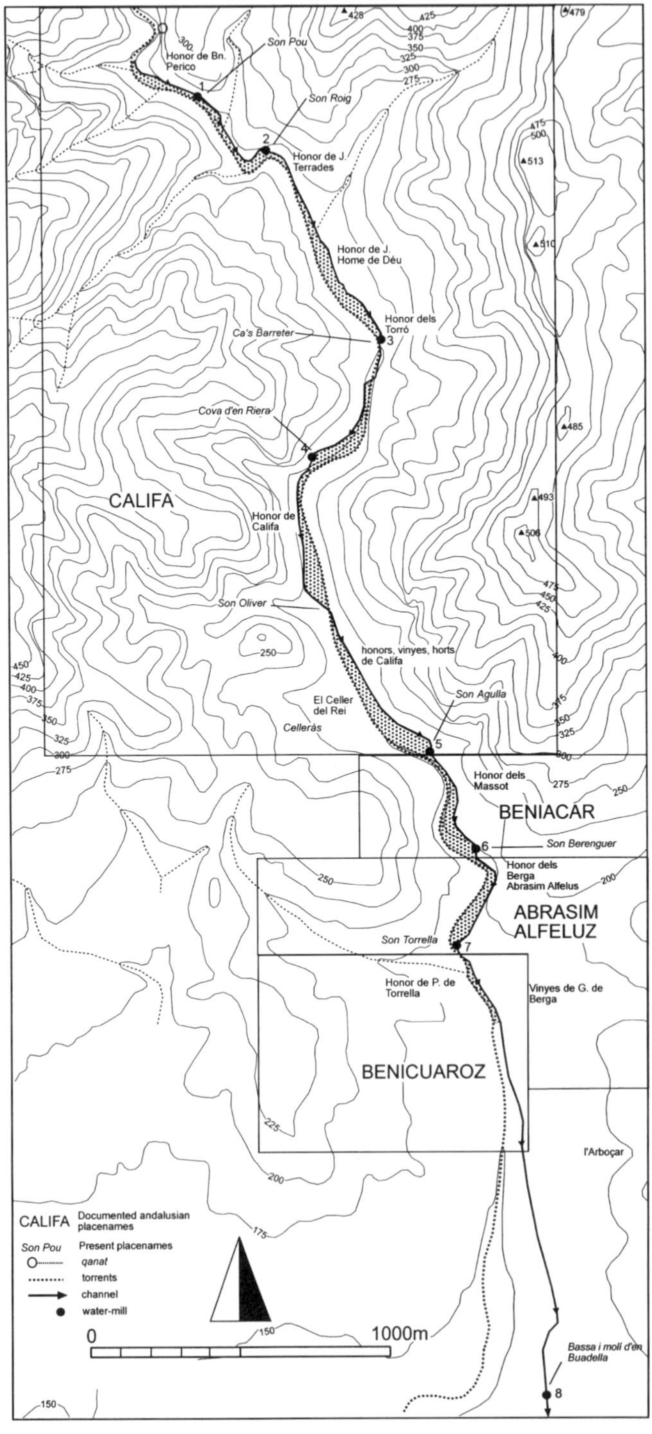

Fig. 9. Reconstruction of the andalusian irrigated space of Coanegra (Mallorca). Source: Kirchner 1997: 59, fig. 3.

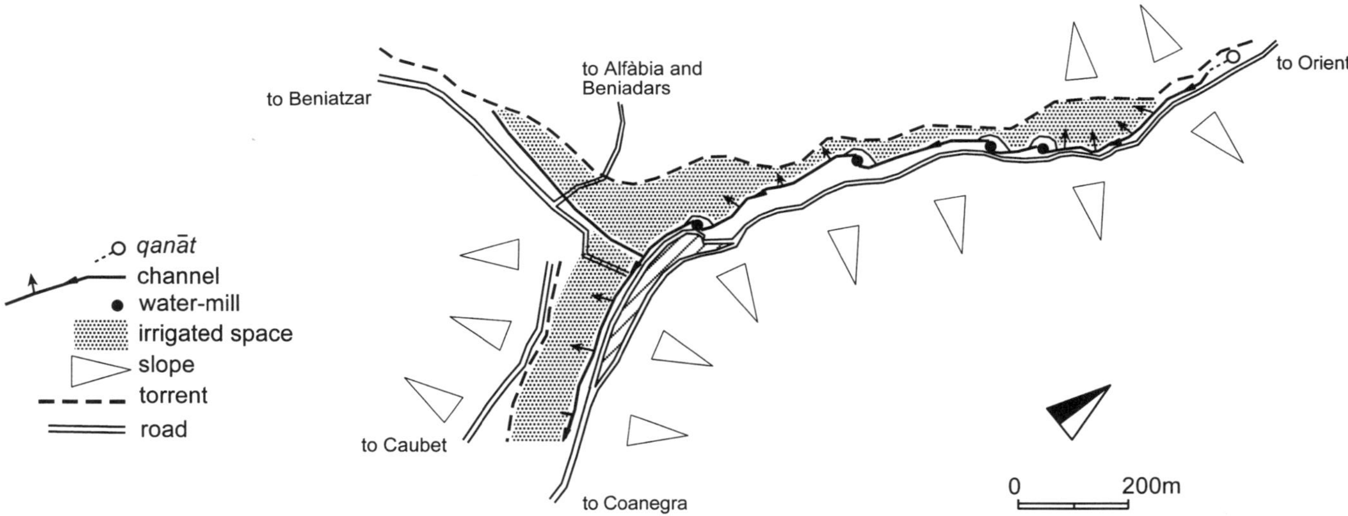

Fig. 10. Reconstruction of the irrigate andalusian space of *qarya* Bunyola (Mallorca, Spain). Source: Kirchner 1997: 158, fig. 17.

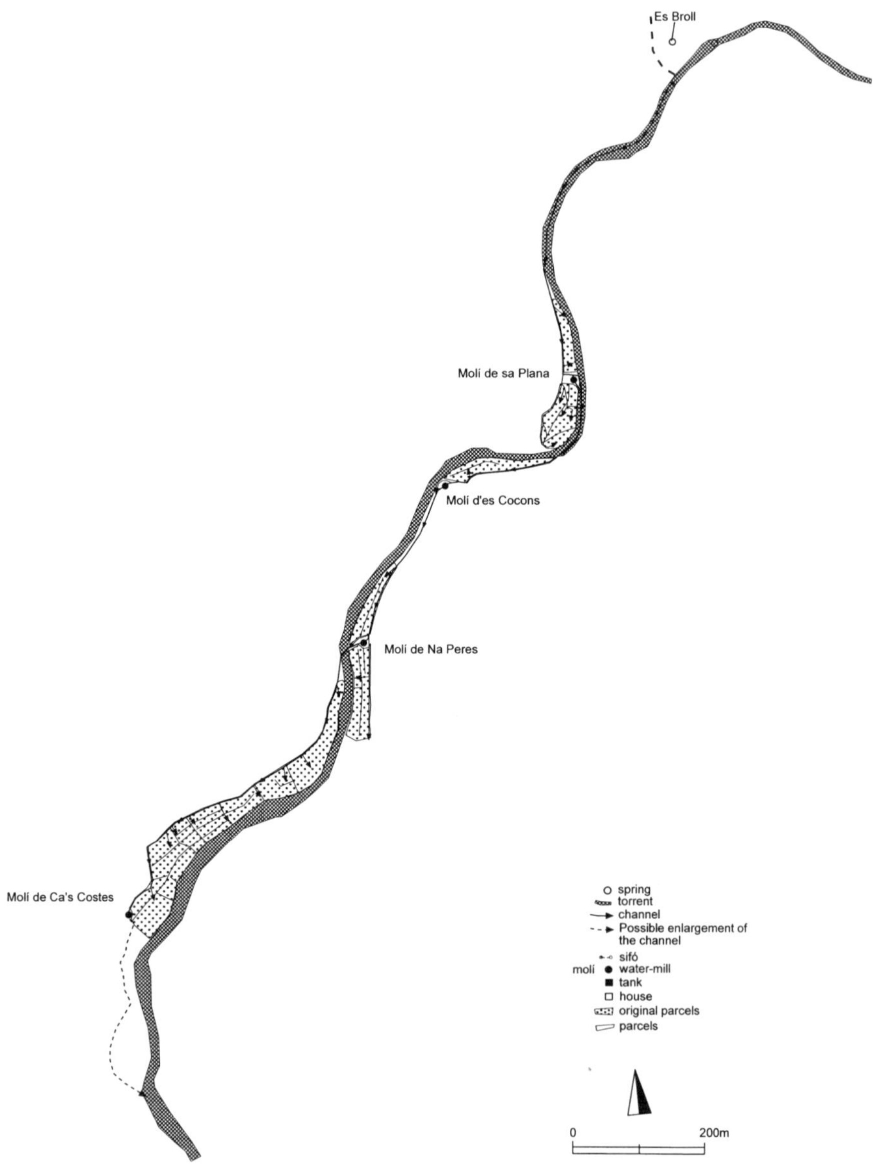

Fig. 11. Reconstruction of the irrigated andalusian space of Buscastell (Eivissa, Spain). Source: Argemí *et al.* 1997.

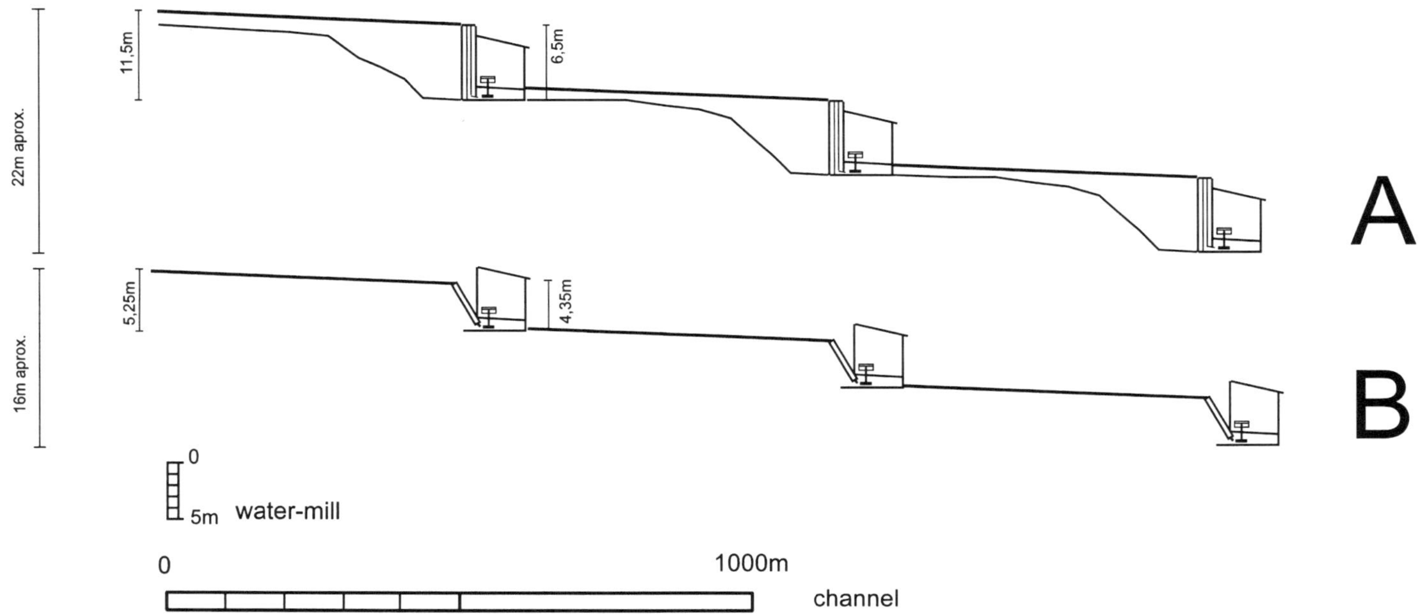

Fig. 12. Scheme of the spacing out of water-mills. A: *Arubah* water-mills based on the actual lay-out of Coaengre Valley (Mallorca, Spain). B: Simulation changes induces bus substituting *arubah* water-mills by steep inclined penstock. The slope required is considerably shortened in the second case. The substitution can not be contemplated without redesigning the course of the channel which will change levels at the water exit of the first mill.

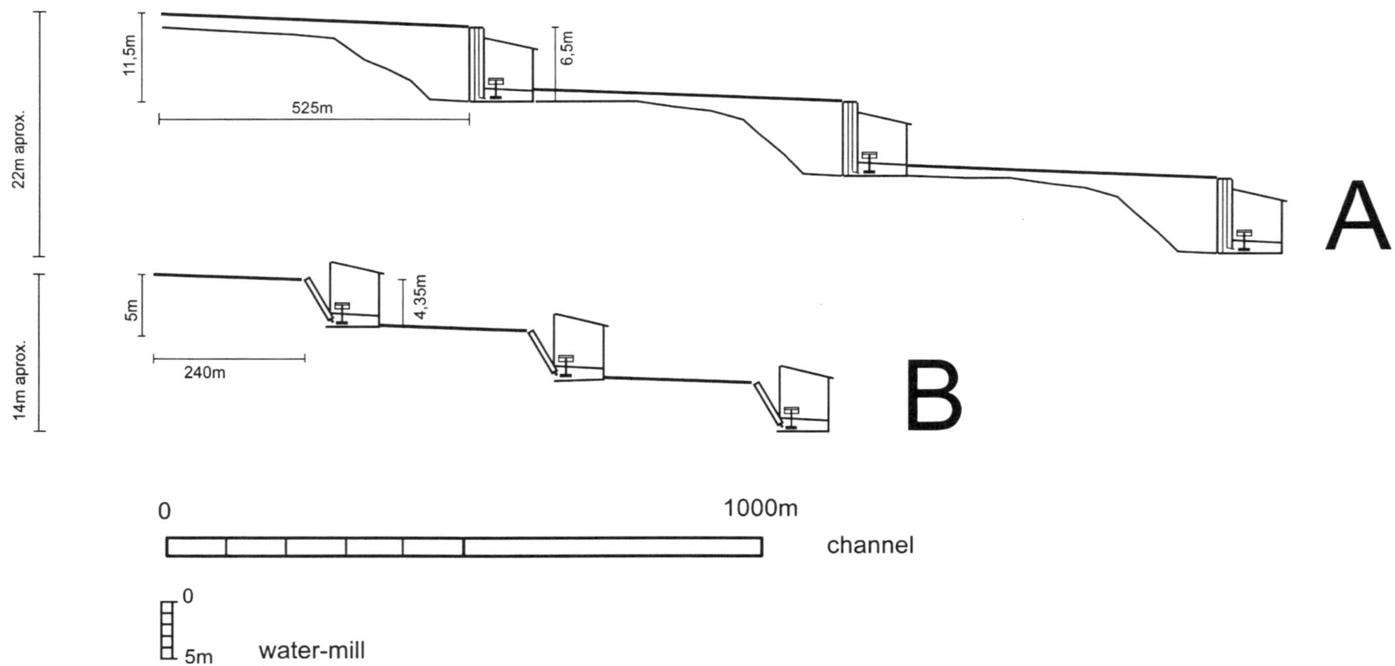

Fig. 13. Scheme of the spacing out of water-mills. A: *Arubah* water-mills based on the actual lay-out of Coaengre Valley (Mallorca, Spain), B: Simulation of the substitution of *arubah* water-mills for steep inclined penstocks. The need for an inferior slope would allow to reduce distances between mills altering completely the course of the main channel and changing the overall design of the irrigated field system.

INDEX

THE TRANSFORMATION OF THE ROMAN WORLD

A SCIENTIFIC PROGRAMME OF THE EUROPEAN SCIENCE FOUNDATION

Series Editor

IAN WOOD

1. Pohl, W. (ed.). *Kingdoms of the Empire.* The Integration of Barbarians in Late Antiquity. 1997. ISBN 90 04 10845 9
2. Pohl, W. (ed.). *Strategies of Distinction.* The Construction of Ethnic Communities, 300-800. With H. Reimitz. 1998. ISBN 90 04 10846 7
3. Hodges, R. & W. Bowden (eds.). *The Sixth Century.* Production, Distribution and Demand. 1998. ISBN 90 04 10980 3
4. Brogiolo, G.P. & B. Ward-Perkins (eds.). *The Idea and Ideal of the Town between Late Antiquity and the Early Middle Ages.* 1999. ISBN 90 04 10901 3
5. Chrysos, E. & I. Wood (eds.). *East and West: Modes of Communication.* Proceedings of the First Plenary Conference at Merida. 1999. ISBN 90 04 10929 3
6. Jong, M. de & F. Theuws (eds.). *Topographies of Power in the Early Middle Ages.* With C. van Rhijn. 2001. ISBN 90 04 11734 2
7. Barral, X. & M. Mostert (eds.). *Image, Text and Script.* Studies on the Transformation of Visual Literacy (c. 400 AD - c. 800 AD). ISBN 90 04 11113 1 *in preparation.*
8. Theuws, F. & J. Nelson (eds.). *Rituals of Power.* From Late Antiquity to the Early Middle Ages. 2000. ISBN 90 04 10902 1
9. Brogiolo, G.P., N. Gauthier & N. Christie (eds.). *Towns and their Territories between Late Antiquity and the Early Middle Ages.* 2000. ISBN 90 04 11869 1
10. Pohl, W., I. Wood & H. Reimitz (eds.). *The Transformation of Frontiers.* From Late Antiquity to the Carolingians. 2001. ISBN 90 04 11115 8
11. Hansen, I.-L. & C. Wickham (eds.). *The Long Eighth Century.* Production, Distribution and Demand. 2000. ISBN 90 04 11723 7
12. Corradini, R., M. Diesenberger & H. Reimitz (eds.). *The Construction of Communities in the Early Middle Ages.* Texts, Resources and Artefacts. 2003. ISBN 90 04 11862 4
13. Goetz, H.-W., J. Jarnut & W. Pohl (eds.). *Regna and Gentes.* The Relationship between Late Antique and Early Medieval Peoples and Kingdoms in the Transformation of the Roman World. 2003. ISBN 90 04 12524 8
14. Barceló, M. & F. Sigaut (eds.). *The Making of Feudal Agricultures?* 2004. ISBN 90 04 11722 9

ISSN 1386-4165